高等学校应用型特色规划教材

ARM 嵌入式技术及移动机器人应用开发

陈海初　谢小辉　熊根良　主　编

清华大学出版社
北　京

内 容 简 介

本书以北京华芯微特科技有限公司自主设计的 SWM1000S 系列 32 位 ARM 芯片为例，介绍了 ARM 的基本特点、编程特点以及在一般项目和机器人开发中的应用。

本书内容分为 11 章，主要以市面上热销的两款智能扫地机器人 T271 和 610D 为例，详细地介绍了 SWM1000S 微处理器在智能扫地机器人控制方面的应用设计。本书附有习题及设计开发题，习题供读者巩固所学内容，设计开发题一方面可使读者更好地掌握 SWM1000S 系列 ARM 的设计开发技巧，另一方面也可用于教师开展教学后的课程设计。

本书适合作为高等院校机电、计算机、自动化、电子工程等专业的教材，也可作为有关工程技术人员的参考书。

图书在版编目(CIP)数据

ARM 嵌入式技术及移动机器人应用开发/陈海初，谢小辉，熊根良主编. —北京：清华大学出版社，2019.9

(高等学校应用型特色规划教材)

ISBN 978-7-302-53793-9

Ⅰ. ①A…　Ⅱ. ①陈…　②谢…　③熊…　Ⅲ. ①微处理器—系统设计—高等学校—教材　②移动式机器人—程序设计—高等学校—教材　Ⅳ. ①TP332　②TP242

中国版本图书馆 CIP 数据核字(2019)第 193873 号

责任编辑： 陈冬梅　李玉萍
装帧设计： 王红强
责任校对： 吴春华
责任印制： 宋　林
出版发行： 清华大学出版社

网　　址： http://www.tup.com.cn, http://www.wqbook.com
地　　址： 北京清华大学学研大厦 A 座　　**邮　　编：** 100084
社 总 机： 010-62770175　　**邮　　购：** 010-62786544
投稿与读者服务： 010-62776969, c-service@tup.tsinghua.edu.cn
质量反馈： 010-62772015, zhiliang@tup.tsinghua.edu.cn
课件下载： http://www.tup.com.cn, 010-62791865

印 装 者： 三河市吉祥印务有限公司
经　　销： 全国新华书店
开　　本： 185mm×260mm　　**印　张：** 19　　**字　数：** 459 千字
版　　次： 2019 年 9 月第 1 版　　**印　次：** 2019 年 9 月第 1 次印刷
定　　价： 58.00 元

产品编号：073259-01

前　　言

本书内容分为两大部分，前半部分以北京华芯微特科技有限公司研发生产的SWM1000S微控制器为基础，围绕ARM® Cortex™-M0内核设计的32位ARM来介绍ARM芯片(SOC)的资源与功能模块、嵌入式系统软硬件技术及设计开发基础；后半部分以该型号ARM芯片为核心，配合相应的开发板，来介绍嵌入式系统软件开发基础，并以湖南格兰博智能科技有限责任公司量产销售的某型号智能扫地吸尘机器人为例，介绍智能扫地吸尘机器人软件、硬件的具体开发过程。

本书以应用为主，取材新颖，内容丰富，结合配套试验开发板，可以在开展理论教学的同时，完成实验教学，对学生和开发人员快速掌握开发技巧、提高动手能力具有重要意义。特别是应用开发部分，配置了大量的应用实例，从常见的模块程序到简单的应用项目开发，再到复杂的产品项目开发，由浅入深，广深兼顾，适合不同层次的开发者使用，可以作为机电、计算机、自动化、电子工程等专业的教材，也可以作为有关工程技术人员的参考书。

受益读者

在学习本课程之前最好先学习单片机、C语言、传感器技术、数电模电及电子电路设计等课程。本书面向的读者是系统软件开发人员、硬件设计人员和应用设计人员，以及高校相关专业的教师及学生。

相关文档

以下文档可以作为本书的参考文档。

- ARM® Cortex™-M0 技术参考手册。
- ARM® CoreSight 技术参考手册。
- ARM® v6-M 结构应用层参考手册。
- ARM® debug interface v5 技术参考手册。

本书约定

本书的约定如下表所示。

表示法	含义
通用寄存器	
寄存器	寄存器用大写的粗体表示
位	寄存器的一个位
位域	两个或者更多连续和相关联的位
偏移量 0xnnn	寄存器地址的一个十六进制增量，增量是相对“存储器映射”制定的模块基址而言的
保留	标注保留下来供将来使用的寄存器位。在大多数情况下，保留位被设置成0；但使用用户软件也可以修改保留位的值

续表

表 示 法	含 义
yy:xx	寄存器位的范围从 xx 到 yy(xx 和 yy 包括在内)。例如，31:24 表示相应寄存器的位为 31 到 24
寄存器 位/域 类型	
RC	软件可以读取这个域。位/域被读取之后由硬件清零
RO	软件可以读取这个域
R/W	软件可以读或写这个域
WO	只有软件的写操作有效；读寄存器返回的数据无任何意义

关于开发板

开发板硬件资源	开发板软件环境搭建(例程)
4 位一体数码管一个	ADC
8×8 点阵一个	BOD
无源蜂鸣器一个	CMP
1602 液晶显示屏一个	EXIT
ADC 实验的电位器一个	FLASH
按键 16 个	GPIO
实时时钟模块	I2C
FLASH 模块	OPA
EEPROM 模块	PWM
PL2303 模块	UART
JTAG 接口一个	TIMR
USB 接口一个	SSI
DB9 接口一个	……(具体参考例程)

技术支持

本书配套源程序及项目设计文件资料，包含安卓及 IOS 版机器人控制 APP 源代码等，读者可自行下载，下载地址为 https://pan.baidu.com/s/1bkiQU。

本书由陈海初(佛山科学技术学院)主持编写，参编人员有谢小辉(苏州大学)和熊根良(南昌大学)。第 1 章、第 2 章由熊根良负责编写。第 3～8 章、第 10 章、第 11 章由陈海初负责编写。第 9 章由谢小辉负责编写，同时，还负责了配套试验开发板的硬件电路原理设计。

罗威协助完成了第 9 章试验开发板配套示例软件程序的设计、开发、调试及验证，累计编写软件测试代码程序 20000 余行，总计代码超过 50 万字符数，同时还参与智能扫地机器人 T271 行走运动子程序大约 5000 行共 12 万字符数软件代码程序的编写与测试。

羡浩博协助完成了扫地机器人移动 APP 安卓版控制软件的开发及扩展应用程序开发，累计编写软件代码程序 17000 余行，总计代码超过 45 万字符数。

李强协助完成了扫地机器人移动 IOS 版控制软件的开发，累计编写软件代码程序 15000 余行，总计代码超过 40 万字符数。此外，研究生们还协助完成了本书的初稿校对。

本书得到了苏州大学机电工程学院院长、长江学者孙立宁的指导以及北京华芯微特公司工程师的技术支持，在此表示衷心的感谢。

本书得到了湖南格兰博智能科技有限责任公司、长虹格兰博科技股份有限公司、湖南省家居智能机器人工程技术研究中心的支持，在此表示衷心的感谢。

限于编者水平，加之时间仓促，书中难免有疏漏和错误之处，敬请读者批评指正。

编　者

目　　录

第 1 章　绪论 1

1.1　嵌入式系统应用概述 2

1.1.1　嵌入式系统的发展历程 2

1.1.2　嵌入式系统的典型应用 2

1.1.3　嵌入式系统的特点 4

1.2　嵌入式微处理器 5

1.2.1　单片机 5

1.2.2　数字信号处理器 6

1.2.3　片上系统 6

1.2.4　微处理器的选型 6

1.3　操作系统概述 7

1.3.1　操作系统的主要特点 7

1.3.2　常见的嵌入式操作系统 8

本章小结 10

习题 10

第 2 章　嵌入式 ARM 微处理器 11

2.1　ARM 微处理器基础 11

2.1.1　ARM 微处理器简介 11

2.1.2　ARM 微处理器的版本发展 13

2.1.3　ARM 微处理器各版本的主要特点 14

2.1.4　ARM 微处理器的工作模式 15

2.1.5　ARM 微处理器的工作模式切换 16

2.2　ARM 系统中的存储器 16

2.2.1　ARM 系统中的存储方式 16

2.2.2　存储器基础 17

2.2.3　存储器的分类 18

2.2.4　存储器的性能指标 19

2.3　动态随机存储器 19

2.3.1　DRAM 20

2.3.2　SDRAM 20

2.4　嵌入式系统硬件及软件结构 22

2.4.1　最小硬件系统 22

2.4.2　嵌入式系统软件结构 23

2.4.3　嵌入式系统软件开发工具 24

2.5　SWM1000S 微处理器 25

2.5.1　SWM1000S 微处理器的特点 25

2.5.2　SWM1000S 微处理器产品特性 27

2.5.3　SWM1000S 微处理器产品内核功能描述 29

本章小结 30

习题 30

第 3 章　中断及系统控制器 31

3.1　ARM 中断类型及处理方式 31

3.1.1　中断类型 32

3.1.2　中断处理 36

3.1.3　SWI 中断处理 39

3.2　中断控制器 40

3.2.1　中断向量表 41

3.2.2　寄存器映射 41

3.2.3　外部中断示例分析 44

3.3　系统定时器 47

3.3.1　系统定时器简介 47

3.3.2　定时器寄存器映射 47

3.4　系统控制器 48

3.4.1　CPUID 寄存器 48

3.4.2　ICSR 寄存器 48

3.4.3　AIRCR 寄存器 49

3.4.4　SCR 寄存器 49

3.4.5　系统处理优先级寄存器 50

3.5　系统控制 50

3.5.1　时钟控制 51

3.5.2　端口设置 52

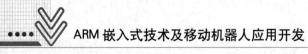

3.5.3 系统功能设置 60
本章小结 61
习题 61

第 4 章 输入/输出与定时(计数)器 62

4.1 通用输入/输出端口 62
4.1.1 数据控制 62
4.1.2 中断控制 63
4.1.3 滤波功能设置 65
4.1.4 初始化配置 66
4.1.5 GPIO 操作 68
4.2 通用定时(计数)器 69
4.3 专用定时(计数)器 76
4.3.1 Timer/Counter 模式 76
4.3.2 PWM 输出模式 77
4.3.3 脉冲及占空比模式 78
4.4 看门狗定时器 82
本章小结 85
习题 85

第 5 章 通信接口 86

5.1 通用异步收发器 86
5.1.1 基本结构 87
5.1.2 UART 的工作原理 88
5.1.3 UART 通信协议 91
5.1.4 UART 中断控制 93
5.1.5 寄存器映射 94
5.2 I²C 总线 99
5.2.1 I²C 总线功能概述 99
5.2.2 I²C 总线的初始化配置 101
5.2.3 寄存器映射 102
5.3 同步串行接口 112
5.3.1 FIFO 操作 113
5.3.2 SSI 中断 113
5.3.3 帧格式 113
5.3.4 SSI 初始化配置 118
5.3.5 寄存器映射 120
本章小结 125
习题 125

第 6 章 PWM 及 Flash 操作 126

6.1 PWM 126
6.1.1 PWM 结构模块 127
6.1.2 PWM 初始化配置 128
6.1.3 PWM 刹车模块 130
6.1.4 寄存器映射 131
6.2 模数转换器 132
6.2.1 ADC 的工作模式 134
6.2.2 ADC 工作模式程序设计 135
6.2.3 转换结果比较 136
6.2.4 PWM 触发 ADC 采样 138
6.2.5 寄存器映射 139
6.2.6 ADC 转换 140
6.3 比较器/放大器 143
6.3.1 结构及功能 143
6.3.2 典型配置 144
6.4 Flash 操作 147
6.4.1 加密 147
6.4.2 操作函数 147
本章小结 150
习题 150

第 7 章 嵌入式软件开发基础 151

7.1 ARM 指令及寻址 151
7.1.1 ARM 的指令编码方式 151
7.1.2 ARM 的寻址方式 154
7.2 ARM 指令集 156
7.2.1 数据处理指令 157
7.2.2 跳转处理指令 160
7.2.3 程序状态寄存器处理指令 161
7.2.4 协处理器指令 162
7.3 Thumb 指令集 163
7.4 ARM 程序开发基础 165
7.4.1 ARM 汇编程序设计介绍 165
7.4.2 ARM 汇编语言与 C/C++语言混合编程 167
7.5 Keil 编程环境 173
7.5.1 RealView 概述 174

7.5.2 软件开发流程........................180
7.5.3 开发工具................................181
7.5.4 仿真开发工具........................182
本章小结..182
习题..182

第 8 章 创建应用程序........................184

8.1 创建工程基础....................................184
8.1.1 创建工程................................184
8.1.2 编译工程................................193
8.2 使用 μVision 调试器测试程序..........194
8.2.1 配置调试参数........................195
8.2.2 仿真调试................................198
本章小结..203
习题..203

第 9 章 SWM1000S 开发板介绍..........204

9.1 开发板资源..204
9.1.1 开发板资源介绍....................204
9.1.2 硬件电路介绍........................205
9.2 基础程序设计....................................209
9.2.1 基础功能分类........................209
9.2.2 基础程序设计........................210
9.3 扩展功能程序设计............................214
9.3.1 DHT-11 温湿度测量程序设计........214
9.3.2 DS18B20 温度传感器测量程序设计........218
9.3.3 夏普 GP2Y1010AU0F 环境PM2.5 测量程序设计........222
9.3.4 E18-D80NK 漫反射式避障传感器程序设计........226
9.3.5 ULN2003 步进电机驱动程序设计........227
9.3.6 HC-SR04 超声波传感器程序设计........229
本章小结..231
习题..232

第 10 章 SWM1000S 应用开发实例.....233

10.1 温度采集节点设计..........................233
10.1.1 功能介绍..............................233
10.1.2 系统结构设计......................233
10.1.3 电路原理设计......................234
10.1.4 程序设计..............................237
10.2 智能 LED 灯控制系统设计..............240
10.2.1 功能介绍..............................241
10.2.2 系统结构设计......................241
10.2.3 电路原理设计......................241
10.2.4 程序设计..............................244
10.3 无刷直流电机驱动设计....................250
10.3.1 工作原理..............................250
10.3.2 系统结构设计......................251
10.3.3 电路原理设计......................252
10.3.4 程序设计..............................253
本章小结..255
习题..255

第 11 章 智能扫地机器人开发实例.......256

11.1 扫地机器人(T271)开发....................256
11.1.1 机器人(T271)硬件设计.........256
11.1.2 机器人(T271)软件开发.........265
11.2 扫地机器人(610D)开发....................273
11.2.1 机器人(610D)硬件设计........274
11.2.2 机器人(610D)软件开发........277
本章小结..280
习题..281

附录 A SWM1000S 电气特性.................282

附录 B SWM1000S 的封装特性............285

附录 C Cortex-M0 处理器指令集..........286

附录 D T271 机器人吸尘器功能规划与电路原理........288

第1章 绪　　论

学习重点

重点学习嵌入式系统的主要特点和典型应用、常见的嵌入式微处理器及选择的一般原则、常见的嵌入式操作系统及主要特点。

学习目标

- 能快速对生活中所用的嵌入式系统应用进行举例说明。
- 能熟练掌握嵌入式系统硬件选择的一般原则。

随着信息技术，特别是白色家电、移动通信、便携式仪器仪表、智能家居、机器人等行业的飞速发展，“嵌入式系统”及其相关产品已经伴随着移动、智能控制进入了人们的日常生活，并为人们所熟知。嵌入式系统是以应用为中心，以计算机技术为基础，软硬件可裁剪，适应应用系统对功能、可靠性、成本、体积、功耗等均有严格要求的专用计算机系统。嵌入式系统的全称是嵌入式计算机系统，所以它具有计算机系统的基本特征，包括硬件系统和软件系统。硬件系统由处理器、存储器、输入/输出设备等组成。

关于“嵌入式系统”的定义，目前有多种不同的说法。美国电气和电子工程师学会(IEEE)对嵌入式系统的定义为：“Device used to control, monitor, or assist the operation of equipment，machinery or plants(用于控制、监视或支持设备、机器或工厂运行的器件)。”一种比较通用的定义为：“以计算机技术为基础，应用单片机、ARM 等功能相对简化的MCU 来进行产品应用开发的专用计算机系统。”它具有体积小、功耗低、成本优势明显等特点。笔者认为，除了通用的计算机系统外，一切智能的电子设备均可归入嵌入式设备的范畴，其运行的控制系统，均可称为 “嵌入式系统”。

对于嵌入式开发工程师来说，嵌入式实际上是一个系统工程，需要涵盖硬件电子电路设计和应用软件开发两方面。嵌入式系统应用开发的发展，是伴随着 MCU 技术的发展而不断进步的，就大多数人的理解而言，早期的嵌入式系统开发，实际上可以理解为基于单片机的控制系统应用技术开发；而到了现在，随着 ARM 技术的不断进步与普及，嵌入式系统开发在某种程度上可以等同于 ARM 技术应用开发。因此，嵌入式系统应用开发的两个明显特征如下。

(1) 在硬件方面：嵌入式系统至少需要一个高性能的微处理器作为硬件平台核心(目前，32 位的微处理器已经成为主流)，如 ARM、MIPS 等微处理器。

(2) 在软件方面：嵌入式系统需要拥有一个多任务操作系统作为软件系统平台，如 Linux、WinCE、VxWorks、μC/OS-II 等。

1.1 嵌入式系统应用概述

随着便携式仪器、设备等需求的增加，特别是近年来移动通信、物联网、娱乐电子、汽车工业、机器人等行业的飞速发展，嵌入式系统在手机通信、白色家电、娱乐影音消费类电子产品、汽车电子产品、机器人等领域得到了广泛的应用。

1.1.1 嵌入式系统的发展历程

嵌入式系统的发展与计算机系统的发展基本同步，计算机领域出现的新技术很快地都应用到嵌入式系统领域；同样，嵌入式系统领域新技术的使用，也对其他计算机应用领域产生影响，并促进计算机应用技术的发展。

1. 嵌入式系统的出现和兴起阶段(1960—1970)

20 世纪 60 年代，以晶体管、磁芯存储为基础的计算机开始用于航空及军事领域，使得嵌入式系统开始出现并兴起。在军事领域，为了满足可靠性、体积及重量等方面的严格要求，为各类武器系统设计出了各种专用的嵌入式计算机系统。

2. 嵌入式系统的发展阶段(1971—1989)

嵌入式系统的真正发展是在微处理器问世之后。随着集成电路制造工艺水平的不断提升，芯片制造商开始把嵌入式应用所需的微处理器、IO 接口、A/D 及 D/A 转换器等集成到一个芯片中，制造出面向不同应用的各种微控制器，与此同时，软件技术的不断进步，也使得嵌入式系统技术不断发展完善。

3. 嵌入式系统的繁荣阶段(1990 年至目前)

进入 20 世纪 90 年代后，在分布式控制、柔性制造、数字化通信、消费类电子，特别是近年来引爆的智能家电与智能家居产品等的巨大需求的牵引下，嵌入式系统的软、硬件技术得到了空前的繁荣与加速发展，应用领域不断扩大。智能手机、平板 iPad、智能路由器、网络播放器、智能空调、家用服务机器人等都是典型的嵌入式系统。

1.1.2 嵌入式系统的典型应用

嵌入式系统目前广泛应用于汽车电子、航空航天、机器人、自动控制、无线通信、电子数码、网络设备、智能家居等产品及其他领域。随着越来越多的大专院校、研究院所、公司及个人不断进入该行业并开始进行嵌入式系统技术的研究开发，嵌入式系统技术的研究及产品设计开发必将成为未来电子应用开发的主流。

随着移动电子设备的流行，嵌入式 ARM 处理器及嵌入式系统技术在通信领域也得到了飞速发展，如今以 APPLE、MICROSOFT、HUAWEI 等为代表的各种高性能智能手机、平板 iPad 及其他类便携式电子设备也得到了普及。图 1-1 为 Apple 公司推出的 iPhone 智能手机与 iPad 平板；图 1-2 为 Microsoft 公司推出的 Surface 平板(笔记本)。

图 1-1　Apple 公司的智能手机 iPhone 与平板 iPad

图 1-2　Microsoft 公司的 Surface 系列平板电脑

图 1-3 为美国 NASA 的好奇号火星车探测机器人。在该机器人中，嵌入式系统实现了机器人的自我决策与运动控制、目标识别、故障诊断、环境分析、科学探险与采样分析、远程通信等多个任务。

在智能家居、家庭电子设备中，嵌入式系统设备也越来越多，如洗衣机、微波炉、空调、智能机顶盒、智能路由器、家用服务机器人等。特别是随着 Wi-Fi 与物联网技术的发展与普及，预计将来每个家庭至少拥有 20 种以上的嵌入式系统设备。图 1-4 为湖南格兰博智能科技有限责任公司研发制造的 T271 家用智能扫地吸尘机器人；图 1-5 为某款智能擦窗机器人原型样机；图 1-6 为某款四旋翼无人机。

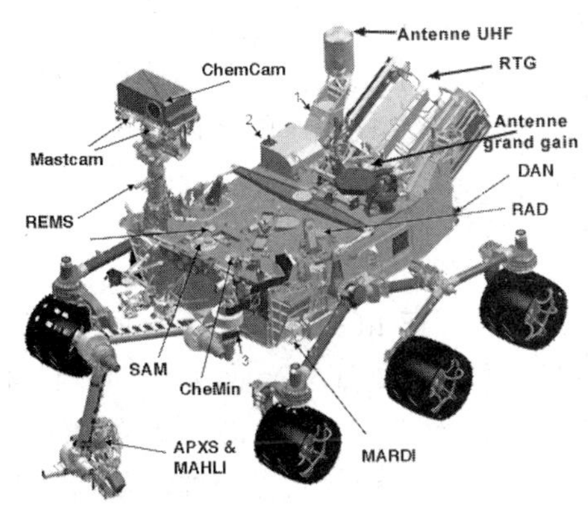

图 1-3　好奇号火星车设计模型(左)及样机模型(右)

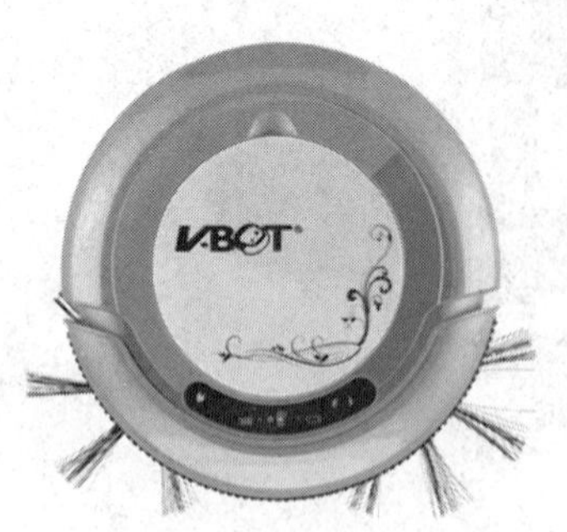

图 1-4　智能扫地吸尘机器人

图 1-5　智能擦窗机器人

图 1-6　四旋翼无人机

1.1.3　嵌入式系统的特点

区别于常见的桌面型计算机应用系统，嵌入式系统的产品在软件操作系统、控制指令集、定制化、成本方面，具有鲜明的特点，主要表现在以下方面。

1. 形式多样的面向特定应用的软硬件综合体

嵌入式系统一般针对特定的应用，其硬件和软件都必须高效率地设计，量体裁衣、去掉不必要的功能与冗余。每种嵌入式微处理器大多专用于某个或某几个特定的应用，工作在为特定用户群而设计的系统中，通常具有低功耗、体积小、集成度高等特点，能够把通用微处理器中许多由板卡完成的功能集成到芯片内部。嵌入式系统的软件是嵌入式操作系统和应用程序两种软件一体化的程序。

2. 支持的处理器及处理器体系结构多样

通用计算机的处理器及体系结构类型较少，主要掌握在 Intel 等几家大公司手中，而嵌入式系统可采用多种类型的处理器及体系结构。在嵌入式微处理器产业链上，IP 设计、面向应用的特定嵌入式微处理器设计、芯片制造已经各自形成巨大的产业，大家分工合作，形成多赢模式。目前，在嵌入式微处理器市场上，有上千种嵌入式微处理器及几十种嵌入式微处理器体系结构可供选择。

3. 关注成本

成本是嵌入式产品竞争的关键因素之一，尤其是消费类电子产品。嵌入式系统成本主要包括开发成本和产品成本。开发成本包括开发软件及开发工具的投入、开发人员的培训投入等；产品成本包括硬件成本、包装、软件版权税、营销及运营成本等。在保证性能不变的前提下，减少代码存储空间和执行空间是降低成本的重要手段。

4. 实时性和可靠性要求

大多数实时系统都是嵌入式系统，而嵌入式系统也有实时性要求。嵌入式系统的软件一般是直接从内存中运行程序或将程序从外部存储器加载到内存中运行，而且一般要求快速启动。

嵌入式系统一般要求具有出错处理能力和自动复位功能，特别是对于一些在极端环境下运行的嵌入式系统，其可靠性设计尤其重要，常用的方法主要有硬件看门狗定时器、软件的内存保护和重启机制等。

5. 操作系统的处理器适应性、可裁剪性

与通用计算机操作系统相比，嵌入式操作系统种类繁多，大多数的商业嵌入式操作系统都可以同时支持不同类型的嵌入式微处理器，而且用户可以根据具体应用情况进行裁剪和配置。

1.2　嵌入式微处理器

与常见的桌面型中央处理器 CPU、图形处理器 GPU 不同的是，为满足不同应用场合的需要及成本的考虑，嵌入式微处理器往往做了一些功能的裁剪或增加一些专有的功能，常见的嵌入式微处理器有单片机、DSP、片上系统等，而 ARM 嵌入式微处理器则是目前发展最为迅速的一种微处理器。

1.2.1　单片机

单片机也叫微控制单元(Micro Control Unit, MCU)，是一种典型的微处理器，目前，在一般的电子设备中仍然有广泛的应用。单片机有 8 位、16 位之分，单片机芯片内部一般集成了 ROM/EPROM、RAM、总线及逻辑、定时器/计数器、IO、串口、看门狗、A/D、D/A，并能实现 PWM 脉宽调制输出等功能，能支持 I^2C、CAN 总线等通信，能与 LED、LCD、键盘等外围接口电路直接相连。单片机的品种及型号较多，比较有代表性的有 8051 系列、MCS-96 系列等。

目前，虽然微处理器(如 ARM、DSP、FPGA 等)技术发展突飞猛进，但国内高校、高职院校等的课堂教学，大多仍以 51 系列的单片机为主，着实有点跟不上时代的发展，导致课堂教学与技术应用差距越来越大。

近年来，Atmel 公司推出的 AVR 单片机，内部集成了 FPGA 等器件，具有很高的性价比，在一定程度上推动了单片机技术向更高性能的方向发展。

1.2.2 数字信号处理器

数字信号处理器(Digital Signal Processor, DSP)专门用于信号处理方面，在系统结构和指令算法方面进行了专门的设计。数字信号处理器在数字滤波、FFT 变换、频谱分析、电机控制等仪器设备，以及语音合成和编解码等方面得到了广泛的应用。随着 DSP 性能的不断提高，DSP 也在通信和计算机等领域得到了广泛的应用，目前，应用最广泛的 DSP 处理器为 TI 公司的 TMS320CXXX 等系列。

1.2.3 片上系统

片上系统(System on Chip, SoC)是一种结合多种电路的微处理系统，它结合了很多常用的电路功能模块，并将其功能集成在一个芯片上，如 ARM RISC、MIPS RISC、DSP 等微处理器的内核，再加上通信接口单元，如 USB、CAN 总线、TCP/IP、GPRS、GSM 通信接口、IEEE1394、Bluetooth 等。SoC 嵌入式系统微处理器与其他微处理器相比，具有以下优点。

(1) 减少不必要的引脚，简化设计封装流程。

(2) 减少外围驱动接口单元及电路之间的信号传递，并加快数据的处理速度。

(3) 因减少了与外部电路的信号传输，从而提升了系统的信号抗干扰能力。

(4) 工作电压更低，降低了芯片功耗。

1.2.4 微处理器的选型

随着 32 位嵌入式微处理器技术的快速发展，市面上出现了种类繁多的嵌入式微处理器，令人难以(根据项目设计要求、成本要求等)进行选择，特别是对于高校学生及初学者，往往无从下手，而盲目地跟随别人来选择，结果因为开发难度等问题，而不能持续、深入地学习并熟练地掌握应用开发技巧。无论是从学习还是产品应用角度来说，需要用到的功能主要有：A/D 及 D/A 模数转换、IO 输入/输出、键盘输入及各种显示输出(双 8 数码管、LCD、LED 等)、PWM 电机控制、UART 接口、TCP/IP 等。因此，一般来讲，在选择嵌入式微处理器的时候，需要考虑以下两个方面。

1. 基本原则

嵌入式微处理器选型的基本原则是：分析项目设计需求，对比芯片具有的功能及性价比，并充分考虑为项目后期功能升级预留部分资源。

2. 一般原则

(1) MMU 功能：实施内存的有效管理，解决多线程多任务的同时工作。

(2) 处理器速度：决定 CPU 的运行速率。

(3) 内置存储器：RAM、ROM、Flash 等，决定 CPU 的数据处理能力，程序的复杂程度(产品的功能)。

(4) IO 端口数量：用于键盘输入、指示输出、信号采集、控制信号输出等，决定了产品功能的复杂程度。

(5) A/D 与 D/A：模数、数模转换。

(6) LCD/LED 控制器：人机交互。

(7) IIS 音频接口：音频输入/输出。

(8) USB 接口：目前最流行的通信协议之一，有无 USB 在很大程度上限制了该处理器的应用范围。

(9) UART 接口：工业应用中最普遍的通信方式。

(10) RTC 接口：同步时钟。

(11) 以太网接口：TCP/IP 是目前最流行的广域网互联协议，便于联网控制。

目前，国内最流行的 ARM 芯片是意法半导体公司生产的 STM32 系列，在高校的学习、科研以及多种产品开发中应用广泛。

1.3　操作系统概述

任何硬件系统都离不开软件的支持，而操作系统则是软件的灵魂和基础。与桌面型通用操作系统不同的是，嵌入式操作系统可以认为是针对一些特定的硬件系统而进行裁剪、定制的专有系统，与硬件的匹配性更紧密，一般不具有完全通用性。

1.3.1　操作系统的主要特点

硬件是嵌入式系统软件运行的物理基础，软件则能充分发挥硬件的功能，完成各种系统任务和应用任务，实现产品设计的功能要求，两者相互依赖，缺一不可。图 1-7 为一种计算机系统的软硬件层次结构，在该结构中，每一层都具有不同的功能，同时又为上层提供相应的接口并与之通信。接口对层内掩盖了实现细节，对层外提供使用约定(协议)。

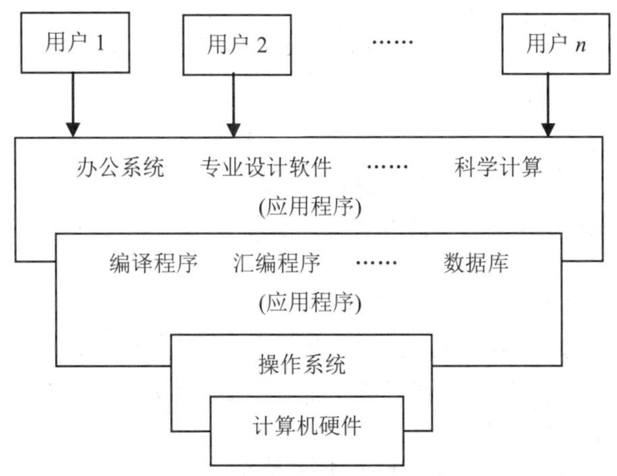

图 1-7　计算机系统的软硬件层次结构

硬件层提供了基本的可用资源，包括处理器、寄存器、存储器，以及各种输入/输出设施和设备，它是操作系统和上层软件正常工作的基础。操作系统层对硬件层的作用是对硬件进行扩充与改造，主要进行资源的调配管理、信息的存储与保护，以及对相应指令的协调和控制等。

操作系统是其他应用软件运行的基础，同时为编译程序、数据库等系统程序提供有力支撑。系统程序层的工作基础是建立在操作系统改造和扩充过的机器之上的，利用操作系统提供的扩展指令集，可以很容易地实现各种语言的处理程序、数据库管理系统及其他系统程序。应用层解决不同用户的应用问题，程序开发者借助于开发语言来表达应用问题，实现各种应用程序的开发。终端用户通过应用程序与计算机交互来解决相关的应用问题。

操作系统是管理和控制计算机硬件和软件资源，并合理组织、调配计算机工作流程的系统软件，是用户与计算机之间的接口。根据操作系统的实时性，可将操作系统分为以下三类。

(1) 顺序执行系统。系统每次只能执行一个程序，按程序语句顺序执行，独占 CPU 的运行时间，直到程序执行完毕，才能启动另外的程序，如 DOS 系统。

(2) 分时操作系统。系统内可以同时运行多个程序，把 CPU 的时间按照顺序分成若干片，每个时间片内执行不同的程序，如 UNIX 系统。

(3) 实时操作系统。系统内有多个程序运行，每个程序有不同的优先级别，只有最高优先级别的任务才能独占 CPU 的控制权。

1.3.2 常见的嵌入式操作系统

1. VxWorks 系统

VxWorks 操作系统是美国 Wind River System 公司于 1983 年设计开发的一种实时操作系统(Real-Time Operating System，RTOS)，该系统具有良好的持续发展能力、高性能的内核及友好的用户开发环境，在国外拥有大量的用户基础，特别是在一些特殊的行业，如航空航天等领域，应用广泛。其主要组成部分有微内核、IO 子系统、文件系统、网络系统等。该系统具有以下特点。

(1) 具有完整的开发工具和测试工具。

(2) 支持多种 CPU，以及完备的设备驱动程序及应用模块。

(3) 通常只提供二进制码的内核。

(4) 支持 POSIX 标准，技术支持需要额外付费。

(5) 可靠性、实时性以及功能可裁剪性。

(6) 大多数的 VxWorks 的 API 是专有的，如火星车。

2. WinCE 系统

WinCE 是微软专门为嵌入式设备开发的专用操作系统，借助于 Windows 的影响，WinCE 在娱乐游戏、数字机顶盒、智能手机通信、医疗设备、机器人、车载导航等领域得到了广泛的应用。WinCE 5.0 的主要特点如下。

(1) 开发环境。Windows Builder 为开发人员提供快速建立基于 WinCE 的嵌入式系统所需要的各种工具，Platform Builder 的集成开发环境 IDE 允许用户设计、建立、测试、调试所需要的 WinCE 操作系统。

(2) 模块化。WinCE 使嵌入式开发人员能够对设备进行定制，从而加快系统开发过程，提高开发速度。

(3) WinCE 属于软实时操作系统，拥有技术嵌套中断和 256 级优先级。

(4) 强大的多媒体处理能力。WinCE 提供 DirectDraw、DirectSound、DirectShow 等 API 函数用于多媒体开发，方便用户使用。

(5) 强大的网络及通信功能。WinCE 内嵌大量的网络和通信功能，可以将嵌入式设备与其他设备、Windows 设备以及网络设备进行互联。

(6) 程序开发。借助于 VC++，可以方便地进行程序开发，特别是 WinCE6.0 及以后，微软公司将 WinCE 中的 Platform Builder 取消，并集成到 Visual Studio 2005 中，变成了其一个插件，更加方便程序开发、调试与发布。

(7) 并发进程。WinCE 5.0 支持 32 个进程，每个进程 64MB 的虚拟内存；而 WinCE 6.0 支持 32 000 个并发进程，每个进程拥有 2GB 的虚拟内存空间，这无疑有了质的变化。

3. Linux 系统

Linux 由 UNIX 操作系统发展而来，它的内核是由网络上组织松散的黑客一起从零开始编写而成的。Linux 加入 GNU 并遵循公共版权许可证(GPL)，由于个人、公司可以在此基础上自由开发商业软件，因此，Linux 得到了快速发展，并出现了很多版本，如有名的 Redhat 以及国内的红旗 Linux 等。

Linux 是开放源代码的操作系统，不存在黑箱技术，它具有内核小、功能强大、运行稳定、系统健壮、效率高、方便进行定制和裁剪等，其特点主要如下。

(1) 内核精简、性能稳定。良好的多任务支持，适用于多种不同的 CPU 框架体系(如 X86、ARM、MIPS 等芯片)，具有可裁剪性和伸缩性，适用于从简单到复杂的各种嵌入式应用开发。

(2) 外设接口统一。以设备驱动程序的方式为应用提供统一的外设接口；开放源代码，软件资源丰富，完整的技术文档，便于用户的二次开发。

(3) 可定制的网络支持。具备完整的 TCP/IP 栈，以及各种网络协议。

(4) 可定制的文件管理系统。包括 NFS、EXT2、FAT16、FAT32 等。

Linux 是目前最为流行的一款开放源代码的操作系统，从 1991 年问世至今，不仅在 PC 平台应用广泛，在嵌入式应用中，也逐渐得到了广大开发者的认同。

4. μC/OS

μC/OS 系统 1992 年由美国人 Jean Labrose 完成，它是一种基于优先级的抢占式多任务实时操作系统，1998 年发展到 μC/OS-II，目前已发展到 μC/OS-III，其版本为 v3.02。μC/OS 系统于 2000 年得到了美国航空管理局(FAA)的认证，用于飞行器的设计开发。作为典型的嵌入式操作系统，μC/OS(II)在照相机、医疗设备、音响设备、发动机控制、高速公路电话系统、机器人等领域得到了广泛的应用。

μC/OS-II 读作 micro COS2，意为“微控制器操作系统版本 2”。目前，在国内，有部分高校开展了 μC/OS-II 实时操作系统的相关教学。μC/OS 提供了一个完整的嵌入式实时操作系统内核的源代码，而且对这些代码进行了详细的解释，便于开发者的理解和应用开发。

μC/OS 的源代码绝大部分都是用 C 语言编写的，经过简单的编译，用户就能在 PC 上运行，该实时内核可以方便地移植到几乎所有的嵌入式应用类 CPU 上。

5. ROS

ROS 是近几年发展的一种专用于机器人的软件操作系统(Robotics OS)，其前身由斯坦福大学的人工智能实验室(Stanford Artificial Intelligence Laboratory)开发，它提供一些标准的操作系统服务，目前主要支持 Ubuntu 操作系统。ROS 系统可以分为两层，底层是操作系统层，上层是实现不同功能的软件包。由于这些功能软件包以及不同开发者开发的软件包，大多都开放了源代码，进行了共享，使得 ROS 系统得到了迅速的发展，并带动了机器人技术的应用开发。

本 章 小 结

本章主要对嵌入式系统的基本概念进行了简单介绍，并重点分析了嵌入式系统的硬件特点和软件特点。

嵌入式微处理器是嵌入式系统的硬件核心，常见的有单片机、DSP、ARM(片上系统)等，目前，嵌入式系统多使用 32 位微处理器。

实时操作系统是嵌入式系统的软件核心，常见的实时操作系统有 VxWorks、WinCE、Linux、μC/OS 等，不同的操作系统有各自的特点及不同的应用领域，如 ROS 系统等。

习　　题

(1) 简述嵌入式系统的发展历程。

(2) 结合自己的学科和专业特点，简述生活中所接触到的嵌入式系统应用及其主要功能特点。

(3) 简述一般的嵌入式操作系统的特点，并说说与通用的 Windows 系统的主要区别。

第 2 章　嵌入式 ARM 微处理器

学习重点

重点学习 ARM 微处理器的优势、特点、体系结构等基础知识以及 ARM 各版本的特点与工作模式，熟练掌握 ARM 的存储方式及存储分类，掌握 ARM 的最小硬件系统构成及软件系统。重点学习 SWM1000S 芯片的特点、内部资源。

学习目标

- 熟练掌握 ARM 工作模式的存储方式及存储分类。
- 掌握 ARM 的最小硬件系统构成。
- 熟练掌握 SWM1000S 芯片的封装形式、内核特点、内部资源及产品特性。

ARM 处理器是当前最为流行的嵌入式微处理器，一般具有体积小、功耗低、成本低、性能高、速度快等特点，在工业控制、无线通信、网络产品、消费电子、智能家电、智能玩具及机器人等领域，有广泛的应用，特别是随着智能手机、平板电脑等消费类电子产品的蓬勃发展，ARM 芯片的年出货量已经远远超过了传统 PC 的 CPU 的出货量，并呈加速增长之势。目前，采用 ARM 内核生产芯片的厂商越来越多，如高通、三星、意法半导体、华为等。本章主要介绍 ARM 微处理器的硬件基础知识。

2.1　ARM 微处理器基础

ARM 微处理器为了满足功能、功耗、成本、应用等的需求，与通用 CPU 相比，采用了不同的体系架构，并在精简通用外设的同时，增加或集成了一些专用的电路、接口或器件，如 ADC 与 DAC、CAN 总线等，便于应用开发。ARM 微处理器的发展也与通用 CPU 相似，其指令长度也经历了从最初的起步到 8 位、16 位、32 位再到 64 位的历程。目前，32 位指令长度的 ARM 微处理器是应用最为广泛的嵌入式微处理器。

2.1.1　ARM 微处理器简介

ARM(Advanced RISC Machines)体系结构是目前公认的业界领先的 32 位嵌入式 RISC(Reduced Instruction Set Computer)微处理器结构。ARM 公司于 20 世纪 90 年代成立于英国剑桥大学，ARM 公司主要从事芯片设计开发，而本身并不生产 ARM 芯片，它通过授权给各生产制造商实现盈利。ARM 公司经过短短二十多年的时间，已经成为微处理器设计领域的 面旗帜，同时，得到了人量第三方合作伙伴的支持。

1. ARM 处理器的标志性发展历程

(1)　1991 年，ARM 推出第一款 RISC 嵌入式微处理器核 ARM6。

(2) 1993 年，推出 ARM7 核。

(3) 1995 年，ARM 的 Thumb 扩展指令集为 16 位系统增加了 32 位的性能，提供业界领先的代码密度。

(4) 1999 年，随着移动电话市场的迅速发展，ARM 公司的 32 位 RISC 处理器约占据了 50%以上的市场份额。

2. ARM 处理器的主要优势

(1) 高性能、低功耗、低价格。能比较均衡地兼顾性能、功耗、代码密度以及价格，目前 Cortex M 的芯片已经低至 10 元以下。

(2) 芯片种类多，选择范围广。ARM 只是一个内核，ARM 公司不生产芯片，而是通过授权给其他半导体厂商进行生产，配上多种不同的控制器(如 LCD 控制器、SDRAM 控制器、DMA 控制器等)及外设和接口，可生产出不同的基于 ARM 内核的芯片，用户可根据产品设计需要来设计开发相应的系统。

(3) 可移植性好。由于 ARM 采用向上兼容的指令系统，所以用户开发的软件应用可以方便地移植到更高的 ARM 平台上。

(4) 广泛的第三方支持。目前，除通用编译器 GCC 外，ARM 有自己的高效编译、调试环境(MDK、Keil)，在全球范围内，有 50 家以上的实时操作系统(RTOS)软件厂家对其进行技术支持。

(5) 有完整的产品线及产品发展规划。ARM 根据不同应用对处理器性能需求的不同，有一个从 ARM7、ARM9 到 ARM11，以及新定义的 CortexM/R/A 系列完整的产品线。ARM 的 CortexM/R/A 系列分别针对不同的应用领域。M 系列主要面向传统的微控制器(MCU/单片机，本书介绍的华芯公司的 SWM1000 系列 ARM 就是基于 CortexM0 内核)应用，这里应用非常广泛，如家电、汽车电子、机器人等领域的控制，这类应用要求处理器有丰富的外设，并且在各方面都比较均衡；R 系列强调实时性，主要用于实时控制，如汽车引擎控制；A 系列面向高性能、低功耗的应用系统，如智能手机、平板电脑等消费类电子等。

3. ARM 处理器的特点

(1) 体积小、功耗低、成本低，性价比高。

(2) 支持 Thumb(16 位)和 ARM(32 位)双指令集，能很好地兼容 8 位、16 位器件。

(3) 大量地使用寄存器，指令执行速度快。

(4) 大多数数据操作都在寄存器中完成。

(5) 指令长度固定，寻址方式简单，执行效率高。

4. ARM 处理器体系结构的扩展

(1) 在大型芯片设计中，扩展使用低功耗 16 位数据总线的 Thumb 压缩指令集以降低系统功耗。

(2) 增强乘法器以改进处理器性能。

(3) 单指令放大数据 SIMD 可以增强多媒体应用性能。

(4) 可用于 DSP 应用的算术运算指令集。

(5) 允许直接执行 Java 代码扩充的 Jazelle 技术。

2.1.2　ARM 微处理器的版本发展

目前，在 32 位 RISC 开发领域，ARM 公司不断取得了新的突破，其体系结构从 V1、V3 发展到了 V8，内核也从 ARM7、ARM9 到 Cortex-A7、Cortex-A8、Cortex-A9、Cortex-A12、Cortex-A15。最新已发展到了 Cortex-A53、Cortex-A57，并呈现不断快速发展的趋势。图 2-1、图 2-2 分别为 ARM 体系结构版本及内核技术发展的主要历程。

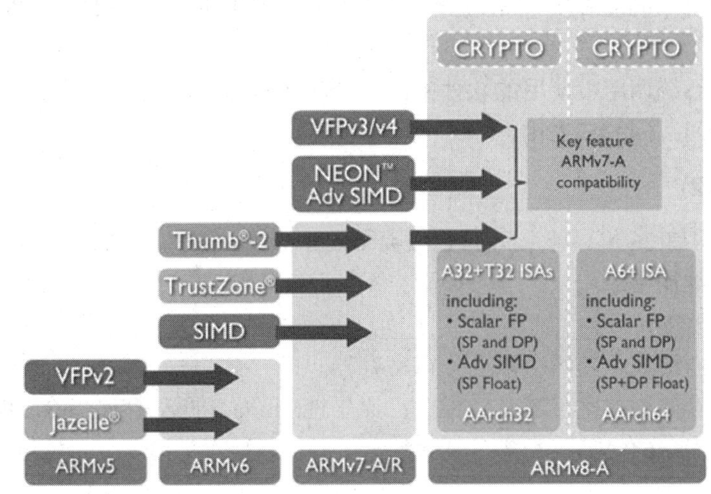

图 2-1　ARM 体系结构的主要发展历程

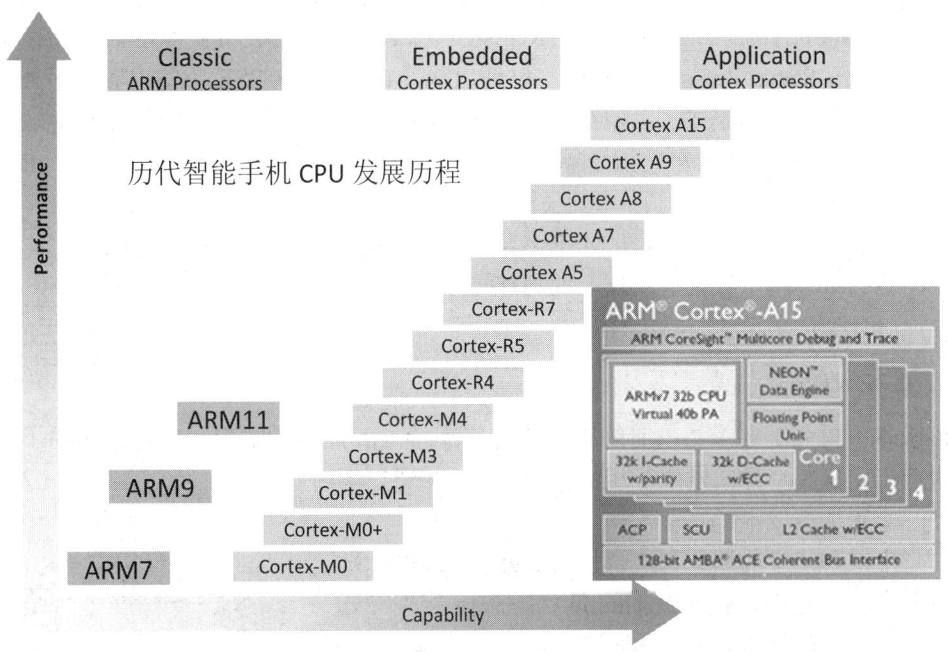

图 2-2　ARM 技术内核及智能手机 CPU 发展的主要历程

2.1.3 ARM 微处理器各版本的主要特点

1. 版本 I(V1)

在 ARM1 中使用，由于只有 26 位寻址空间(现已废弃不用)，从未商业化。该版本主要包括以下内容。

(1) 基本的数据处理指令(不包括乘法)。

(2) 字节、字和半字加载/存储指令(load/store)。

(3) 分支指令(branch)，包括在子程序调用中使用的分支和链接指令(branch-and-link)。

(4) 在操作系统调用中使用的软件中断指令(software interrupt)。

(5) 寻址空间：64 MB(226)。

2. 版本 II(V2)

该版本仍然只有 26 位寻址空间(现已废弃不用)，但相对版本 1 来说，增加了以下内容。

(1) 乘法和乘加指令。

(2) 协处理器支持。

(3) 快速中断模式中的两个以上分组寄存器。

(4) 最基本存储器与寄存器交换指令：原子性(atomic)加载/存储指令 SWP 和 SWPB。

(5) 寻址空间：64MB。

3. 版本 III(V3)

该版本将寻址范围扩展到 32 位；先前存储于 R15 的程序状态信息存储在新的当前程序状态寄存器(Current Program Status Register, CPSR)中，且增加了程序状态保存寄存器(Saved Program Status Register, SPSR)，以便出现异常时保存 CPSR 中的内容。另外，版本 3 还增加了两种处理器模式，以便在操作系统代码中有效地使用数据终止(Data Abort)、取值终止(Prefetch Abort)和未定义指令异常(Undefined Instruction Exception)。版本 3 的指令集的变化如下。

(1) 增加了两个指令 MRS 和 MSR，允许访问新的 CPSR 和 SPSR 寄存器。

(2) 修改以前用于异常返回指令的功能，以便继续使用。

(3) 寻址空间增至 32 位(4GB)。

4. 版本 IV(V4)

该版本不再强制要求与以前的版本兼容来支持 26 位体系结构，清楚地指明了哪些指令会引起未定义指令异常发生，相比版本 3，增加了以下内容。

(1) 半字加载/存储指令。

(2) 字节和半字的加载和符合扩展(sign-extend)指令。

(3) 在 T 变量中，转换到 Thumb 状态的指令。

(4) 完善了软件中断 SWI 指令的功能。

(5) 使用用户(User)模式寄存器的新的特权处理器模式。

5. 版本 V(V5)

在版本 4 的基础上对现有指令的定义进行了必要的修改，对版本 4 的体系结构进行了扩展，并增加了以下指令。

(1) 改进 T 变量中 ARM/Thumb 状态之间的切换效率。

(2) 带有链接和交换的转移 BLX 指令。

(3) 计数前导零 CLZ 指令。

(4) BRK 中断指令。

(5) 增加了数字信号处理指令(V5TE 版)，为协处理器增加更多可选择的指令。

(6) 改进了 ARM/Thumb 状态之间的切换效率。

(7) E——增强型 DSP 指令集，包括全部算法操作和 16 位乘法操作。

(8) J——支持新的 Java，提供字节代码执行的硬件和优化软件加速功能。

6. 版本 VI(V6)

在降低耗电量的同时，还强化了图形处理性能。通过追加有效进行多媒体处理的 SIMD(Single Instruction, Multiple Data，单指令多数据)功能，将语音及图像的处理功能提高到了原型机的 4 倍。在版本 5 的基础上增加了以下功能。

(1) THUMB™：35%代码压缩。

(2) DSP 扩充：高性能定点 DSP 功能。

(3) Jazelle™：Java 性能优化，可提高 8 倍。

(4) Media 扩充：音/视频性能优化，可提高 4 倍。

随着近几年来国家对信息安全的重视程度越来越高，我国加大了对芯片技术研发的支持力度，华为、中兴等众多国内厂商开展了芯片的研发。北京华芯微特公司瞄准微控制器应用领域，开发了具备自主知识产权的 SWM8、SWM10、SWM12、SWM15、SWM18、SWM430 等系列多款 ARM 处理器，广泛应用于工业过程控制、空调、微波炉、智能扫地机器人、智能电表等民用领域，同时，在军用产品方面上也得到了一定的应用。本书将以 SWM1000S 系列 ARM 微处理器为基础，详细介绍 ARM 的基础技术以及利用该型号 ARM 开发智能扫地机器人的应用过程。

2.1.4　ARM 微处理器的工作模式

ARM 微处理器的工作模式有七种，每种工作模式均有与之相对应的寄存器组。在 ARM 的具体应用中，为提高 ARM 内核处理异常的效率，设立了五种异常模式，同时为保证 ARM 内核对嵌入式操作系统的支持，还设立了一个管理模式。七种工作模式在具体应用过程中相互之间经常进行切换，切换主要在操作系统层面完成，但在初始化硬件的过程中，也会进行工作模式切换。ARM 微处理器的工作模式如表 2-1 所示。

需要强调指出的是，除 User 模式外，其他六种模式均可称为特权模式，可以存取系统中的任何资源。六种特权模式中除 System 模式外，其他五种模式被称为异常模式，主要是在外部中断或程序执行非法操作以及发生一些异常状况时会触发这些模式。另外，System 模式与 User 模式的运行环境一样，但是它可以不受任何限制地访问任何资源，该模式主要用于运行操作系统中的一些任务。

表 2-1　ARM 微处理器的工作模式

工作模式	名　称	说　明
User	用户模式	程序正常的执行模式
FIQ	快速中断模式	高速数据传输等需要快速处理的中断
IRQ	中断模式	常规中断处理
SVC	管理模式	供操作系统使用的一种特权模式
Abort	中止模式	内存访问时，出现地址非法错误
Undef	未定义指令模式	用于软件方式仿真协处理器
System	系统模式	运行操作系统任务

2.1.5　ARM 微处理器的工作模式切换

在 ARM 的工作过程中，为保证系统的稳定，在 User 模式下，用户程序是没有权限直接进入其他六种模式的，而在实际使用过程中，用户经常会遇到需要切换进入到特权模式的情况，因此就需要经常发生模式间的切换，最常用的方式是使用软件中断。软件中断将引起微处理器的异常处理，其工作模式将切换进入管理模式 SVC，进入该模式后，用户可将处理器模式切换到七种工作模式中的任意一种。

处理器模式的切换是应用中经常会遇到的问题，软件可以控制微处理器模式的转换，另外，异常或外部中断的产生也会引起模式的改变。需要注意的是，User 模式下应用程序不能访问受保护的资源，不能直接改变微处理器的模式，而只能通过软件中断来改变微处理器的当前运行模式。

需要强调的是，System 模式不是异常模式，但它是特权模式。在该模式下，可以直接进行处理器模式间的切换，切换的方式通常是通过改写当前程序状态寄存器(CPSR)的相应位来实现的。

2.2　ARM 系统中的存储器

作为一种精简指令集的嵌入式微处理器，与通用 CPU 相比，ARM 在数据存储方式、寻址方式、存储器类型等方面，既有相同点，也有其独特的方式。

2.2.1　ARM 系统中的存储方式

1. 字节、半字与字

ARM 系统中常用的数据格式为字节和字，1 个字节(Byte)占用一个存储单元；一个字(Word)为 4B，占用 4 个存储单元，也称字单元；半字(Half Word)为 2B，占用 2 个存储单元，也称半字单元。

2. 大端与小端方式

在 ARM 系统中，1 个字包含 4 个字节，而 4 个字节在内存中如何进行存储，则有两种完全不同的方式。

1)　大端方式(Big Endian)

大端方式是，内存中的低地址保存数据的高字节，高地址保存数据的低字节。例如一个数据 0X12345678，长度为一个字，在大端存储系统时，其存储方式如图 2-3 所示。从图 2-3 中可以看出，数据 0X12345678 的最高字节 0X12 保存在 0X00000000 地址(低地址)处，而数据的低位字节 0X78，则保留在 0X00000003 地址(高地址)处。

2)　小端方式(Little Endian)

小端方式是，内存中的低地址保存数据的低字节，高地址保存数据的高字节。对于同样的数据 0X12345678，在小端存储系统时，其存储方式如图 2-4 所示。从图 2-4 中可以看出，数据 0X12345678 的最高字节 0X12 保存在 0X00000003 地址(高地址)处，而数据的低位字节 0X78，则保留在 0X00000000 地址(低地址)处。

需要指出的是，在 ARM 微处理器中，通常希望字单元的地址是字对齐的(Aligned)，即地址的最低两位是二进制 00；半字单元的地址是半字对齐的，即地址的最低一位是二进制 0。在访问存储器时，如果没有遵循上述规则，则称为非对齐的(Unaligned)存储器访问。当从存储器中取指令时，如果存储器的地址是非字对齐的，则指令的执行结果不可预知；如果是非对齐的存储器访问，访问的结果则不可预知。

内存地址	内存单元
0X00000003	0X78
0X00000002	0X56
0X00000001	0X34
0X00000000	0X12

图 2-3　大端存储方式

内存地址	内存单元
0X00000003	0X12
0X00000002	0X34
0X00000001	0X56
0X00000000	0X78

图 2-4　小端存储方式

2.2.2　存储器基础

1. 常用术语

1)　地址

为了方便微处理器对存储器存取信息，每个存储器单元用一组二进制代码进行编号，这一组二进制代码称为存储单元的地址。地址位数越多，表明微处理器可寻址的内存范围越大，同时表明可支持的内存就越大。

2)　寻址

微处理器根据内存单元的地址来访问该单元的过程称为寻址。

2. 存储器的三级结构

嵌入式系统中使用的存储器与 PC 中的存储器类型相同，只是在使用上有一定的限制。在 PC 中，习惯上将存储器分为内存储器(内存)和外存储器(外存)。内存储器是主机内部的存储器，如内存条、ROM BIOS、CMOS RAM 以及 Cache；而外存储器也称为辅助存储器，如硬盘、软盘、光盘、U 盘等。存储器的三级结构如图 2-5 所示。三类存储器的特点如表 2-2 所示。

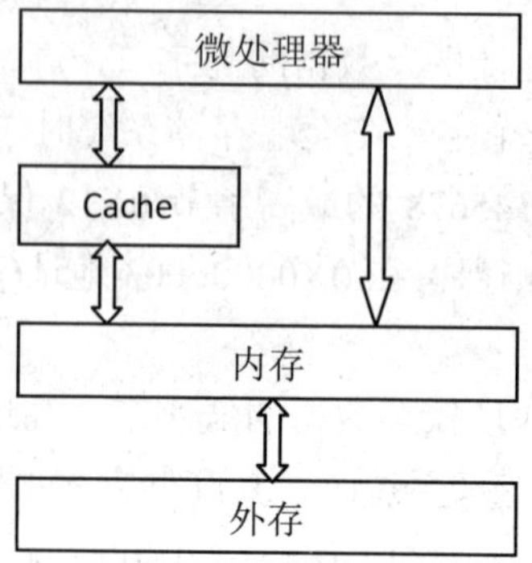

图 2-5　三级存储结构

表 2-2　Cache、内存、外存特点比较

存储器类型	特　点
Cache	高速缓冲存储器(高速缓存)，是为解决微处理器速度与内存速度差异而设置的一个高速存储器，在硬件结构上位于微处理器与内存之间
内存	用于存放微处理器当前正要处理的程序和数据，其存取速度与微处理器处理速度基本匹配，微处理器可直接读写内存中的存储单元
外存	外存设在主机外部，用于存储程序、数据等文件。容量大，但存储速度慢，微处理器要读取外存的数据时，一般需要先通过接口电路将外存数据读入内存后才可处理

2.2.3　存储器的分类

按照功能，存储器可分为随机存储器(RAM)和只读存储器(ROM)两类。

1. 随机存储器(Random Access Memory，RAM)

RAM 的读写特点是既可以读出，也可以写入，但是一旦系统掉电，存储在其中的信息就会全部丢失。RAM 根据应用需求的不同，又可分为静态 RAM(SRAM)和动态 RAM(DRAM)，其特点分别如下。

(1)　静态 RAM：集成度低，速度快，常作高速缓存(Cache)使用。

(2)　动态 RAM：集成度高，容量大，常作普通内存使用。

2. 只读存储器(Read Only Memory，ROM)

ROM 中存储的信息不受电源关闭的影响，系统掉电后数据不会丢失。目前采用的很多的 ROM 都具有可读可写的特点，已经失去了过去 ROM 只读的特性，所以，对于 EPROM、E^2PROM 及闪存等存储器称为非易失存储器则更为合适。表 2-3 为不同类型的 ROM 性能比较。

表 2-3　不同类型的 ROM 性能比较

ROM 类型	特　点
ROM	一般掩膜 ROM，其中存储的程序或数据是由生产厂家出厂时写入的，用户不能修改其中的程序或数据
PROM	可编程只读存储器，提供由用户来编程的 ROM，信息一旦写入就不能修改，是一次性可编程的 ROM
EPROM	紫外线可擦除式可编程只读存储器，用户可写入信息，也可擦除，但 EPROM 的擦除必须采用专用的设备，而且需要将其从系统上拆卸下来后进行
E^2PROM	电可擦除式可编程只读存储器，是 EPROM 的一种改进型，用户可以在系统中在线修改其存储内容，使用方便
Flash Memory	闪速存储器(闪存)是目前使用广泛的 ROM，性能可靠，在很多领域都得到了广泛的应用

2.2.4　存储器的性能指标

存储器的性能指标是描述存储器性能的重要参数，主要体现在以下方面。

1. 容量

存储器容量一般以存储单元为单位来表示，而每一个存储单元包含多少个字节，则与具体的系统有关，一般总是以一个存储单元为一个字节来描述。

2. 存取速度

存取速度是指从启动一次存储器读或写操作到完成该操作所经历的时间。

3. 功耗

功耗通常是指每个存储位耗电的多少，也是内存的一个重要指标。

4. 可靠性

可靠性指存储器对电磁场、温度等的变化的抗干扰能力，通常用 MTBF(Mean Time Before Failure，平均无故障时间)来评价。

5. 集成度

集成度是指在存储芯片上集成的基本存储单元的数量，是衡量存储器容量的重要指标。

2.3　动态随机存储器

动态随机存储器用于微处理器运行过程中数据的临时交换、存储，特别是对计算过程的中间数据的临时存储具有重要意义，可以分为 DRAM 和 SDRAM 两种。与 DRAM 相比，SDRAM 增加了时钟控制器、指令控制器以及总线等。

2.3.1 DRAM

1. 本位存储电路

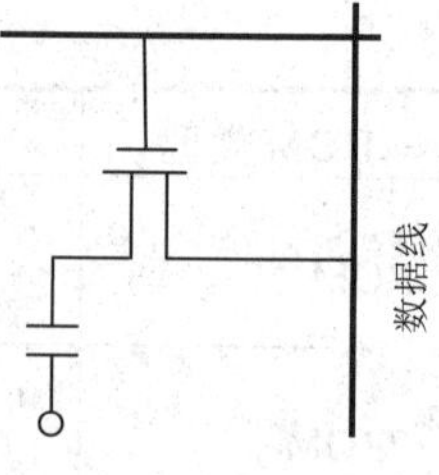

图 2-6 位存储电路

图 2-6 所示为一个动态 RAM(DRAM)的位存储电路，每个存储位只有一个 MOS 管，信息的存储是通过对 MOS 的通断控制电容的充电来实现的。由于电容的容量很小，时间一长，电容上的电荷就会流失，所以动态 RAM 存在一个静态 RAM 没有的问题：需要不断刷新。

刷新是指由系统安排专用的刷新时间将存储单元的内容原样再写入一次。

2. 动态 RAM 的结构

动态 RAM 的结构基本上也包含静态 RAM 的地址部件、存储体、数据部件和时序控制部件，由于动态 RAM 与静态 RAM 在位存储结构上的差异，动态 RAM 的集成度要远远高于静态 RAM。

2.3.2 SDRAM

SDRAM(Synchronous Dynamic RAM，同步动态随机存储器)通常采用 3.3 V 的电压供电，低功耗的 SDRAM 则采用 1.8～2.5 V 的电压供电。

SDRAM 要使所有的输入/输出信号保持与系统主频同步，其基本原理就是将微处理器与 RAM 通过一个相同的时钟锁在一起，使 RAM 与微处理器能够共享一个时钟周期，以相同的速度同步工作。

目前，嵌入式系统中使用的内存主要是以 SDRAM 为主，但随着嵌入式系统技术的更新与发展，速度更快的内存类型已经得到了广泛的应用(在智能手机、平板电脑等消费类电子及移动终端设备上)，如 DDR、DDR2、DDR3 等。

1. 典型的 SDRAM 结构

图 2-7 所示为一种典型的 SDRAM 芯片的结构框图，包含了 SDRAM 的基本部件。不同类型的 SDRAM，其控制信号的名称叫法存在差异，但本质意义是相同的。

SDRAM 是同步 DRAM，所以增加了 CLK 时钟信号，所有数据、地址及控制信号都是在 CLK 的上升沿触发的。由于 SDRAM 的逻辑比 DRAM 要复杂很多，所以其内部集成了命令控制器，微处理器访问 SDRAM 都是通过不同控制线的组合，从而构成不同的命令来进行访问的。其中地址 A0～An 的宽度取决于内存芯片容量的大小；而数据总线 D0～Dn 的宽度则取决于芯片的类型，分别有 8 位、16 位和 32 位。SDRAM 的控制信号及其含义如表 2-4 所示。

通常，DRAM 的访问过程是：微处理器将要访问的存储器地址放在地址总线上，然后发出相关的控制信号，等待存储器将数据放在数据总线上或者写入存储器中。在这个过程中，微处理器可能需要插入等待周期，系统性能会受到相应的影响。

SDRAM 改进了这种访问方式，微处理器根据访问存储器的性质，发出命令和相关地址信息，SDRAM 在几个时钟周期后响应。在 SDRAM 完成微处理器请求的过程中，微处理器还可以执行其他的任务。

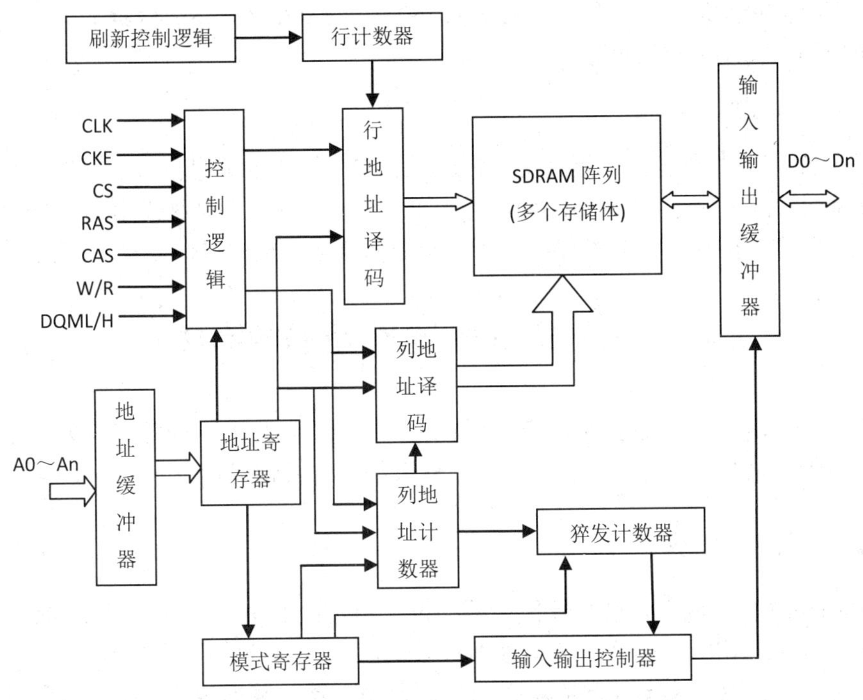

图 2-7　典型 SDRAM 的结构

表 2-4　SDRAM 的控制信号及其含义

控制信号	说　明
CLK	SDRAM 的主时钟信号，用于同步
CKE	选择 SDRAM 的电源管理模式
CS	片选
RAS	列地址有效
CAS	行地址有效
W/R	读写
DQML/H	输出字节选择

SDRAM 的猝发模式有效地提高了存储器的访问效率，在每次访问 SDRAM 时，都需要激活某一行数据，主要有以下三种情况。

(1)　要寻址的行和存储体是空闲的，此时可直接发送行有效命令来访问某行数据，这种情况称为页命中(Page Hit，PH)。

(2)　要寻址的行正好是前一个操作的行，即要寻址的行已经处于选通有效状态，此时可直接发送列寻址命令，这就是所谓的背靠背(Back to Back)寻址，这种情况称为页快速命中(Page Fast Hit，PFH)或页直接命中(Page Direct Hit，PDH)。

(3)　要寻址的行所在的存储体中已经有一行处于活动状态，这种现象称为寻址冲突，此时必须进行预充电来关闭工作行，再对新行发送行有效命令，这种情况称为页错失(Page

Miss，PM)。

PM 是访问 SDRAM 最不理想的状态，而 PFH 是最理想的状态，这时猝发逻辑可以控制存储器快速地访问相关存储单元。

2. SDRAM 的刷新

为保证 SDRAM 中的信息不会丢失，需要对 SDRAM 中的信息进行定时刷新。不同的 RAM 刷新周期不同，刷新由内部刷新控制器来控制进行，期间微处理器将不能对内存进行读写操作，而刷新控制器将对内存中的所有存储器都要刷新一遍。

2.4 嵌入式系统硬件及软件结构

仅有微处理器是无法满足基本的应用需求的，嵌入式系统的组成除了需要一定的元器件组成的外围硬件电路外，还需要有相应的软件系统，二者相辅相成，缺一不可。

2.4.1 最小硬件系统

图 2-8 所示为一个嵌入式最小硬件系统的框架结构，它主要由微处理器(MPU)和外围电路以及外设组成。MPU 为整个嵌入式系统硬件的核心，决定了整个系统的功能和应用领域。一般来说，目前嵌入式微处理器多为 32 位，处理器的数据传输速率为每秒几十到几百兆比特，在外围集成了 USB、RS232、RJ45、LCD 接口驱动、JTAG、A/D、D/A 转换及其他通用接口，基本能满足绝大多数的嵌入式系统应用需求。之前已经提到，一个嵌入式设备硬件上至少有一个 32 位及以上的微处理器，这是嵌入式设备的显著特点。

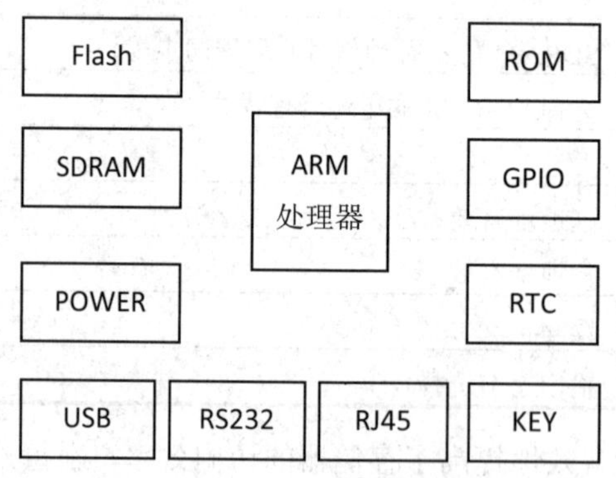

图 2-8 典型嵌入式最小硬件系统结构

在最小系统中，必须包含 Flash 设备，其主要作用是在系统掉电后能存储用户程序和操作系统等软件信息。目前，Flash 作为可擦写设备，使用非常方便，在嵌入式系统设备中，Flash 从 4 MB 到几百兆字节不等，嵌入式设备使用 Flash 代替传统的 ROM 存储设备成为主流趋势。ROM 作为只读存储设备，在部分嵌入式设备中虽然仍然保留，但主要用来存储部分系统启动代码，而这些代码不需要做任何修改，可以通过 ROM 固化在嵌入式系统中，如网络摄像头的 IPCAM 等。

RAM 为随机存储设备，运行速度较快，主要用来临时存储用户数据和程序，用户需要运行的程序和数据都需要加载到 RAM 中运行，在关机时需要将相应的数据存储在 Flash 中。目前常用的 RAM 有 SDRAM。

RTC 为实时时钟，为了保证嵌入式设备与其他设备在时间上同步，都需要内部时钟，这样在系统掉电后内部时钟仍然工作(纽扣电池)，从而始终保持系统时间的更新。一般来说，一个嵌入式系统有一个实时时钟单元。

POWER 电源是任何一个电子设备不可缺少的部分。目前，嵌入式微处理器的电源电压越来越低(3.3 V/1.8 V)，但由于外部设备的增加，对功率的要求往往很高，在电子电路设计中，电源设计在很大程度上决定了整个电路板系统的稳定性和可靠性，因此电源设计是嵌入式系统设备设计时需要重点考虑的问题。

另外，嵌入式设备需要与外界进行通信，因此可能需要简易键盘、LCD、USB、RJ45、RS232 等。简易键盘主要用来接受用户信息的输入，嵌入式设备的键盘基本上是用户自己设计定制的。

RS232 接口除了完成与外界简单的数据通信功能外，在嵌入式设备的开发过程中会经常利用它来进行程序下载和调试。因为 RS232 通信协议简单，很多微处理器的固件源码、BootLoader 以及操作系统都集成了 RS232 的驱动程序，因此，在嵌入式系统设备开发过程中，经常会使用 RS232 接口作为程序下载和调试信息的输出终端接口。

2.4.2　嵌入式系统软件结构

图 2-9 所示为嵌入式系统软件基本层次结构。在任何嵌入式系统中，软件是具体功能的逻辑实现，与硬件具有同样重要的地位。由于应用的不同，一个嵌入式系统可能包含板级支持包、实时操作系统、文件系统、图形用户界面、系统管理接口和应用程序部分。需要指出的是，并不是所有的嵌入式设备的软件系统都完全包含所有部分，在具体的应用中或有不同，但对大多数的嵌入式设备以及初学者来说，采用这种层次结构来开发整个系统的软件具有很强的操作性和可维护性。

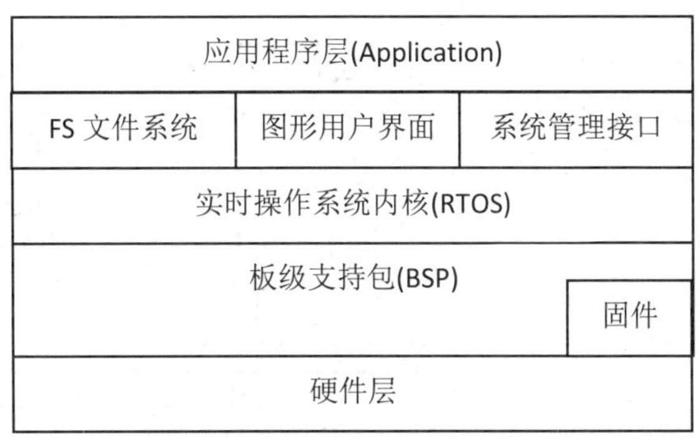

图 2-9　嵌入式系统软件层次结构

(1) 固件：在一些微处理器中，包含一小段微代码，如串口 RS232 驱动等，固件在一定程度上类似于通用计算机的 BIOS。

(2) 板级支持包(Board Support Packet)：它又被称为 BootLoader，使用过 Linux 操作系统的读者应该知道 GRUB(启动 Linux 操作系统的引导程序)，GRUB 是一个应用在通用计

算机上的 BootLoader 程序，在嵌入式系统设备中采用的 BootLoader 会有所不同。BootLoader 的主要功能是完成引导操作系统，完成最小系统硬件初始化。

(3) 实时操作系统：是嵌入式软件系统的核心，一个嵌入式系统在软件上最显著的特点是拥有一个实时操作系统，实时操作系统与通用操作系统最大的区别在于对中断响应、可抢占性及可裁剪性方面。目前主要的嵌入式实时操作系统有 Linux、WinCE、VCWorks、μC/OS-II，以及目前专用于机器人开发的 ROS 系统等。

(4) 文件系统：文件系统是文件管理的基础，常见的文件系统有 FAT32、EXT3 等。在嵌入式设备中，通常需要专门的文件系统，这是因为嵌入式设备对可靠性要求很高。

(5) 图形用户界面：如果嵌入式设备需要有图形用户界面来进行交互，则需要图形用户界面接口。不同的操作系统有不同的图形用户界面接口。

(6) 应用软件层：为针对特定用户设计的，满足用户需要的应用软件，在开发应用软件时，通常需要用到底层提供的大量函数，包括操作系统提供的大量系统调用。

2.4.3 嵌入式系统软件开发工具

在进行嵌入式系统软件开发时，根据开发软件在图 2-9 中的不同层次，所采用的开发工具也稍有不同，常见的嵌入式软件开发工具主要如下。

1. 面向硬件的开发工具

面向硬件的开发工具主要有 ADS(Windows 系统下的 ARM 程序集成开发环境)，主要用来编译应用于 ARM 处理器的应用程序。在开发环境中，可以调试寄存器数据，读者可以在此开发环境中查看每行代码在 ARM 处理器的执行结果。此工具主要用来开发汇编程序、C/C++程序以及它们的混合程序。图 2-10 所示为使用 ADS 软件的开发流程及调试方式图。

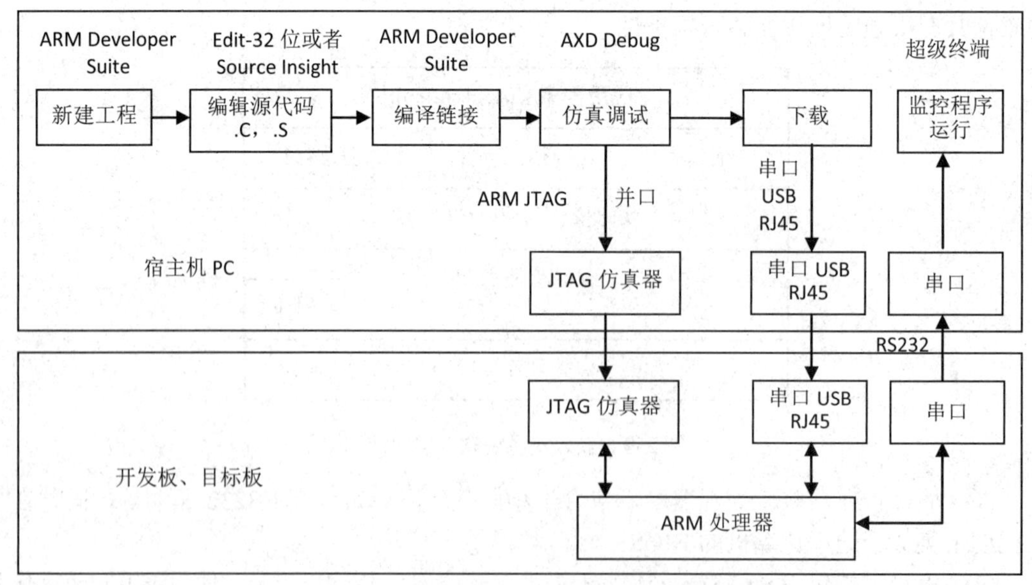

图 2-10 使用 ADS 软件的开发流程及调试方式图

整个开发过程基本包括以下步骤。

(1) 源代码编写。编写 C/C++或汇编源代码程序。

(2) 程序编译。通过 ADS 编译器编译程序。

(3) 软件仿真调试。在 AXD(配置目标类型即可)中仿真软件运行情况。

(4) 程序下载。通过 JTAG、USB、UART 等目标板支持的方式将程序下载到目标板上。

(5) 调试程序。如果采用软硬件联合调试的方式调试程序，考虑到目标板硬件资源的有限性(内存空间小、无显示器、无键盘等输入/输出设备等)和程序运行硬件的差异性，一般先将程序在台式机上编译调试，然后下载到目标板上运行，最后将程序运行结果反馈到台式机上。对于开发 BootLoader 程序而言，一般采用 JTAG 的方式联合调试程序。

(6) 下载固化。如果程序无误，则可以将该程序下载到产品中进行量产。

2. 嵌入式操作系统开发

嵌入式操作系统多采用 C/C++开发，因此，要编译操作系统内容，一般使用 GCC 系列工具。GCC 可以用来编译 μCLinux、Linux、ECOS、μC/OS-II 等操作系统。

3. 面向特定操作系统的应用工具

根据下层操作系统的不同，上层应用软件与下层操作系统之间的接口层软件都会根据具体应用系统的不同而采用不同的开发环境。

(1) WinCE 应用软件开发。如果选用的操作系统是 WinCE，则应用软件选择 WinCE 的 Embeded VC 开发环境。

(2) Linux 应用程序开发。如果开发的是 Linux 应用程序，则需要选择 Linux 程序开发工具(GCC/G++/GDB/Makefile)。

2.5　SWM1000S 微处理器

北京华芯微特(Synwit)公司研发的 SWM1000S 是一款基于 ARM® Cortex™-M0 的 32 位微控制器，具有高性能、低功耗、代码密度大等突出特点，适用于工业控制、白色家电、电机驱动等诸多领域。

2.5.1　SWM1000S 微处理器的特点

与传统的 8051 等单片机相比，ARM 具有更高性能、更低功耗、代码密度大、性价比更高等优势，在冰箱、空调、微波炉、智能照明等产品以及娱乐消费电子产品、移动通信类产品，智能电表、温度控制、运动控制等工业控制领域得到了大量的应用。近年来，随着移动服务机器人的逐渐兴起与成熟，ARM 嵌入式微处理器在智能扫地机器人上的应用得到了快速的发展。

SWM1000S 的内部资源如图 2-11 所示，产品封装如图 2-12 所示。

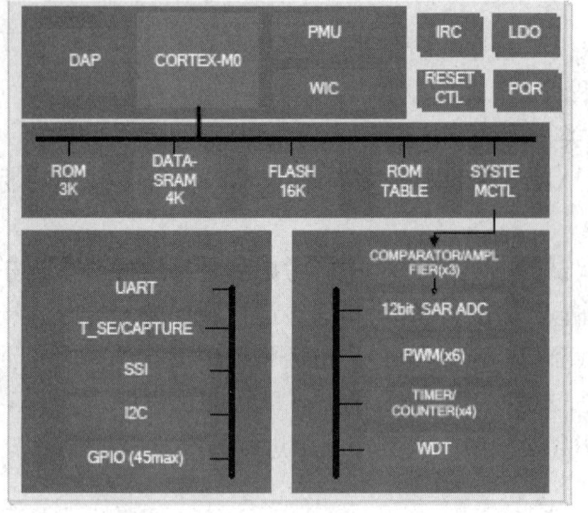

图 2-11　SWM1000S 的内部资源

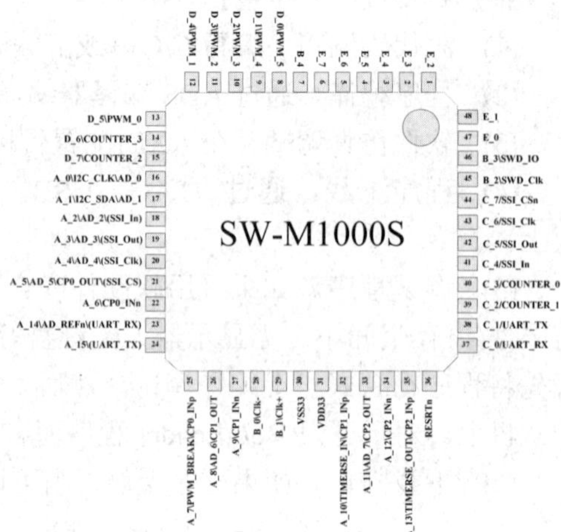

图 2-12　SWM1000S 的封装

SWM1000S 芯片采用 ARM® Cortex™-M0 内核体系结构(如图 2-13 所示)，内嵌 ARM® Cortex™-M0 控制器，最高可运行至 50 MHz，内置 16 KB/32 KB/64 KB 字节的 Flash 存储器，4 KB/8 KB/16 KB 字节的 SRAM，提供 22 MHz/44MHz 精度为 1%的内置时钟，支持四级加密，支持 ISP(在系统编程)及 IAP(在应用编程)操作，SWM1000S 芯片的内部结构及功能模块如图 2-14 所示。外设串行总线包括 I²C 总线接口、工业标准的 UART 接口、SSI 通信接口(支持 SPI、Micro Wire 及 SSI 协议)。此外还包括看门狗定时器、4 组通用定时器(计数器)、1 组专用定时器(包含定时、捕捉、PWM 等功能)、3 组(6 通道)PWM 控制模块、12 位逐次逼近型 ADC 模块以及 3 路模拟比较器(运算放大器)模块，同时提供欠压检测及低电压复位功能。

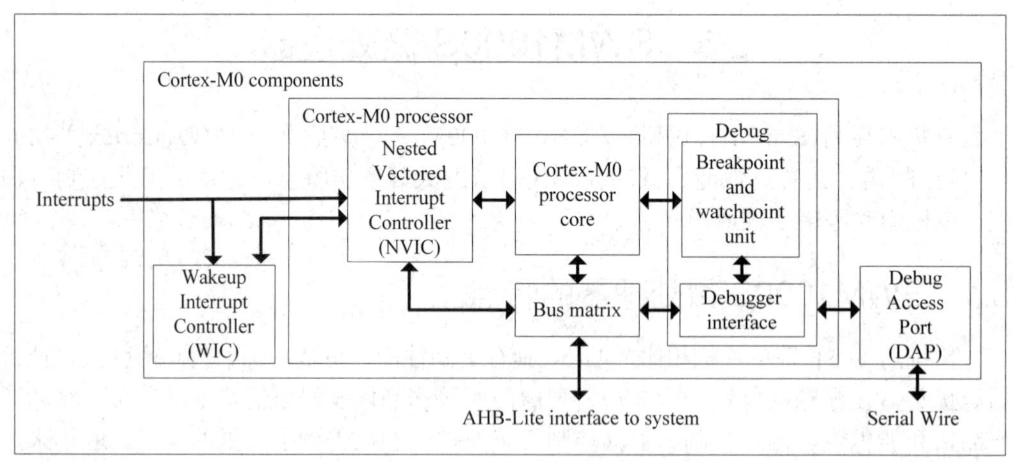

图 2-13　Cortex™-M0 内核结构图

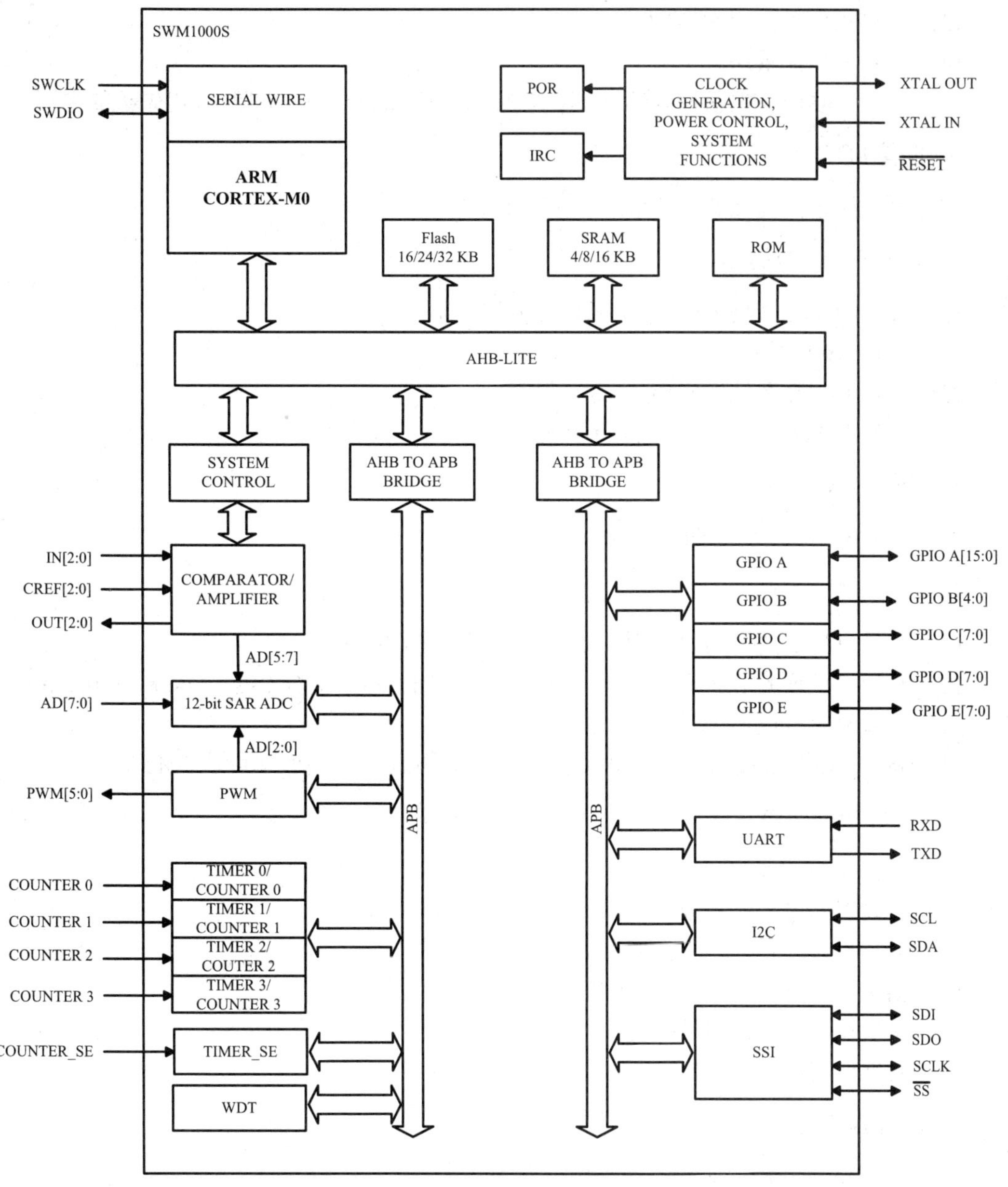

图 2-14　SWM1000S 芯片的内部结构

2.5.2　SWM1000S 微处理器产品特性

SWM1000S 微处理器为 32 位通用控制器，提供了 4 GB 字节的寻址空间，它具有以下产品特性。

1. 内核

(1)　32 位 ARM® Cortex™-M0 内核。

(2)　提供 24 位系统定时器。

(3) 工作频率最高为 50 MHz。

(4) 硬件单周期乘法。

(5) 集成嵌套向量中断控制器(NVIC)，提供最多 32 个、4 级可配置优先级的中断。

2. 内置 LDO

可接受电压范围为 2.0～3.6 V。

3. 内部 Flash 存储器

(1) 16 KB/ 32 KB / 64 KB 字节用以存储用户程序。

(2) 通过 SWD 接口烧录，支持加密。

(3) 支持 ISP(在系统编程)更新用户程序。

(4) 支持 IAP(在应用编程)记录用户数据。

4. 内部 SRAM 存储器

4 KB/8 KB/16 KB 单周期访问的 SRAM。

5. 串行接口

(1) 数量可配置的 UART 模块，具有 8 字节独立 FIFO。

(2) 数量可配置的 SSP 模块，具有 8 字节独立 FIFO，支持 SPI、Micro Wire、SSI 协议，传输速率最高可达系统时钟的 1/2。

(3) 高速 I^2C 总线接口，支持 8 位、10 位地址方式，最高速率可达 1Mb/s。

6. PWM 控制模块

(1) 6 通道 16 位 PWM 产生器。

(2) 可设置高电平结束或周期开始两种条件触发中断。

(3) 具有普通、互补、中心对称等多种输出模式。

(4) 宽度可调节的前后死区控制。

(5) 提供设备保护，由硬件完成“刹车”功能。

(6) 由硬件完成与 ADC 的交互。

7. 定时器模块

(1) 4 路 32 位通用定时器，可作为计数器使用。

(2) 1 路专用定时器，功能包括定时器、计数器、捕捉及 PWM 信号产生。

(3) 32 位看门狗定时器，溢出后可配置触发中断或复位芯片。

8. GPIO

(1) 最多可达 45 个 IO，其中 24 路具备中断功能。

(2) 可配置 4 种 IO 模式。

① 上拉输入。

② 下拉输入。

③ 推挽输出。

④　开漏输出。
(3)　支持灵活的中断配置。
①　触发类型设置(边沿检测、电平检测)　。
②　触发电平设置(高电平、低电平)。

9. 模拟外设

(1)　12 位 8 通道高精度 SAR ADC。
①　采样率高达 1 MSPS。
②　支持 Single/Single-cycle scan/ Continuous scan/ Burst 四种模式。
③　具独立结果寄存器。
④　Burst 模式下提供 FIFO。
⑤　可由软件或 PWM 触发。
(2)　3 路模拟比较器/运算放大器。
①　作为模拟比较器。
②　可以灵活选择片内(16 级)、片外参考电压。
③　比较结果可以触发中断通知 MCU 进行处理。
④　作为运算放大器。
⑤　完全由用户根据需要进行电路设计。
⑥　结果可送至 ADC 进行转换处理。

10. 欠压检测

(1)　支持 4 级欠压检测。
(2)　支持欠压中断和复位选择。

11. 时钟源

(1)　22.1184 MHz 及 44 MHz 精度可达 1%的片内时钟源。
(2)　片外 4MHz～32MHz 晶振。

2.5.3　SWM1000S 微处理器产品内核功能描述

SWM1000S 微处理器的内核包括处理器特征、中断控制器 NIVC 特征以及调试接口，分别如下。

1. 处理器特征

SWM1000S 的处理器内核特征主要如下。
(1)　32 位 ARM v6m　内核。
(2)　执行 Thumb 指令集。
(3)　提供 24 位系统定时器。
(4)　32 位硬件乘法器，硬件单周期乘法。
(5)　小端数据访问。
(6)　进入中断所需周期固定，引入“尾链”功能，优化中断处理速度。

(7) 集成休眠唤醒指令 WFI 与 WFE。

2. NVIC 特征

SWM1000S 的 NVIC 特征主要如下。

(1) 32 个外部中断，具有 4 个可配置优先级。

(2) 提供 NMI 不可屏蔽中断。

(3) 支持电平触发及沿触发方式。

(4) 中断唤醒控制器(WIC)，有效控制功耗。

3. 调试接口

SWM1000S 的调试接口特征主要如下。

(1) 仅需要 2 个引脚。

(2) 提供与 DAP 控制器的调试和测试通信。

(3) 4 个硬件断点。

(4) 2 个观察点。

本 章 小 结

本章首先介绍了 ARM 微处理器的发展历程、各版本的主要特点以及 ARM 微处理器的工作模式与模式切换；然后介绍了 ARM 系统中存储器的基础知识、存储方式、存储器的性能指标评价方法，以及 SDRAM 的基础知识、ARM 的软硬件层次结构、开发工具及基本的开发流程等内容；最后详细介绍了 SWM1000S ARM 的主要参数指标、内部结构、产品特点、存储器映射特点、内部资源及其内核的主要功能。

习 题

(1) ARM 微处理器的指令长度分为哪几种？

(2) ARM 微处理器各阶段的主要特征是什么？

(3) ARM 的工作模式主要有哪些？

(4) ARM 的存储方式主要有哪些？

(5) 简述 SDRAM 的结构及刷新方式。

(6) 简述 ARM 的最小硬件系统组成。

(7) 简述 SWM1000S 的 GPIO 特征。

(8) 简述 SWM1000S 的模拟外设特征。

(9) 简述 SWM1000S 的内核特征。

第 3 章　中断及系统控制器

学习重点

重点学习 ARM 的中断类型及处理方式，了解系统定时器、系统控制器的功能及作用，重点学习系统控制及系统功能设置。

学习目标

- 能熟练掌握 ARM 的内部中断、外部中断等各种中断类型以及各种中断的处理方式。
- 掌握一般的端口设置方法。

对于高性能微处理器来说，响应外部事件多采用中断方式，采用中断处理方式主要有以下优点。

(1) MCU 不需要实时探测外部请求，只需要在获得中断请求后才转入相应的中断服务处理程序，大大地节省了 MCU 的时间。

(2) 对于一般的外部中断请求，可以设置中断屏蔽位来设置是否响应中断请求，当然，对于复位中断，所有处理器都必须立即响应。

(3) 中断响应方式可以对外部事件快速做出响应，如果支持中断嵌套的话，则处理器在实时控制方面将具有很大的优越性。

(4) 为了响应中断请求，ARM 处理器设置了 FIQ 中断请求、IRQ 中断请求、数据中止中断请求、预取指令中止中断请求、软件中断(SWI 中断)请求、未定义指令中断请求及复位中断请求。不同的中断请求处理不同的外部事件。

系统控制器模块的主要功能是负责内核管理、提供精准的时钟控制、实现端口设置以及系统功能设置三大部分。根据提供的功能，可将其分为两部分，第一部分又可称为系统控制模块，负责为相关器件提供功能配置；第二部分又可称为时钟控制模块，为系统提供精准的时钟控制。

3.1　ARM 中断类型及处理方式

1. 信息保护的内容

当系统出现异常时，将导致处理器停止当前事件处理，转而处理一个突发事件，例如一个外部中断或者试图执行一个未定义的指令。在处理异常之前，为了在异常处理完成后能够很好地返回到中断处理之前的状态，在编写程序的时候有必要将处理器的当前状态保护起来。另外，在同一时刻有可能出现多个异常中断请求。ARM 能够支持中断及中断嵌套，对于一段程序来说，如果发生中断及异常，需要对以下信息进行保护。

(1) 当前程序状态，即 MCU 信息，存储在 CPSR 寄存器中。

(2) 当前程序位置，以便从异常及中断中返回，即当前 PC 寄存器的信息。

(3) 临时数据，即当前 R0～R12 的数据。

2. 信息保护的流程

ARM 微处理器在执行中断服务程序之前，需要将这些信息进行有效的保护，具体流程如下。

(1) LR(R14)存储器用来保存当前 MCU 寄存器的值，即程序的返回地址。

(2) SPSR 寄存器用来保护当前程序状态，即 MCU 的信息。

(3) 临时数据使用栈来保存，当中断发生后，系统将开辟一段内存空间，将 R0～R12 的数据依次压入栈中，用 R13 来存储栈空间的入口地址。

3.1.1 中断类型

ARM 支持七种异常，表 3-1 列出了异常类型以及处理这些异常时处理器的工作模式。当异常产生后，将强制从一个固定的存储地址处理相应的异常，该固定的存储地址即异常向量。

表 3-1 ARM 异常类型

异常类型	处理器模式	异常向量(普通地址)	异常向量(高端地址)	具体含义
FIQ	FIQ	0x0000001C	0xFFFF001C	当处理器的快速中断请求引脚有效，且 CPSR 中的 F 位为 0 时，产生 FIQ 异常
IRQ	IRQ	0x00000018	0xFFFF0018	当处理器的快速中断请求引脚有效，且 CPSR 中的 I 位为 0 时，产生 IRQ 异常
数据中止	中止	0x00000010	0xFFFF0010	访问数据空间异常
预取指中止	中止	0x0000000C	0xFFFF000C	访问指令空间异常
SWI 中断	Supervisor	0x00000008	0xFFFF0008	该异常由执行 SWI 指令产生，可用于用户模式下的程序调用特权操作指令
未定义指令	未定义	0x00000004	0xFFFF0004	当 ARM 处理器或协处理器遇到不能处理的指令时，产生未定义指令异常
复位	Supervisor	0x00000000	0xFFFF0000	当处理器的复位电平有效时，产生复位异常

当一个异常发生后，该异常模式下的 R14 和 SPSR 使用以下顺序来保存当前 MCU 的状态。

```
R14_<exception_mode>=return link     //返回地址保存在该模式下的 R14 中
```

```
SPSR_<exception_mode>=CPSR              //CPSR 保存在该模式下的 SPSR 中
CPSR[4:0]=exception mode number         //切换处理器模式
CPSR[5]=0                               //CPU 处于 ARM 状态
If<exception_mode>==reset or FIQ then   //如果是复位或者 FIQ
CPSR[6]=1                               //禁止 FIQ 请求
CPSR[7]=1                               //禁止 IRQ 请求
PC=exception vector address             //指向中断处理程序向量地址
```

从异常处理程序中返回时，需要将 CPSR 中的 MCU 的状态恢复，同时将 R14 数据传输给 PC，可以采用以下两种方式自动完成。

(1) 在使用数据处理指令时带上 S 位，且 PC 寄存器作为目标寄存器。

(2) 使用多寄存器加载指令加载 CPSR，如 LDM。

例如一个中断处理程序希望中断完成后 MCU 能够恢复到中断处理前的状态，则在进入中断时使用以下指令。

```
SUB R14, R14, #4
STMFD SP!, {<other_registers>, R14}
```

中断处理完成后返回指令如下。

```
LDMFD SP! , {<other_registers>, PC}
```

1. Reset 异常处理

在系统复位信号产生后，ARM 处理器应当立即中断当前正在执行的指令。进入复位处理时，处理器将进行以下操作。

```
R14_svc=UNPREDICTABLE value          //R14_svc 不可知
SPSR_svc= UNPREDICTABLE value        //SPSR_svc 不可知
CPSR[4:0]=0b10011                    //处理器进入 svc 模式
CPSR[5]=0                            //执行 ARM 状态指令
CPSR[6]=1                            //禁止 FIQ
CPSR[7]=1                            //禁止 IRQ
if high vectors configured then      //指向复位向量地址
    PC=0xFFFF0000
else
    PC=0x00000000
```

当复位后，ARM 处理器 PC 指针将立刻指向 0x00000000 或 0xFFFF0000 地址，禁止所有外部中断，运行于 SVC 模式。

2. 未定义指令异常处理

当试图执行一个 ARM 处理器及其协处理器都无法识别的指令时，将产生一个未定义指令异常。在没有实际硬件支持时，未定义指令异常可以被用来进行一个协处理器的软件仿真，或者其他软件仿真功能。当一个未定义指令异常发生后，将执行以下步骤。

```
R14_und=address of next instruction after the undefined instruction
                             //R14_und 为下一条要执行的指令地址
SPSR_und=CPSR                //存储 CPSR 状态
CPSR[4:0]=0b11011            //进入未定义模式
```

```
CPSR[5]=0                          //执行 ARM 状态指令
/*CPSR[6] is unchanged*/           //CPSR[6] is unchanged，允许 FIQ
CPSR[7]=1                          //禁止 IRQ
if high vectors configured then    //指向未定义中断向量
   PC=0xFFFF0004
else
   PC=0x00000004
```

从未定义指令异常返回使用以下指令。

```
MOVS PC, R14
```

此条指令将从 R14_und 中恢复 PC，并从 SPSR_und 中恢复 CPSR，然后从未定义指令的下一条指令处继续执行。

3. 软中断异常处理

软中断是由 SWI 指令产生的，其将使 MCU 进入 SVC 模式，执行以下操作。

```
R14_svc=address of next instruction after the SWI instruction
                                //R14_svc 指向 SWI 下一条要执行的指令
SPSR_svc=CPSR                   //备份 CPSR
CPSR[4:0]=0b10011               //进入 SVC 模式
CPSR[5]=0                       //执行 ARM 状态指令
/*CPSR[6] is unchanged*/        //CPSR[6] is unchanged，允许 FIQ
CPSR[7]=1                       //禁止 IRQ
if high vectors configured then//指向未定义中断向量
   PC=0xFFFF0008
else
   PC=0x00000008
```

中断处理完成后，将使用以下指令恢复 PC 和 CPSR 寄存器数据。

```
MOVS PC, R14
```

4. 预取指令异常处理

存储异常是由存储系统产生的，当试图读取一条不可用指令时，将产生一个存储器异常信号来标识所取指令不可用。当执行该指令时将产生一个预取异常，如果该指令并没有被执行，则不会产生预取异常。

在 ARM v5 及以上版本执行 BKPT 指令也会产生一个预取异常。预取指令异常的处理指令如下。

```
R14_abt=address of the aborted instruction +4
                             //R14_abt 存储(abt 指令+4 地址)
SPSR_abt=CPSR                //保存 CPSR
CPSR[4:0]=0b10111            //进入 SVC 模式
CPSR[5]=0                    //执行 ARM 状态指令
/*CPSR[6] is unchanged*/     //CPSR[6] is unchanged，允许 FIQ
CPSR[7]=1                    //禁止 IRQ
if high vectors configured then      //指向未定义中断向量
   PC=0xFFFF000C                     //进入异常处理
```

```
else
   PC=0x0000000C
```

当修复该异常后，将使用以下指令恢复。

```
SUBS PC, R14, #4
```

此指令将恢复 PC 和 CPSR 寄存器数据，返回到预取指令异常位置。

5. 数据异常处理

当访问的数据不可用时，将产生异常，一个数据中止异常发生在其后续指令执行之前以及其他异常试图改变 MCU 状态之前。数据异常的处理方式如下。

```
R14_abt=address of the aborted instruction +8
  //R14_abt 存储(abt 指令+8 地址)
SPSR_abt=CPSR                          //保存 CPSR
CPSR[4:0]=0b10111                      //进入 SVC 模式
CPSR[5]=0                              //执行 ARM 状态指令
/*CPSR[6] is unchanged*/               //CPSR[6] is unchanged，允许 FIQ
CPSR[7]=1                              //禁止 IRQ
if high vectors configured then        //指向未定义中断向量
   PC=0xFFFF0010                       //进入异常处理
else
   PC=0x00000010
```

当修复该错误后，将使用以下指令恢复。

```
SUBS PC, R14, #8
```

此指令将恢复 PC 和 CPSR 寄存器数据，返回重新执行中止的指令。如果该指令不需要被执行，则可以使用如下指令。

```
SUBS PC, R14, #4
```

6. IRQ 异常处理

当外部普通中断异常请求引脚发送中断信号时，将产生一个普通 IRQ，因其优先级低于 FIQ，因此，当产生一个 FIQ 时，将屏蔽掉 IRQ 请求。另外，当置位了 CPSR 的 I 位后(只有在特殊模式下才能修改 I 位)，IRQ 将被屏蔽。IRQ 中断请求响应后将执行以下操作。

```
R14_irq=address of next instruction to be executed +4
  //R14_irq 存储(当前指令+4 地址)
SPSR_irq=CPSR                          //保存 CPSR
CPSR[4:0]=0b10010                      //进入 IRQ 模式
CPSR[5]=0                              //执行 ARM 状态指令
/*CPSR[6] is unchanged*/               //CPSR[6] is unchanged，允许 FIQ
CPSR[7]=1                              //禁止 IRQ
if high vectors configured then        //进入异常处理
   PC=0xFFFF0018
else
   PC=0x00000018
```

中断服务完成后，将使用以下指令恢复。

```
SUBS PC, R14, #4
```

此指令将恢复 PC 和 CPSR 寄存器数据，返回重新执行中止的指令。

7. FIQ 异常处理

当外部快速中断异常请求引脚发送中断信号时，将产生一个 FIQ，FIQ 被设置来实现高速数据传输和通道处理，它有充足的私有寄存器从而减少上下文切换时保存寄存器数据的时间。当 CPSR 的 F 位被置位时，将禁止 FIQ 请求(只有在特殊模式下才能修改 F 位)。FIQ 中断处理之前将进行以下操作。

```
R14_fiq=address of next instruction to be executed +4
   //R14_fiq 存储(当前指令+4 地址)
SPSR_fiq=CPSR                        //保存 CPSR
CPSR[4:0]=0b10001                    //进入 FIQ 模式
CPSR[5]=0                            //执行 ARM 状态指令
CPSR[6]=1                            //禁止 FIQ
CPSR[7]=1                            //禁止 IRQ
if high vectors configured then//进入异常处理
   PC=0xFFFF001C
else
   PC=0x0000001C
```

中断服务完成后，将使用以下指令恢复。

```
SUBS PC, R14, #4
```

此指令将恢复 PC 和 CPSR 寄存器数据，返回被中断的指令。

3.1.2　中断处理

1. 进入与退出中断异常

在一个中断异常发生后，处理器需要响应中断，并进入中断异常，进行处理，当完成中断异常处理后，又需要从中断异常处理程序中返回。因此，系统执行进入与退出中断异常处理步骤。

1)　中断异常发生后的执行步骤

在一个中断异常发生后，处理器将执行以下步骤来进入中断处理。

(1)　复制当前 CPSR 寄存器到对应模式的 SPSR 寄存器中以存储当前程序状态，这些信息包括当前处理器模式、中断屏蔽位以及控制标识。

(2)　改变 CPSR 寄存器的模式位使当前处理器工作于对应模式、禁止中断位，其中，在任何异常情况下都将禁止 IRQ 请求位，当复位中断和 FIQ 中断发生时将禁止 FIQ 请求位。

(3)　保存返回地址到对应模式链接寄存器(LR)　。

(4)　设置当前程序 PC 寄存器到中断向量地址以处理异常，这将强制跳转到相应的中断处理程序中。

2)　中断异常处理结束后执行的操作

当一个中断异常处理结束后，处理器将执行以下操作以从中断异常处理程序中返回。

(1)　从相应模式的 SPSR 寄存器中恢复 CPSR 寄存器内容。

(2)　从相应模式的链接寄存器 LR 中恢复 PC 寄存器以使程序从中断处重新执行。

需要注意的是，如果在进入中断时使用栈空间来存储普通寄存器数据，则只需执行以上操作即可。如果在进入中断时使用了栈空间来存储普通寄存器数据，则需要重新加载这些数据。例如使用以下指令操作来进入中断。

```
LDMFD sp!, {r0-r12, pc}
```

该指令将从 SP(堆栈寄存器)所指堆栈空间中恢复 R0～R12 寄存器数据，并从 LR 寄存器中恢复 PC 寄存器，从 SPSR_mod 中恢复 CPSR 寄存器。

2. 装载中断地址程序

任何新的中断异常都必须被装载到中断向量表中才能在相应的中断发生时执行中断服务程序，一般可以通过以下两种方式来装载中断处理程序。

(1)　使用跳转指令。这是最简单的跳转到中断异常处理程序(每一个中断向量入口表中包含一个跳转指令到相应的中断服务程序)的方式。但这种方式会受到跳转指令的限制，即 ARM 跳转指令只能有 32 MB 的相对寻址能力。

(2)　加载 PC 寄存器。采用这种方式时，PC 寄存器将被强制指向中断处理程序地址，存储中断处理程序的绝对地址到一个合适的内存地址(4 KB 范围内)，同时在中断向量表中放置一个跳转到上一步存储的中断向量地址信息位置指令。

如果 ROM 空间的起始地址为 0x0，则在中断向量表中简单地设置跳转代码即可。使用汇编语言装载中断处理程序的示例如下。

```
LDR PC,          Reset_Addr
LDR PC,          Undefined_Addr
LDR PC,          SWI_Addr
LDR PC,          Prefetch_Addr
LDR PC,          Abort_Addr
NOP                               ;保存向量
LDR PC,          IRQ_Addr
LDR PC,          FIQ_Addr
Reset_Addr       DCD   Start_Boot
Undefined_Addr   DCD   Undefined_Handler
SWI_Addr         DCD   SWI_Handler
Prefetch_Addr    DCD   Prefetch_Handler
Abort_Addr       DCD   Abort_Handler
DCD 0                                     ;保存向量
IRQ_Addr         DCD   IRQ_Handler
FIQ_Addr         DCD   FIQ_Handler
```

其中，DCD 用于分配一段字(32 位)内存单元，并用后面的表达式初始化。

如果使用 C 语言来装载中断处理程序，则可以使用指令跳转方式和加载 PC 寄存器的方式。指令跳转方式的执行步骤如下。

(1) 获取中断异常处理函数位置。

(2) 减去相应中断向量表地址值。

(3) 减去 0x8 以允许预取地址值。

(4) 将结果值左移两位实现字对齐。

(5) 检测最高 8 位是否为 0，以确保结果只有 24 位(因为跳转指令受 24 位寻址限制)。

(6) 与 0xEA000000(跳转指令的操作码)进行逻辑或(OR)操作以获得保存在中断向量表中的值。

使用 C 语言装载中断处理程序的示例如下，其中 handlerloc 为中断处理程序，vector 为中断向量表值，返回值为原来的中断向量表值。

```
unsigned Install_Handler (unsigned *handlerloc, unsigned *vector)
{
    unsigned vec, oldvec;
    vec=*handerloc-(unsigned)vector-0x8; //减去中断向量表值，再减去预取值 0x8
    if ((vec & 0xFFFFF000)!=0)           //判断
      { /*diagnose the fault */
        Exit(1);
      }
     vec=0xE59FF000 | vec;               //按位 OR 运算
    oldvec=*vector;
     *vector=vec;                        //存储地址
  return (oldvec);
}
```

在主函数中，则可以使用如下程序来装载中断处理程序。

```
unsigned *irqvec=(unsigned *) 0x18;
Install_Handler ((unsigned) IRQHandler, irqvec);
```

此外，还可以采用如下的另外一种方法来获得中断处理程序地址，其加载 PC 寄存器方式装载中断处理程序的步骤如下。

(1) 获取中断处理程序地址。

(2) 减去相应中断向量表地址值。

(3) 减去 0x8 以允许预取地址值。

(4) 检测最高 20 位是否为 0，即地址用 12 位数据描述。

(5) 与 0xe59FF000(LDR pc，[pc, #offset]指令的操作码)进行逻辑或操作以获得保存在中断向量表中的地址数据。

(6) 存储相应的地址到相应的存储位置。

对应的 C 语言程序代码如下。

```
unsigned Install_Handler (unsigned location, unsigned *vector)
{
    unsigned vec, oldvec;
    vec=((unsigned)location-(unsigned)vector-0x8) | 0xe59ff000;
oldvec=*vector;
*vector=vec;
return (oldvec);
}
```

如果需要在主函数中装载中断，则可以使用如下程序。

```
unsigned *irqvec=(unsigned *) 0x18;
static unsigned pIRQ_Handler=(unsigned)IRQ_handler;
Install_Handler (pIRQHandler, irqvec);
```

3. 中断响应时间

假设 FIQ 使能，对 FIQ 来讲，最长中断响应的延时包括请求被传送到同步器的最长时间(Tsyncmax)、最长指令完成需要的时间(Tidm，最长的指令是 LDM，它加载所有的寄存器，包括 PC)、数据异常响应时间(Texc)和 FIQ 入口时间(Tfiq)。在这些时间之后，ARM 将从 0X1C 取指执行，即 FIQ 中断响应时间。

Tsyncmax 分为 3 个机器周期，Tidm 为 20 个机器周期，Texc 为 3 个机器周期，Tfiq 为 2 个机器周期，总的时间为 28 个机器周期，如果系统的处理时钟为 10 MHz，则需要花费 2.8 μs。最大的 IRQ 延时时间的计算方法与此类似。需要注意的是，由于 FIQ 的优先级别比 IRQ 高，进入 IRQ 中断的处理程序入口可能被延迟任意时间。

4. 复位信号

当复位信号位为低电平时，ARM 放弃正在执行的指令，继续从零字地址取指。当 nRESET 再次为高时，ARM 执行以下步骤。

(1) 用当前 PC、CPSR 中的值覆盖 R14_svc 和 SPSR_svc，被保存的 PC 和 CPSR 的值没有定义。

(2) 强制 M[4:0]=10011(管理模式)，将 CPSR 中的 F、I 置位。

(3) 强制 PC 从地址 0X00 取出下一条指令。

3.1.3 SWI 中断处理

当一个 SWI(Software Interrupt)到来时，首先应该明确调用哪个 SWI，这一信息可以存储在中断指令 SWI 的 0～23 位(如图 3-1 所示)，或者通过寄存器 R0～R3 传递。

31　　28	27	26	25	24	23
cond	1	1	1	1	24_bit_immediate
					comment field

图 3-1　SWI 中断指令

以下是 SWI 处理的汇编语言实现框架。

```
AREA TopLevelSwi, CODE, READONLY  ; Name this block of code.
EXPORT SWI_Handler
SWI_Handler
STMFD sp!, {ro-r12, lr}      ; Store registrers.
LDR  r0, [lr, #-4]           ; Calculate address of SWI
                             ; instruction and load it into r0
BIC r0, r0, #0xff000000      ; Mask off top 8 bits of instruction
                             ; to give SWI number
```

```
; Use value in r0 to determine which SWI routine to execute.
LDMFD sp!, {r0-r12, pc}^    ; Restore registers and return.
END                         ; Mark end of this file.
```

使用汇编语言实现 SWI 中断处理最简单的调用方式是使用跳转，示例代码如下，其中寄存器 R0 中包含了 SWI 序号。

```
    CMP r0, #MaxSWI      ; Rang check
    LDRLS pc, [pc, r0, LSL #2]
    B SWIOutOFRange
SWIJumpTable
    DCD SWInum0
    DCD SWInum1          ; DCD for each of other SWI routines
SWInum0                  ; SWI number 0 code
    B Endof SWI
SWInum1                  ; SWI number 1 code
    B EndofSWI           ; Reset of SWI handling code
EndofSWI
```

使用 C 语言实现 SWI 中断处理的示例代码如下。

```
void C_SWI_handler (unsigned number)
{
    Switch (number)
    {
    Case 0:     /*SWI number 0 code */
        Break;
    Case 1:     /*SWI number 1 code */
        Break;
        :
        :
      Default :    /* unknown SWI - report error */
    }
}
```

3.2 中断控制器

由于 Cortex^{TM}-M0 内核提供了“嵌套向量中断控制器(NVIC)”用以管理中断事件，所以对于 SWM1000S ARM 微处理器来讲，其中断控制器具有如下特性。

(1) 支持嵌套及向量中断。

(2) 硬件完成现场的保存和恢复。

(3) 动态改变优先级。

(4) 确定的中断时间。

中断优先级分为 4 级，可通过中断优先级配置寄存器(IRQn)进行配置。中断发生时，比较中断优先级，并自动获取入口地址，并保护环境，将制定寄存器中的数据入栈，无须软件参与。中断服务程序结束后，由硬件完成出栈工作。同时支持“尾链”模式及“迟至”模式，有效地优化了中断发生及背对背中断的执行效率，提高了中断的实时性。

3.2.1　中断向量表

SWM1000S 提供了 28 个中断供外设与内核进行交互，其排列如表 3-2 所示。

表 3-2　中断编号及对应外设

中断(IRQ 编号)	描　述	中断(IRQ 编号)	描　述
0	GPIOA0	16	GPIOA6
1	GPIOA1	17	GPIOA7
2	BOD	18	Timer0
3	WDT	19	Timer1
4	Timer_SE	20	Timer2
5	PWM(保留)	21	Timer3
6	ADC	22	GPIOA8
7	保留	23	GPIOA9
8	UART	24	GPIOA10
9	SSI	25	GPIOA11
10	I^2C	26	GPIOA12
11	保留	27	GPIOA13
12	GPIOA2	28	GPIOA14
13	GPIOA3	29	GPIOA15
14	GPIOA4	30	保留
15	GPIOA5	31	GPIOE

3.2.2　寄存器映射

对于 SWM1000S，中断控制寄存器的基址为 0xE000E000，各中断控制寄存器名称、地址映射如表 3-3 所示，相应的寄存器描述如表 3-4 所示。

表 3-3　中断控制寄存器地址映射

名　称	偏 移 量	位　宽	类　型	复 位 值	描　述
NVIC_ISER	0x100	32	R/W	0x00	中断使能寄存器
NVIC_ICER	0x180	32	R/W	0x00	清除使能寄存器
NVIC_ISPR	0x200	32	R/W	0x00	设置挂起寄存器
NVIC_ICPR	0x280	32	R/W	0x00	清除挂起寄存器
NVIC_IPR0	0x400	32	R/W	0x00	IRQ0～IRQ3 优先级控制
NVIC_ IPR1	0x404	32	R/W	0x00	IRQ4～IRQ7 优先级控制
NVIC_ IPR2	0x408	32	R/W	0x00	IRQ8～IRQ11 优先级控制
NVIC_ IPR3	0x40C	32	R/W	0x00	IRQ12～IRQ15 优先级控制
NVIC_ IPR4	0x410	32	R/W	0x00	IRQ16～IRQ19 优先级控制

续表

名　称	偏移量	位　宽	类　型	复位值	描　述
NVIC_ IPR5	0x414	32	R/W	0x00	IRQ20～IRQ23 优先级控制
NVIC_ IPR6	0x418	32	R/W	0x00	IRQ24～IRQ27 优先级控制
NVIC_ IPR7	0x41C	32	R/W	0x00	IRQ28～IRQ31 优先级控制

表 3-4　中断控制寄存器描述

位　域	名　称	类型	复位值	描　述
中断使能寄存器 NVIC_ISER				
31:0	SETENA	R/W	0x00	中断使能，向对应位写 1 使能相应中断号中断，写 0 无效。读返回目前使能状态
清除使能寄存器 NVIC_ ICER				
31:0	CLRENA	R/W	0x00	中断清除，向对应位写 1 清除相应中断号中断使能位，写 0 无效。读返回目前使能状态
设置挂起寄存器 NVIC_ ISPR				
31:0	SETPEND	R/W	0x00	中断挂起，向对应位写 1 挂起相应中断号中断，写 0 无效。读返回目前挂起状态
消除挂起寄存器 NVIC_ ICPR				
31:0	SETPEND	R/W	0x00	中断挂起清除，向对应位写 1 清除相应中断号中断挂起标志，写 0 无效。读返回目前挂起状态。
IRQ0-IRQ3 优先级控制 NVIC_ IPR0				
31:30	PRI_3	R/W	0x00	IRQ3 优先级，0 为最高，3 为最低
29:24	REVERSED	—	—	保留
23:22	PRI_2	R/W	0x00	IRQ2 优先级，0 为最高，3 为最低
21:16	REVERSED	—	—	保留
15:14	PRI_1	R/W	0x00	IRQ1 优先级，0 为最高，3 为最低
13:8	REVERSED	—	—	保留
7:6	PRI_0	R/W	0x00	IRQ0 优先级，0 为最高，3 为最低
5:0	REVERSED	—	—	保留
IRQ4-IRQ7 优先级控制 NVIC_ IPR1				
31:30	PRI_7	R/W	0x00	IRQ7 优先级，0 为最高，3 为最低
29:24	REVERSED	—	—	保留
23:22	PRI_6	R/W	0x00	IRQ6 优先级，0 为最高，3 为最低
21:16	REVERSED	—	—	保留
15:14	PRI_5	R/W	0x00	IRQ5 优先级，0 为最高，3 为最低
13:8	REVERSED	—	—	保留
7:6	PRI_4	R/W	0x00	IRQ4 优先级，0 为最高，3 为最低
5:0	REVERSED	—	—	保留

续表

位　域	名　称	类型	复位值	描　述
IRQ8-IRQ11 优先级控制 NVIC_ IPR2				
31:30	PRI_11	R/W	0x00	IRQ11 优先级，0 为最高，3 为最低
29:24	REVERSED	—	—	保留
23:22	PRI_10	R/W	0x00	IRQ10 优先级，0 为最高，3 为最低
21:16	REVERSED	—	—	保留
15:14	PRI_9	R/W	0x00	IRQ9 优先级，0 为最高，3 为最低
13:8	REVERSED	—	—	保留
7:6	PRI_8	R/W	0x00	IRQ8 优先级，0 为最高，3 为最低
5:0	REVERSED	—	—	保留
IRQ12-IRQ15 优先级控制 NVIC_ IPR3				
31:30	PRI_15	R/W	0x00	IRQ15 优先级，0 为最高，3 为最低
29:24	REVERSED	—	—	保留
23:22	PRI_14	R/W	0x00	IRQ14 优先级，0 为最高，3 为最低
21:16	REVERSED	—	—	保留
15:14	PRI_13	R/W	0x00	IRQ13 优先级，0 为最高，3 为最低
13:8	REVERSED	—	—	保留
7:6	PRI_12	R/W	0x00	IRQ12 优先级，0 为最高，3 为最低
5:0	REVERSED	—	—	保留
IRQ16-IRQ19 优先级控制 NVIC_ IPR4				
31:30	PRI_19	R/W	0x00	IRQ19 优先级，0 为最高，3 为最低
29:24	REVERSED	—	—	保留
23:22	PRI_18	R/W	0x00	IRQ18 优先级，0 为最高，3 为最低
21:16	REVERSED	—	—	保留
15:14	PRI_17	R/W	0x00	IRQ17 优先级，0 为最高，3 为最低
13:8	REVERSED	—	—	保留
7:6	PRI_16	R/W	0x00	IRQ16 优先级，0 为最高，3 为最低
5:0	REVERSED	—	—	保留
IRQ20-IRQ23 优先级控制 NVIC_ IPR5				
31:30	PRI_23	R/W	0x00	IRQ23 优先级，0 为最高，3 为最低
29:24	REVERSED	—	—	保留
23:22	PRI_22	R/W	0x00	IRQ22 优先级，0 为最高，3 为最低
21:16	REVERSED	—	—	保留
15:14	PRI_21	R/W	0x00	IRQ21 优先级，0 为最高，3 为最低
13:8	REVERSED	—	—	保留
7:6	PRI_20	R/W	0x00	IRQ20 优先级，0 为最高，3 为最低
5:0	REVERSED	—	—	保留

续表

位　域	名　称	类型	复位值	描　述
IRQ24-IRQ27 优先级控制 NVIC_ IPR6				
31:30	PRI_27	R/W	0x00	IRQ27 优先级，0 为最高，3 为最低
29:24	REVERSED	—	—	保留
23:22	PRI_26	R/W	0x00	IRQ26 优先级，0 为最高，3 为最低
21:16	REVERSED	—	—	保留
15:14	PRI_25	R/W	0x00	IRQ25 优先级，0 为最高，3 为最低
13:8	REVERSED	—	—	保留
7:6	PRI_24	R/W	0x00	IRQ24 优先级，0 为最高，3 为最低
5:0	REVERSED	—	—	保留
IRQ28-IRQ31 优先级控制 NVIC_ IPR7				
31:30	PRI_31	R/W	0x00	IRQ31 优先级，0 为最高，3 为最低
29:24	REVERSED	—	—	保留
23:22	PRI_30	R/W	0x00	IRQ30 优先级，0 为最高，3 为最低
21:16	REVERSED	—	—	保留
15:14	PRI_29	R/W	0x00	IRQ29 优先级，0 为最高，3 为最低
13:8	REVERSED	—	—	保留
7:6	PRI_28	R/W	0x00	IRQ28 优先级，0 为最高，3 为最低
5:0	REVERSED	—	—	保留

3.2.3　外部中断示例分析

除了内部中断外，SWM1000S 还可以通过一个指定外部 IO 引脚的中断程序来实现中断处理，其中断的处理过程示例如下。

1. 初始化

通过软件可以对指定外部 IO 引脚中断进行初始化，并设置中断条件，包括电平触发、边沿触发选择，低电平(下降沿)触发、高电平(上升沿)触发选择等。示例程序如下，其中，uint32_t n 为指定产生引脚外部中断的引脚，包括 PIN_0、PIN_1、PIN_2…PIN_14、PIN_15；uint32_t mode 为触发类型，0-电平触发中断，1-边沿触发中断；uint32_t level 为触发等级，0-低电平/下降沿触发中断，1-高电平/上升沿触发中断。

```
void EXTI_Init(EXTI_T * EXTIx,uint32_t n,uint32_t mode,uint32_t level)
{
    switch((uint32_t)EXTIx)
    {
    case ((uint32_t)EXTIA):
        if(mode == 0)
        {
            EXTIA->u32INTMODE &= ～(0x01 << n);
        }
        else
```

```
        {
            EXTIA->u32INTMODE |= (0x01 << n);
        }
        if(level == 0)
        {
            EXTIA->u32INTLEVEL &= ~(0x01 << n);
        }
        else
        {
            EXTIA->u32INTLEVEL |= (0x01 << n);
        }
        break;
    case ((uint32_t)EXTIE):
        if(mode == 0)
        {
            EXTIE->u32INTMODE &= ~(0x01 << n);
        }
        else
        {
            EXTIE->u32INTMODE |= (0x01 << n);
        }
        if(level == 0)
        {
            EXTIE->u32INTLEVEL &= ~(0x01 << n);
        }
        else
        {
            EXTIE->u32INTLEVEL |= (0x01 << n);
        }
        break;
    }
}
```

2. 开中断与关中断

开中断的功能是将指定引脚的外部中断打开。关中断的功能是将指定引脚的外部中断关闭，以实现屏蔽该引脚的中断响应的目的。关中断示例程序如下。

```
void EXTI_Close(EXTI_T * EXTIx,uint32_t n)
{
  EXTIx->u32INTEN &= ~(0x01 << n);
}
```

3. 中断清除

中断清除的主要功能是清除指定引脚外部中断标志，以避免再次进入此中断，示例程序如下。

```
void EXTI_Clear(EXTI_T * EXTIx,uint32_t n)
{
    EXTIx-> u32INTCLR |= (0x01 << n);
}
```

4. 设定中断模式

利用 EXTI_SetMode( )函数，可以实现对指定引脚的外部中断模式进行设置，这包括

电平触发、边沿触发两类。其示例程序如下。

```
void EXTI_SetMode(EXTI_T * EXTIx,uint32_t n,uint32_t mode)
{
    if(mode == 0)
    {
        EXTIx->u32INTMODE &= ~(0x01 << n);
    }
    else
    {
        EXTIx->u32INTMODE |= (0x01 << n);
    }
}
```

5. 获取中断模式

系统要响应中断，前提是必须知道中断的类型，这样才能在指定外部中断引脚获得中断信号后和设定的类型进行比较，并进行正确的中断处理。获取指定引脚外部模式的示例程序如下，其中，0 为电平触发中断，1 为边缘触发中断。

```
uint32_t EXTI_GetMode(EXTI_T * EXTIx,uint32_t n)
{
    return (EXTIx->u32INTMODE & (0x01 << n)) ? 1 : 0;
}
```

6. 设置及获取中断

设置系统中断响应模式后，还需要设置指定引脚的外部中断等级，即电平大小，是采用低电平(下降沿)触发还是高电平(上升沿)触发？这样，指定引脚在时钟控制下，不断扫描并获得引脚信号，并与设定的中断触发条件进行比较，以决定系统是否执行中断处理程序。外部中断等级的设置及获取示例程序分别如下所示。

```
void EXTI_SetLevel(EXTI_T * EXTIx,uint32_t n,uint32_t level)
{
    if(level == 0)
    {
        EXTIx->u32INTLEVEL &= ~(0x01 << n);
    }
    else
    {
        EXTIx->u32INTLEVEL |= (0x01 << n);
    }
}
    /*----------------*/
uint32_t EXTI_GetLevel(EXTI_T * EXTIx,uint32_t n)
{
    return (EXTIx->u32INTLEVEL & (0x01 << n)) ? 1 : 0;
}
```

3.3　系统定时器

ARM 微处理器在处理程序指令，特别是在过程运动控制时，都需要有严格的时间控制，ARM 的系统定时器能提供精准的时间控制，确保程序指令的正确、准确执行。

3.3.1　系统定时器简介

SWM1000S 内部提供了一个 24 位系统定时器，并映射 3 个寄存器。其工作方式为：定时器使能后装载当前值寄存器(SYST_CVR)内的数值并向下递减至 0，并在下个时钟沿重新加载重载寄存器(SYST_RVR)内的数值。计数器再次递减至 0 时，计数器状态寄存器(SYST_CSR)中标识位 COUNTERFLAG 置位，读该位可清零。复位后，SYST_CVR 寄存器与 SYST_RVR 寄存器值均未知，因此使用前需初始化，向 SYST_CVR 写入任意值，清零同时复位状态寄存器，保证装载值为 SYST_RVR 寄存器中数值。当 SYST_RVR 寄存器值为 0 时，重新装载后计时器保持为 0，并停止重新装载。

3.3.2　定时器寄存器映射

SWM1000S 的系统定时器寄存器的基地址为 0xE000E000，所对应的 3 个寄存器的具体映射如表 3-5 所示。各寄存器的具体描述如表 3-6 所示。

表 3-5　系统定时器寄存器地址映射

名　称	偏 移 量	位　宽	类　型	复 位 值	描　述
SYST_CSR	0x10	32	R/W	0x04	状态寄存器
SYST_RVR	0x14	32	R/W	—	重载寄存器
SYST_CVR	0x18	32	R/W	—	当前值寄存器

表 3-6　系统定时器寄存器描述

位　域	名　称	类型	复位值	描　述
状态寄存器 SYST_CSR				
31:17	REVERSED	—	—	保留位
16	COUNTERFLAG	R	0	计数器递减到 0 且该过程中本寄存器未被读取，本位返回 1
15:2	REVERSED	—	—	保留位
1	TINKINT	R/W	0	1：中断触发使能；0：中断触发禁能
0	ENABLE	R/W	0	1：定时器使能；0：定时器禁能
重载寄存器 SYST_RVR				
31:24	REVERSED	—	—	保留位
23:0	RELOAD	R/W	—	计数器达到 0 时加载本寄存器值，写 0 终止继续加载

续表

位 域	名 称	类型	复位值	描 述
当前值寄存器 SYST_CVR				
31:24	REVERSED	—	—	保留位
23:0	CURRENT	R/W	—	读操作返回当前计数器值，写操作清 0 该寄存器，同时清除 COUNTERFLAG 位

3.4 系统控制器

系统控制器又称为系统控制块(System Control Block，SCB)，提供了系统执行信息和系统控制，包括配置、控制和系统异常的报告。

在 SWM1000S 中，Cortex^{TM}-M0 系统控制器主要负责内核管理，包括 CUPID 寄存器、系统控制寄存器 SCR、内核资源中断优先级设置及内核电源管理。SCB 寄存器的基地址为 0xE000E000，其所对应寄存器的具体映射如表 3-7 所示。

表 3-7 SCB 寄存器地址映射

名 称	偏 移 量	位 宽	类 型	复 位 值	描 述
CPUID	0xD00	32	R	0x410CC200	CPUID 寄存器
ICSR	0xD04	32	R/W	0x00000000	中断控制状态寄存器
AIRCR	0xD0C	32	R/W	0xFA050000	中断与复位控制寄存器
SCR	0xD10	32	R/W	0x00000000	系统控制寄存器
SHPR2	0xD1C	32	R/W	0x00000000	系统优先级控制寄存器 2
SHPR3	0xD20	32	R/W	0x00000000	系统优先级控制寄存器 3

3.4.1 CPUID 寄存器

CPUID 寄存器包含处理器的型号、版本和实现信息，相应的寄存器描述如表 3-8 所示。

表 3-8 CPUID 寄存器描述

位 域	名 称	类 型	复 位 值	描 述
31:24	IMPLEMENTER	R	0x41	ARM 分配执行码
23:20	REVERSED	—	—	保留位
19:16	PART	R	0xC	ARMV6-M
15:4	PARTNO	R	0xC20	读返回 0xC20
3:0	REVISION	R	0x00	读返回 0x00

3.4.2 ICSR 寄存器

ICSR 为中断控制状态寄存器，它在为不可屏蔽中断(NMI)异常提供了一个设置-挂起位的同时，还为 PendSV 和 SysTick 异常提供了设置-挂起位和清除-挂起位。该寄存器具有如下作用，ICSR 寄存器描述如表 3-9 所示。

(1) 正在处理的异常编号。

(2) 是否有被抢占的有效异常。

(3) 最高优先级挂起异常的异常编号。

(4) 是否有任何异常正在挂起。

表 3-9　ICSR 寄存器描述

位　域	名　称	类　型	复 位 值	描　述
31:29	REVERSED	—	—	保留位
28	PENDSVSET	R/W	0	挂起 PendSV 中断，1 有效
27	PENDSVCLR	WO	—	写 1 清 PendSV 中断，仅写有效
26	PENDSTSET	R/W	0	挂起 SysTick 中断，1 有效
25	PENDSTCLR	—	—	写 1 清 SysTick 中断，仅写有效
24	REVERSED	—	—	保留位
23	ISRPREEMPT	RO	0	置位代表异常挂起生效，调试停止状态退出
22	ISRPENDING	RO	0	外部配置中断是否挂起
21	REVERSED	—	—	保留位
20:12	VECTPENDING	R/W	0	优先级最高的挂起异常向量号
11:9	REVERSED	—	—	保留位
8:0	VECTACTIVE	RO	0	0：线程模式；其他：当前执行异常处理向量号

3.4.3 AIRCR 寄存器

AIRCR 提供了数据访问的字节顺序状态和系统的复位控制信息。如果要写这个寄存器，必须先向 VECTORKEY 域写入 0x05FA，否则，处理器会将写操作忽略。AIRCR 寄存器描述如表 3-10 所示。

表 3-10　AIRCR 寄存器描述

位　域	名　称	类　型	复 位 值	描　述
31:16	VECTORKEY	WO	—	写入时须保证 0x05FA
15:3	REVERSED	—	—	保留位
2	SYSRESETREQ	WO	0	写 1 时复位芯片，复位时自动清除
1	VECTCLRACTIVE	WO	0	置 1 时清除所有异常活动状态
0	REVERSED	—	—	保留位

3.4.4 SCR 寄存器

系统控制寄存器 SCR 控制着低功耗状态的进入和退出特性，其寄存器描述如表 3-11 所示。

表 3-11　SCR 寄存器描述

位　域	名　称	类　型	复 位 值	描　述
31:5	REVERSED	—	—	保留位
4	SWVONPEND	R/W	0	使能后，可将中断挂起过程作为唤醒事件
3	REVERSED	—	—	保留位

续表

位 域	名 称	类 型	复 位 值	描 述
2	SLEEPDEEP	R/W	0	深睡眠提醒
1	SLEEPONEXIT	R/W	0	置 1 后，内核从异常状态返回后进入睡眠模式
0	REVERSED	—	—	保留位

3.4.5 系统处理优先级寄存器

系统处理优先级寄存器分为 SHPR2 和 SHPR3 两种，SHPR2、SHPR3 寄存器设置优先级可配置的异常处理程序的优先级级别(0～3)，并且是可访问的，其寄存器描述分别如表 3-12 和表 3-13 所示。

表 3-12 SHPR2 寄存器描述

位 域	名 称	类 型	复 位 值	描 述
31:24	PRI_11	R/W	0	系统处理器优先级 11：SVCall 0 为最高，3 为最低
23:0	REVERSED	—	—	保留位

表 3-13 SHPR3 寄存器描述

位 域	名 称	类 型	复 位 值	描 述
31:30	PRI_15	R/W	0	系统处理器优先级 15：SysTick 0 为最高，3 为最低
29:24	REVERSED	—	—	保留位
23:22	PRI_14	R/W	0	系统处理器优先级 14：PendSV 0 为最高，3 为最低
21:0	REVERSED	—	—	保留位

3.5 系 统 控 制

SWM1000S 的系统控制模块(SYSCTL)的主要功能是提供精准的时钟控制、实现端口设置以及系统功能设置三大部分。根据其提供的功能分类，它又可分为两部分，第一部分又可称为系统控制模块，负责为相关器件提供功能配置，如端口复用切换、IO 配置等；第二部分又可称为时钟控制模块，为整个芯片提供时钟源，决定了各模块的时钟分频及电源控制等操作。图 3-2 所示为时钟分频示意图，该图清晰地描述了通过寄存器 SYS_CFG_0 所选定的时钟源经过分频后与各模块之间的供给关系。相关寄存器映射如表 3-14 所示。

表 3-14 SYS 时钟寄存器映射(基地址：0x400F0000)

名 称	偏 移 量	位 宽	类 型	复 位 值	描 述
SYS_CFG_0	0x00	32	R/W	0x7C004404	系统寄存器 0
SYS_CFG_1	0x04	32	R/W	0x000000FF	系统寄存器 1
SYS_DBLF	0x08	1	R/W	0x00000001	时钟倍频寄存器
SYS_OSCDIS	0x0C	1	R/W	0x00000000	内置振荡器关闭寄存器

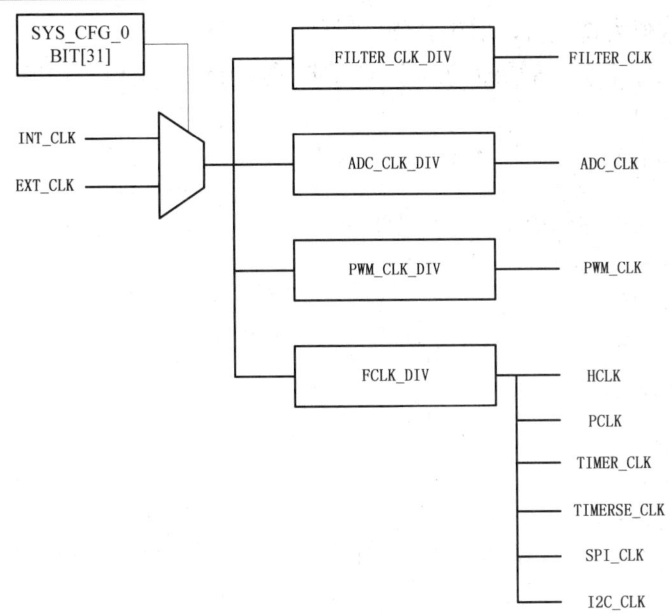

图 3-2　时钟分频示意图

3.5.1　时钟控制

时钟控制包括时钟源选择、时钟分频及倍频、外设时钟关断三种功能。

1. 时钟源选择

SWM1000S 有内部时钟和外部时钟两个时钟源可供使用。内部时钟为两种固定时钟频率，当控制系统时钟为这两种频率或分频时，可以直接采用内部时钟，可简化外部电路；当控制系统时钟为其他频率时，则需要采用晶振来搭建外部时钟电路。

(1) 内部振荡器：内部振荡器为片内时钟源，无须连接任何外部器件。内部振荡器频率为 22 MHz ± 1%或 44 MHz± 1%，可提供较精确的固定频率时钟。

(2) 外部振荡器：外部振荡器可接 4 MHz～32 MHz 的时钟源。

2. 时钟分频及倍频

有时为了便于数据采集、输出控制，需要将系统时钟频率进行二分频、四分频……处理，时钟分频主要作用于以下时钟源。

(1) 系统时钟(SCLK)。

(2) PWM 时钟(PWM_CLK)。

(3) ADC 时钟(ADC_CLK)。

(4) E 口滤波时钟。

需要注意的是，PWM 时钟、ADC 时钟及 E 口滤波时钟并不依赖于系统时钟，均以输入时钟源为基准独立分频。

写入数值时遵循如下规则。

(1) 当写入数值为偶数时，以输入时钟为基准按写入数值进行分频(0 为 2 分频)。

(2) 当写入数值为奇数时，取消分频，时钟频率与输入时钟源相同。

此外，在某些应用中，需要倍频，这时需要通过时钟倍频功能，将内部时钟源频率由 22 MHz 倍频至 44 MHz。

3. 外设时钟关断

外设时钟关断功能可作用于以下外设时钟。

(1) 通用定时器。

(2) UART。

(3) SSI。

(4) 看门狗控制器。

(5) AD 转换器。

(6) 专用定时器。

(7) PWM 控制器。

通过设置 SYS_CFG_1 寄存器[0:7]位，可关断指定外设时钟，以达到减小功耗的目的。

3.5.2 端口设置

端口功能设置是嵌入式系统设备连接外设、实现输入/输出的基础，是实现嵌入式系统设备应用所预定的功能的必要前提。端口功能设置通过 SYS_CON 寄存器组来实现，包括端口复用切换和 IO 功能设置两部分内容。端口复用切换用于指定端口功能，可将引脚在标准 IO 和外围设备之间切换。IO 功能设置包括设置 IO 电平状态。

1. 端口复用切换

端口复用通过端口复用寄存器 PORTA_SEL 寄存器、PORTB_SEL 寄存器、PORTC_SEL 寄存器及 PORTD_SEL 寄存器来实现，每个芯片引脚对应端口复用寄存器相应的两位。每个端口可能具有以下三种功能或其中的两种。

(1) GPIO：将引脚切换至通用 IO，可进行 IO 引脚设置。

(2) 外设接口：将引脚切换至外围设备(使用外围设备时需首先进行此操作)。

(3) 模拟接口：将引脚切换至模数转换器/比较器/放大器功能。

表 3-15 列出了 SYSCTL 系统控制模块的相关寄存器映射，所列偏移量均为寄存器相对于 SYSCTL 模块基地址的十六进制增量，相应的寄存器描述如表 3-16 所示。

表 3-15 SYSCTL 寄存器映射(基地址：0x40000000)

名 称	偏 移 量	位宽	类 型	复 位 值	描 述
OP_COMP_CTL	0x00	32	R/W	0x00000000	比较器/放大器配置寄存器
SPI_CTL	0x04	32	R/W	0x00000000	SPI 状态配置寄存器
REVERSED	0x08～0x7C	32	—	—	保留
PORTA_SEL	0x80	32	R/W	0x00000000	端口 A 功能配置寄存器
PORTB_SEL	0x84	32	R/W	0x00005000	端口 B 功能配置寄存器
PORTC_SEL	0x88	32	R/W	0x00000000	端口 C 功能配置寄存器

续表

名　称	偏 移 量	位宽	类　型	复 位 值	描　述
PORTD_SEL	0x8C	32	R/W	0x00000000	端口 D 功能配置寄存器
PORTA_PULLUP	0x90	32	R/W	0x00000000	端口 A 上拉配置寄存器
PORTB_PULLUP	0x94	32	R/W	0x00000000	端口 B 上拉配置寄存器
PORTC_PULLUP	0x98	32	R/W	0x00000000	端口 C 上拉配置寄存器
PORTD_PULLUP	0x9C	32	R/W	0x00000000	端口 D 上拉配置寄存器
PORTA_PULLDOWN	0xA0	32	R/W	0x00000000	端口 A 下拉配置寄存器
PORTB_PULLDOWN	0xA4	32	R/W	0x00000010	端口 B 下拉配置寄存器
REVERSED	0xA8～0xAC	32	—	—	保留
PORTA_PUSHPULLn	0xB0	32	R/W	0x00000000	端口 A 推挽配置寄存器
PORTB_PUSHPULLn	0xB4	32	R/W	0x00000000	端口 B 推挽配置寄存器
REVERSED	0xB8～0xCC	32	—	—	保留
PORTE_PULLUP	0xD0	32	R/W	0x00000000	端口 E 上拉配置寄存器

表 3-16　SYSCTL 寄存器描述

位　域	名　称	类　型	复 位 值	描　述
比较器/放大器控制寄存器　OP_COMP_CTL				
31:0	OP_COMP_CTL	R/W	0x00	
SPI 状态配置寄存器　SPI_CTL				
31:2	REVERSED	—	—	保留
1	SPI_CTL	R/W	0	SPI 状态控制位。0：空闲状态为低电平；1：空闲状态为三态
0	REVERSED	—	—	保留
端口 A 功能选择寄存器　PORTA_SEL				
31:30	PA15	R/W	00	00：GPIO；01：UART_TX(备选)；10/11：模数转换 基准 N 端
29:28	PA14	R/W	00	00：GPIO；01：UART_RX(备选)；10/11：模数转换 基准 P 端
27:26	PA13	R/W	00	00：GPIO；01：TIMER_SE_OUT；10/11：比较器 2 P 端
25:24	PA12	R/W	00	00：GPIO；01：保留； 10/11：比较器 2 N 端
23:22	PA11	R/W	00	00：GPIO；01：保留； 10/11：模数转换 bit7/放大器 2 输出
21:20	PA10	R/W	00	00：GPIO；01：TIMER_SE_IN； 10/11：比较器 1 P 端

续表

位 域	名 称	类 型	复位值	描 述
19:18	PA09	R/W	00	00：GPIO；01：保留；10/11：比较器 1 N 端
17:16	PA08	R/W	00	00：GPIO；01：保留；10/11：模数转换 bit6/放大器 1 输出
15:14	PA07	R/W	00	00：GPIO；01：PWM_BREAK；10/11：放大器 0 P 端
13:12	PA06	R/W	00	00：GPIO；01：保留；10/11：放大器 0 N 端
11:10	PA05	R/W	00	00：GPIO；01：SSI_CSn(备选)；10/11：模数转换 bit5/放大器 0 输出
9:8	PA04	R/W	00	00：GPIO；01：SSI_CLK(备选)；10/11：模数转换 bit4
7:6	PA03	R/W	00	00：GPIO；01：SSI_TX(备选)；10/11：模数转换 bit3
5:4	PA02	R/W	00	00：GPIO；01：SSI_RX(备选)；10/11：模数转换 bit2
3:2	PA01	R/W	00	00：GPIO；01：I2C_SDA；10/11：模数转换 bit1
1:0	PA00	R/W	00	00：GPIO；01：I2C_CLK；10/11：模数转换 bit0
端口 B 功能选择寄存器 PORTB_SEL				
31:10	REVERSED	—	—	保留
9:8	PB04	R/W	00	00：GPIO；01：保留；10/11：保留
7:6	PB03	R/W	00	00：GPIO；01：SWDIO；10/11：保留
5:4	PB02	R/W	00	00：GPIO；01：SWCLK；10/11：保留
3:2	PB01	R/W	00	00：GPIO；01：保留；10/11：clk-
1:0	PB00	R/W	00	00：GPIO；01：保留；10/11：clk+
端口 C 功能选择寄存器 PORTC_SEL				
31:16	REVERSED	—	—	保留
15:14	PC07	R/W	00	00：GPIO；01：SSI_CSn；10/11：保留
13:12	PC06	R/W	00	00：GPIO；01：SSI_CLK；10/11：保留
11:10	PC05	R/W	00	00：GPIO；01：SSI_TX；10/11：保留
9:8	PC04	R/W	00	00：GPIO；01：SSI_RX；10/11：保留
7:6	PC03	R/W	00	00：GPIO；01：Counter0 IN；10/11：保留
5:4	PC02	R/W	00	00：GPIO；01：Counter1 IN；10/11：保留
3:2	PC01	R/W	00	00：GPIO；01：UART_TX ；10/11：保留
1:0	PC00	R/W	00	00：GPIO；01：UART_RX ；10/11：保留

续表

位　域	名　称	类　型	复 位 值	描　述
端口 D 功能选择寄存器　PORTD_SEL				
31:16	REVERSED	—	—	保留
15:14	PD07	R/W	00	00：GPIO；01：Counter2 IN； 10/11：保留
13:12	PD06	R/W	00	00：GPIO；01：Counter3 IN； 10/11：保留
11:10	PD05	R/W	00	00：GPIO；01：PWM0；10/11：保留
9:8	PD04	R/W	00	00：GPIO；01：PWM1；10/11：保留
7:6	PD03	R/W	00	00：GPIO；01：PWM2；10/11：保留
5:4	PD02	R/W	00	00：GPIO；01：PWM3；10/11：保留
3:2	PD01	R/W	00	00：GPIO；01：PWM4；10/11：保留
1:0	PD00	R/W	00	00：GPIO；01：PWM5；10/11：保留
端口 A 上拉使能寄存器　PORTA_PULLUP				
31:16	REVERSED	—	—	保留
15	PA15	R/W	0	上拉配置：0，上拉关闭；1，上拉开启
14	PA14	R/W	0	上拉配置：0，上拉关闭；1，上拉开启
13	PA13	R/W	0	上拉配置：0，上拉关闭；1，上拉开启
12	PA12	R/W	0	上拉配置：0，上拉关闭；1，上拉开启
11	PA11	R/W	0	上拉配置：0，上拉关闭；1，上拉开启
10	PA10	R/W	0	上拉配置：0，上拉关闭；1，上拉开启
9	PA9	R/W	0	上拉配置：0，上拉关闭；1，上拉开启
8	PA8	R/W	0	上拉配置：0，上拉关闭；1，上拉开启
7	PA7	R/W	0	上拉配置：0，上拉关闭；1，上拉开启
6	PA6	R/W	0	上拉配置：0，上拉关闭；1，上拉开启
5	PA5	R/W	0	上拉配置：0，上拉关闭；1，上拉开启
4	PA4	R/W	0	上拉配置：0，上拉关闭；1，上拉开启
3	PA3	R/W	0	上拉配置：0，上拉关闭；1，上拉开启
2	PA2	R/W	0	上拉配置：0，上拉关闭；1，上拉开启
1	PA1	R/W	0	上拉配置：0，上拉关闭；1，上拉开启
0	PA0	R/W	0	上拉配置：0，上拉关闭；1，上拉开启
端口 B 上拉使能寄存器　PORTB_PULLUP				
31:4	REVERSED	—	—	保留
3	PB3	R/W	0	上拉配置：0，上拉关闭；1，上拉开启
2	PB2	R/W	0	上拉配置：0，上拉关闭；1，上拉开启
1	PB1	R/W	0	上拉配置：0，上拉关闭；1，上拉开启
0	PB0	R/W	0	上拉配置：0，上拉关闭；1，上拉开启

续表

位 域	名 称	类 型	复 位 值	描 述
端口 C 上拉使能寄存器　PORTC_PULLUP				
31:8	REVERSED	—	—	保留
7	PC7	R/W	0	上拉配置：0，上拉关闭；1，上拉开启
6	PC6	R/W	0	上拉配置：0，上拉关闭；1，上拉开启
5	PC5	R/W	0	上拉配置：0，上拉关闭；1，上拉开启
4	PC4	R/W	0	上拉配置：0，上拉关闭；1，上拉开启
3	PC3	R/W	0	上拉配置：0，上拉关闭；1，上拉开启
2	PC2	R/W	0	上拉配置：0，上拉关闭；1，上拉开启
1	PC1	R/W	0	上拉配置：0，上拉关闭；1，上拉开启
0	PC0	R/W	0	上拉配置：0，上拉关闭；1，上拉开启
端口 D 上拉使能寄存器　PORTD_PULLU				
31:8	REVERSED	—	—	保留
7	PD7	R/W	0	上拉配置：0，上拉关闭；1，上拉开启
6	PD6	R/W	0	上拉配置：0，上拉关闭；1，上拉开启
5	PD5	R/W	0	上拉配置：0，上拉关闭；1，上拉开启
4	PD4	R/W	0	上拉配置：0，上拉关闭；1，上拉开启
3	PD3	R/W	0	上拉配置：0，上拉关闭；1，上拉开启
2	PD2	R/W	0	上拉配置：0，上拉关闭；1，上拉开启
1	PD1	R/W	0	上拉配置：0，上拉关闭；1，上拉开启
0	PD0	R/W	0	上拉配置：0，上拉关闭；1，上拉开启
端口 E 上拉使能寄存器　PORTE_PULLUP				
31:8	REVERSED	—	—	保留
7	PE7	R/W	0	上拉配置：0，上拉关闭；1，上拉开启
6	PE6	R/W	0	上拉配置：0，上拉关闭；1，上拉开启
5	PE5	R/W	0	上拉配置：0，上拉关闭；1，上拉开启
4	PE4	R/W	0	上拉配置：0，上拉关闭；1，上拉开启
3	PE3	R/W	0	上拉配置：0，上拉关闭；1，上拉开启
2	PE2	R/W	0	上拉配置：0，上拉关闭；1，上拉开启
1	PE1	R/W	0	上拉配置：0，上拉关闭；1，上拉开启
0	PE0	R/W	0	上拉配置：0，上拉关闭；1，上拉开启
端口 A 下拉使能寄存器　PORTA_PULLDOWN				
31:16	REVERSED	—	—	保留
15	PA15	R/W	0	下拉配置：0，下拉关闭；1，下拉开启
14	PA14	R/W	0	下拉配置：0，下拉关闭；1，下拉开启
13	PA13	R/W	0	下拉配置：0，下拉关闭；1，下拉开启
12	PA12	R/W	0	下拉配置：0，下拉关闭；1，下拉开启
11	PA11	R/W	0	下拉配置：0，下拉关闭；1，下拉开启
10	PA10	R/W	0	下拉配置：0，下拉关闭；1，下拉开启
9	PA9	R/W	0	下拉配置：0，下拉关闭；1，下拉开启

续表

位　域	名　称	类　型	复 位 值	描　述
8	PA8	R/W	0	下拉配置：0，下拉关闭；1，下拉开启
7	PA7	R/W	0	下拉配置：0，下拉关闭；1，下拉开启
6	PA6	R/W	0	下拉配置：0，下拉关闭；1，下拉开启
5	PA5	R/W	0	下拉配置：0，下拉关闭；1，下拉开启
4	PA4	R/W	0	下拉配置：0，下拉关闭；1，下拉开启
3	PA3	R/W	0	下拉配置：0，下拉关闭；1，下拉开启
2	PA2	R/W	0	下拉配置：0，下拉关闭；1，下拉开启
1	PA1	R/W	0	下拉配置：0，下拉关闭；1，下拉开启
0	PA0	R/W	0	下拉配置：0，下拉关闭；1，下拉开启
端口 B 下拉使能寄存器　PORTB_PULLDOWN				
31:5	REVERSED	—	—	保留
4	PB4	R/W	1	下拉配置：0，下拉关闭；1，下拉开启
3	PB3	R/W	0	下拉配置：0，下拉关闭；1，下拉开启
2	PB2	R/W	0	下拉配置：0，下拉关闭；1，下拉开启
1	PB1	R/W	0	下拉配置：0，下拉关闭；1，下拉开启
0	PB0	R/W	0	下拉配置：0，下拉关闭；1，下拉开启
端口 A 推挽使能寄存器　PORTA_PUSHPULLn				
31:16	REVERSED	—	—	保留
15	PA15	R/W	0	0：推挽模式；1：开漏模式
14	PA14	R/W	0	0：推挽模式；1：开漏模式
13	PA13	R/W	0	0：推挽模式；1：开漏模式
12	PA12	R/W	0	0：推挽模式；1：开漏模式
11	PA11	R/W	0	0：推挽模式；1：开漏模式
10	PA10	R/W	0	0：推挽模式；1：开漏模式
9	PA9	R/W	0	0：推挽模式；1：开漏模式
8	PA8	R/W	0	0：推挽模式；1：开漏模式
7	PA7	R/W	0	0：推挽模式；1：开漏模式
6	PA6	R/W	0	0：推挽模式；1：开漏模式
5	PA5	R/W	0	0：推挽模式；1：开漏模式
4	PA4	R/W	0	0：推挽模式；1：开漏模式
3	PA3	R/W	0	0：推挽模式；1：开漏模式
2	PA2	R/W	0	0：推挽模式；1：开漏模式
1	PA1	R/W	0	0：推挽模式；1：开漏模式
0	PA0	R/W	0	0：推挽模式；1：开漏模式
端口 B 推挽使能寄存器　PORTB_PUSHPULLn				
31:2	REVERSED	—	—	保留
1	PB1	R/W	0	0：推挽模式；1：开漏模式
0	PB0	R/W	0	0：推挽模式；1：开漏模式

续表

位 域	名 称	类 型	复 位 值	描 述
系统控制寄存器 0 SYS_CFG_0:				
31	CLK	R/W	0	切换时钟：0：外部；1：内部
30	REVERSED	—	—	保留
29	TCTRAN3	R/W	1	切换计数器/定时器 3：0：计数器(计数源需外接)；1：定时器
28	TCTRAN2	R/W	1	切换计数器/定时器 2：0：计数器(计数源需外接)；1：定时器
27	TCTRAN1	R/W	1	切换计数器/定时器 1：0：计数器(计数源需外接；1：定时器
26	TCTRAN0	R/W	1	切换计数器/定时器 0：0：计数器(计数源需外接)；1：定时器
25:22	PEDIV	R/W	0	端口 E 滤波基准时钟分频：写入奇数不分频；写入偶数为相应分频值，0 为 2 分频
21:16	BODC	R/W	0	BOD 掉电级别：BIT [21:19] 掉电复位级别；000：1.7 V；001：2.1 V；011：2.4 V 100：2.7 V；BIT[18:16] 中断：000：1.9 V；001：2.3 V；011：2.6 V；100：2.9 V
15:12	PWMC	R/W	4	PWM 时钟分频：写入奇数不分频；写入偶数为相应分频值，0 为 2 分频
11:8	ADCC	R/W	4	ADC 时钟分频(需要确保分频后的频率小于 13 MHz)：写入奇数不分频；写入偶数为相应分频值，0 为 2 分频
7:0	SCLKC	R/W	4	SCLK 时钟分频：写入奇数不分频；写入偶数为相应分频值，0 为 2 分频
系统控制寄存器 1 SYS_CFG_1				
31:11	REVERSED	—	—	保留
10	E2FLTEN	R/W	0	E2 口滤波使能：0，禁止；1，使能
9	E1FLTEN	R/W	0	E1 口滤波使能：0，禁止；1，使能
8	E0FLTEN	R/W	0	E0 口滤波使能：0，禁止；1，使能
7	PWMEN	R/W	1	PWM 时钟使能：0，禁止；1，使能
6	TIMERSEN	R/W	1	TIMER_SE 时钟使能：0，禁止；1，使能
5	ADCEN	R/W	1	ADC 时钟使能：0，禁止；1，使能
4	WDTEN	R/W	1	Watchdog 时钟使能：0，禁止；1，使能
3	SSIEN	R/W	1	SSI 时钟使能：0，禁止；1，使能
2	I2CEN	R/W	1	I^2C 时钟使能：0，禁止；1，使能
1	UARTEN	R/W	1	UART 时钟使能：0，禁止；1，使能
0	TIMEN	R/W	1	TIMER 时钟使能：0，禁止；1，使能

续表

位　域	名　称	类　型	复 位 值	描　述
时钟倍频寄存器　SYS_DBLF				
31:1	REVERSED	—	—	保留
0	SYS_DBLF	R/W	0x01	时钟倍频，0 = 22M，1= 44M
SPI 模块接口切换　SYS_OSCDIS				
31:1	REVERSED	—	—	保留
0	OSCDIS	R/W	0	内部时钟关断：1=关断内部时钟； 0=内部时钟打开

2. IO 引脚设置

在 SWM1000S 中，每个端口对应一组配置寄存器，通过设置相应位将对应引脚配置为指定模式，各状态之间互不影响，当端口选择为 GPIO 时有效。其中，端口 A 及端口 B 低两位可配置为以下三种模式。

(1) 上拉输入：采用上拉电阻接电源的方式接入 GPIO 端口，实现端口配置。

(2) 下拉输入：采用下拉电阻接地的方式接入 GPIO 端口，实现端口配置。

(3) 推挽输出：采用推挽放大电路输出接入 GPIO 端口，实现端口配置。

端口 C、端口 D 均只能配置上拉输入模式。图 3-3 所示为各 IO 引脚示意图。

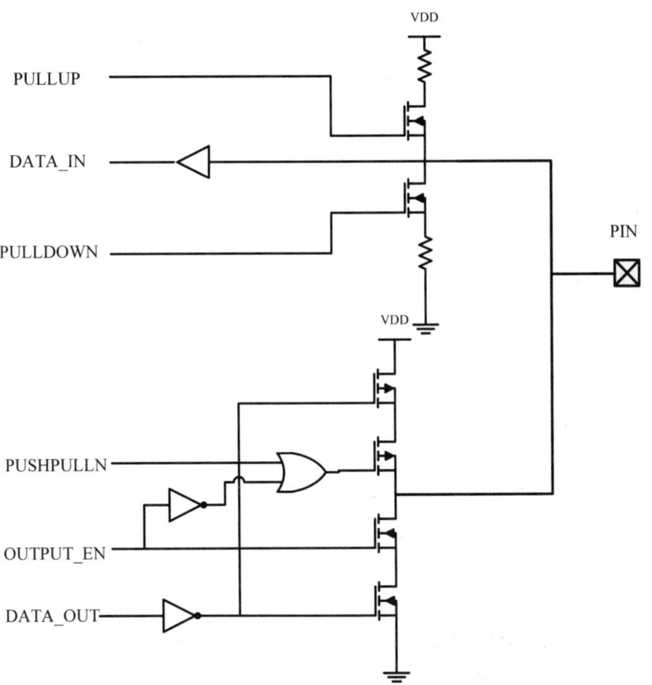

图 3-3　IO 引脚示意图

当端口复位时，除 SWD 接口外，GPIO 所有引脚的默认配置模式均为悬空输入。另外需要注意的是，当系统复位后，系统时钟默认为外部时钟。外围设备全部打开，默认状态下 ADC 时钟为输入时钟 8 分频(注：须保证 ADC 工作时钟频率小于 13 MHz)，PWM 时钟为输入时钟 4 分频。端口上电后默认配置均为 IO，Serial Ware 接口则根据加密级别进行配置。

3. IO 引脚电平状态

在实际的应用中，针对 GPIO 引脚电平，有时需要高电平有效，有时需要低电平有效，有时还需要对引脚电平进行反转操作。对 GPIO 引脚电平的配置示例程序分别如下。

```
void GPIO_SetBit(GPIO_T * GPIOx,uint32_t n) //将参数指定的引脚电平置高
{
    GPIOx->u32DAT |= (0x01 << n);
}
void GPIO_ClrBit(GPIO_T * GPIOx,uint32_t n) //将参数指定的引脚电平置高
{
    GPIOx->u32DAT &= ~(0x01 << n);
}
void GPIO_InvBit(GPIO_T * GPIOx,uint32_t n) //将参数指定的引脚电平反转
{
    if(((GPIOx->u32DAT >> n) & 0x01) == 0)
    {
        GPIOx->u32DAT |= (0x01 << n);
    }
    else
    {
        GPIOx->u32DAT &= ~(0x01 << n);
    }
}
```

3.5.3　系统功能设置

1. BOD 中断及掉电级别控制

SWM1000S 芯片提供了 4 级掉电检测模式。当芯片电压低于所设置级别时，芯片将根据配置，产生 BOD 复位或中断，详见 SYS_CTL_0 寄存器 BODC 位。

2. 计数器/定时器功能切换

SYS_CTL_0 寄存器中的 BIT[29:26]用于控制定时器/计数器切换，当对应位设置为 1 时，功能设置为 TIMER，置为 0 时，功能设置为 COUNTER，具体应用方式见 7.3 节。

3. 端口 E 滤波功能配置

SYS_CTL_1 寄存器中的 BIT[10:8]用于使能 GPIO E 端口 BIT[2:0]滤波功能，当对应位设置为 1 时，端口 E 对应位滤波功能打开，置为 0 时，端口 E 对应位滤波功能关闭，具体滤波应用设置方式见 4.1.3 节。

本 章 小 结

本章首先介绍了中断及中断处理，SWM1000S 系列 ARM 芯片的中断控制器、系统定时器、系统控制器及对应的寄存器映射内容；然后介绍了系统控制模块的功能、组成，包括时钟控制模块的信号源选择、端口设置方法，对应的寄存器映射及寄存器功能描述以及 IO 端口设置等。

习　　题

(1) 简述 ARM 微处理器的中断类型及中断处理方式。

(2) 什么是 ARM 的软中断异常处理？

(3) 什么是 ARM 的 IRQ 中断？IRQ 中断与 FIQ 中断的区别是什么？

(4) 什么是 ARM 的中断控制器？

(5) SWM1000S 的系统定时器的作用是什么？

(6) 选用 SWM1000S 的内部时钟和外部时钟频率的基本原则是什么？

(7) 如何实现 SWM1000S 的 IO 引脚配置？

第 4 章　输入/输出与定时(计数)器

学习重点

重点学习通用输入/输出端口 GPIO 的特性与端口操作，学习通用定时(计数)器、专用定时器和看门狗定时器的特点及基本操作。

学习目标

- 熟练掌握通用输入/输出端口 GPIO 的特性与端口操作。
- 熟练掌握各种定时器的操作。

SWM1000S 的通用输入/输出端口 GPIO 模块包括 5 个端口(Port A，Port B，Port C，Port D，Port E)。其中，端口 A 的位宽为 16 位，端口 B 的位宽为 5 位，端口 C、端口 D 及端口 E 的位宽均为 8 位，共计 45 个可编程输入/输出管脚。

SWM1000S 提供了 4 个独立的 32 位通用定时(计数)器模块，以实现频率测量、计数、间隔延时等功能。定时器向下递减计数，一旦计数为零即可产生中断。

4.1　通用输入/输出端口

SWM1000S 的通用输入/输出端口 GPIO 模块具有以下特性。

(1) 每个端口具有独立的数据输入、输出寄存器。

(2) 每个引脚可独立配置方向。

(3) A 端口可设置为上拉、下拉、推挽、开漏四种工作模式。

(4) A 端口和 E 端口具有可编程控制中断，其中 A 端口每个引脚均可配置为独立中断源，E 端口所有引脚共享一路中断，中断特性如下。

① 触发极性可配置。

② 触发方式可配置(沿触发/电平触发)。

③ 中断可屏蔽。

除 SW 引脚外，所有引脚上电后默认状态均为 GPIO 浮空输入(DIR = 0)。SW 引脚默认为露出状态。用户可根据需求以引脚为单位对 GPIO 方向及数据进行控制。同时可将端口 A、端口 E 配置为中断模式。

4.1.1　数据控制

GPIO 方向寄存器(DIR)用来将每个独立的管脚配置为输入模式或者输出模式。当数据方向位为 0 时，GPIO 配置为输入，并且对应的外部数据寄存器(EXT)位将捕获和存储 GPIO 端口上的值。当数据方向位设为 1 时，GPIO 配置为输出，并且对应端口数据寄存器(DATA)对应位的值将在 GPIO 相应引脚上输出，对数据寄存器进行读操作时，返回值为上一次的写入值。

4.1.2　中断控制

用户可根据需求将 GPIO 端口 A 及端口 E 配置为中断模式，并通过相关寄存器配置中断极性及触发方式。触发方式分为边沿触发和电平触发两种模式。对于边沿触发中断，必须通过软件对中断位进行清除。对于电平触发中断，需保证外部信号源保持电平稳定，以便中断能被控制器识别。可以使用以下寄存器来对产生中断的触发方式和极性进行定义。

(1) GPIO 中断触发方式(INTLEVEL)寄存器。

(2) GPIO 中断触发极性(INTPOLARITY)寄存器。

通过 GPIO 中断使能(INTEN)寄存器可以使能或者禁止相应中断，通过 GPIO 中断屏蔽(INTMASK)寄存器可以屏蔽或者打开相应的中断。

当产生中断时，可以在 GPIO 原始中断状态(RAWINTSTAUS)和 GPIO 屏蔽后的中断状态(INTSTAUS)寄存器中获取中断信号的状态。INTSTATUS 寄存器仅显示经过屏蔽后被传送到控制器的中断信号。RINTS 寄存器则表示外部中断信号目前状态，但不一定能够被中断控制器接收。

写状态 1 到 GPIO 中断结束(INTEOI)寄存器可以清除相应位中断。GPIO 寄存器映射如表 4-1 所示，其中所列偏移量都是寄存器相对于 GPIO 模块基址的十六进制增量(其基地址为 0x40001000)，GPIO 寄存器描述如表 4-2 所示。

表 4-1　GPIO 寄存器映射

名　称	偏移量	位　宽	类　型	复位值	描　述
ADATA	0x00	16	R/W	0x00	Port A 数据寄存器
ADIR	0x04	16	R/W	0x00	Port A 方向寄存器
REVERSED	0x08	32	—	—	保留
BDATA	0x0C	8	R/W	0x00	Port B 数据寄存器
BDIR	0x10	8	R/W	0x00	Port B 方向寄存器
REVERSED	0x14	32	—	—	保留
CDATA	0x18	8	R/W	0x00	Port C 数据寄存器
CDIR	0x1C	8	R/W	0x00	Port C 方向寄存器
REVERSED	0x20	32	—	—	保留
DDATA	0x24	8	R/W	0x00	Port D 数据寄存器
DDIR	0x28	8	R/W	0x00	Port D 方向寄存器
REVERSED	0x2C	32	—	—	保留
INTEN_A	0x30	16	R/W	0x00	中断使能
INTMASK_A	0x34	16	R/W	0x00	中断屏蔽
INTLEVEL_A	0x38	16	R/W	0x00	中断触发方式
INTPOLARITY_A	0x3C	16	R/W	0x00	中断触发极性
INTSTAT_A	0x40	16	RO	0x00	中断状态

续表

名　称	偏移量	位　宽	类　型	复位值	描　述
RAWINTSTAT_A	0x44	16	RO	0x00	原始中断状态
REVERSED	0x48	32	—	—	保留
INTEOI_A	0x4C	16	WO	—	对于边沿触发类型的中断，写 1 清除相应的中断状态
AEXT	0x50	16	RO	0x00	Port A 外部数据寄存器
BEXT	0x54	8	RO	0x00	Port B 外部数据寄存器
CEXT	0x58	8	RO	0x00	Port C 外部数据寄存器
DEXT	0x58	8	RO	0x00	Port D 外部数据寄存器

表 4-2　GPIO 寄存器描述

位　域	名　称	类型	复位值	描　述
端口 X 数据寄存器 XDATA				
31:16	REVERSED	—	—	保留位
15:0	XDATA	R/W	0x00	当 Port X 数据方向寄存器相应位配置为输出模式，且端口功能选择寄存器选择为 GPIO 功能，则写入该寄存器的值将被输出到 Port A 的 IO 管脚上。 读这个寄存器返回的是最近写入这个寄存器的值
端口 X 方向寄存器 XDIR				
31:16	REVERSED	—	—	保留位
15:0	XDIR	R/W	0x00	GPIO 数据方向：0，管脚为输入；1，管脚为输出
端口 X 中断使能寄存器 INTEN_X				
31:16	REVERSED	—	—	保留位
15:0	INTEN	R/W	0x00	0：Port X 相应位作为正常 GPIO 端口 1：Port X 相应位作为外部中断输入
端口 X 中断屏蔽寄存器 INTMASK_X				
31:16	REVERSED	—	—	保留位
15:0	MASK	R/W	0x00	0：Port X 相应位中断非屏蔽 1：Port X 相应位中断屏蔽
端口 X 中断触发方式寄存器 INTLEVEL_X				
31:16	REVERSED	—	—	保留位
15:0	LEVEL	R/W	0x00	0：Port X 相应位电平触发方式 1：Port X 相应位边沿触发方式
端口 X 中断触发极性寄存器 INTPOLARITY_X				
31:16	REVERSED	—	—	保留位
15:0	POLARITY	R/W	0x00	0：电平触发时，Port X 相应位中断为低电平触发 沿触发时，Port X 相应位中断为下降沿触发 1：电平触发时，Port X 相应位中断为高电平触发 沿触发时，Port X 相应位中断为上升沿触发

续表

位　域	名　称	类型	复位值	描　述
端口 X 中断状态寄存器 INTSTATUS_X				
31:16	REVERSED	—	—	保留位
15:0	STATUS	RO	0x00	屏蔽后的中断状态 0：Port X 相应位无中断发生 1：Port X 相应位有中断发生
端口 X 原始中断状态寄存器 INTRAWSTATUS_X				
31:16	REVERSED	—	—	保留位
15:0	RAW STATUS	RO	0x00	未屏蔽前的中断状态 0：Port X 相应位无中断发生 1：Port X 相应位有中断发生
端口 X 中断清除寄存器 INTEOI_X				
31:16	REVERSED	—	—	保留位
15:0	EOI	WO	—	相应位写 1 清除相应位的中断状态
端口 X 外部寄存器 XEXT				
31:16	REVERSED	—	—	保留位
15:0	EOI	RO	0x00	Port X 方向设置为输入状态，读此寄存器为 Port X 的输入数据

4.1.3　滤波功能设置

GPIO E 端口 BIT[2:0]具有输入时钟可配置的滤波功能。当开启系统控制模块(SYSCTL)中 SYS_CTL_1 寄存器 BIT[10:8]对应位时，滤波功能使能，输入信号稳定三个时钟周期(以 GPIO 模块输入时钟计)后认定有效。GPIOE 端口滤波原理如图 4-1 所示，其所对应的寄存器映射如表 4-3 所示，其中所列偏移量都是寄存器相对于 GPIO 模块基址的十六进制增量，其基地址为 0x40011000。

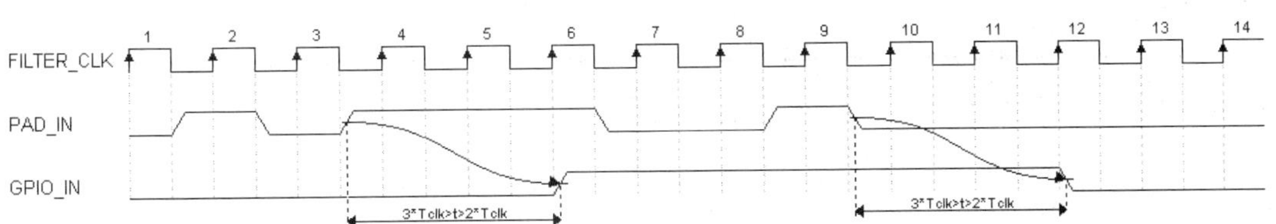

图 4-1　端口 E 滤波示意图

表 4-3　GPIO_E 寄存器映射

名　称	偏移量	位宽	类型	复位值	描　述
EDATA	0x00	8	R/W	0x00	Port E 数据寄存器
EDIR	0x04	8	R/W	0x00	Port E 方向寄存器

续表

名　称	偏移量	位宽	类型	复位值	描　述
REVERSED	0x08～0x2C	32	—	—	保留
INTEN_E	0x30	8	R/W	0x00	中断使能
INTMASK_E	0x34	8	R/W	0x00	中断屏蔽
INTLEVEL_E	0x38	8	R/W	0x00	中断触发方式
INTPOLARITY_E	0x3C	8	R/W	0x00	中断触发极性
INTSTAT_E	0x40	8	RO	0x00	中断状态
RAWINTSTAT_E	0x44	8	RO	0x00	原始中断状态
REVERSED	0x48	32	—	—	保留
INTEOI_E	0x4C	8	WO	—	对于边沿触发类型的中断，写 1 清除相应的中断状态
EEXT	0x50	8	RO	0x00	Port E 外部数据寄存器

4.1.4　初始化配置

GPIO 引脚默认为浮空输入模式，可通过表 4-4 对其状态进行更改。

表 4-4　GPIO 引脚输入方式更改方法

设置 IO 方向	ADIR、BDIR、CDIR、DDIR、EDIR 寄存器：设置为 0，则相应位为输入；设置为 1，则相应位为输出
读取 IO 引脚状态	AEXT、BEXT、CEXT、DEXT、EEXT 寄存器
输出指定值	ADATE、BDATA、CDATA、DDATA、EDATA 寄存器
配置中断	INTEN 寄存器：设置为 0，端口 A/E 相应位作为正常 GPIO 端口；设置为 1，端口 A/E 相应位作为外部中断输入
配置中断触发方式	INTLEVEL 寄存器：设置为 0，端口 A/E 相应位为电平触发方式；设置为 1，端口 A/E 相应位为边沿触发方式

GPIO 的引脚功能可以按照以下方式进行配置。

```
#ifndef __SWM1000S_GPIO_H__
#define __SWM1000S_GPIO_H__
typedef struct {
        uint8_t func;          //引脚功能：0 引脚为 GPIO 功能；1 引脚为数字外设功能
                               //包括 UART、SPI、PWM 等；2 引脚为模拟外设功能
                               //包括 ADC、放大器、比较器等；3 同取值为 2 时的功能
                               // 特定引脚具体是什么模拟外设功能请查看芯片手册
        uint8_t pull_up;       //引脚上拉使能：0 不使能上拉；1 使能上拉
        uint8_t pull_down;     //引脚下拉使能：0 不使能下拉；1 使能下拉
        uint8_t open_drain;    //引脚开漏使能：0 引脚为推挽模式；1 引脚为开漏模式
        uint8_t dir;           //引脚方向：    0 引脚为输入；   1 引脚为输出
} GPIO_InitStructure;          //包含 GPIO 引脚各种特性的结构体
```

```
void GPIO_Init(GPIO_T * GPIOx,uint32_t n,GPIO_InitStructure *
initStruct);
                                  //引脚初始化，切换指定引脚的功能
                                  //包括 GPIO 功能、数字外设功能、模拟外设功能
void GPIO_SetBit(GPIO_T * GPIOx,uint32_t n);          //将参数指定的引脚电平置高
void GPIO_ClrBit(GPIO_T * GPIOx,uint32_t n);          //将参数指定的引脚电平置低
void GPIO_InvBit(GPIO_T * GPIOx,uint32_t n);          //将参数指定的引脚电平反转
uint32_t GPIO_GetBit(GPIO_T * GPIOx,uint32_t n);      //读取参数指定引脚的电平状态
void GPIO_SetBits(GPIO_T * GPIOx,uint32_t n,uint32_t w);
                                  //将参数指定的从 n 开始的 w 位连续引脚的电平置高
void GPIO_ClrBits(GPIO_T * GPIOx,uint32_t n,uint32_t w);
                                  //将参数指定的从 n 开始的 w 位连续引脚的电平置低
void GPIO_InvBits(GPIO_T * GPIOx,uint32_t n,uint32_t w);
                                  //将参数指定的从 n 开始的 w 位连续引脚的电平反转
uint32_t GPIO_GetBits(GPIO_T * GPIOx,uint32_t n,uint32_t w);
                                  //读取参数指定的从 n 开始的 w 位连续引脚的电平状态
#define PIN_0   0
#define PIN_1   1
#define PIN_2   2
#define PIN_3   3
// …
#endif //__SWM1000S_GPIO_H__
```

GPIO 的初始化示例程序如下，其主要功能是 IO 引脚的初始化，切换指定引脚的功能，包括 GPIO 功能、数字外设功能、模拟外设功能等，GPIO 端口有效值包括 GPIOA、GPIOB、GPIOC、GPIOD、GPIOE。

```
void GPIO_Init(GPIO_T * GPIOx,uint32_t n,GPIO_InitStructure * initStruct)
{
    switch((uint32_t)GPIOx)
    {
    case ((uint32_t)GPIOA):
        PORT->u32PORTA_SEL &= ~(0x03 << (2*n));
        PORT->u32PORTA_SEL |= (initStruct->func << (2*n));
        if(initStruct->pull_up == 0)
        {
            PORT->u32PORTA_PULLU &= ~(0x01 << n);
        }
        else
        {
            PORT->u32PORTA_PULLU |= (0x01 << n);
        }
        if(initStruct->pull_down == 0)
        {
            PORT->u32PORTA_PULLD &= ~(0x01 << n);
        }
        else
        {
```

```
            PORT->u32PORTA_PULLD |= (0x01 << n);
        }
        if(initStruct->open_drain == 0)
        {
            PORT->u32PORTA_OPEND &= ~(0x01 << n);
        }
        else
        {
            PORT->u32PORTA_OPEND |= (0x01 << n);
        }
        if(((GPIOA->u32DIR >> n)&0x01) != initStruct->dir)
        {
            if(((GPIOA->u32DIR >> n)&0x01) ==0)
            {
            GPIOA->u32DIR |= 1 << n;
            }
            else
            {
                GPIOA->u32DIR &= ~(1 << n);
            }
        }
    break;

    case ((uint32_t)GPIOB):
        …
        break;
case ((uint32_t)GPIOC):
        …
        break;
    case ((uint32_t)GPIOD):
        …
        break;
    case ((uint32_t)GPIOE):

    }
}
```

4.1.5 GPIO 操作

完成 GPIO 端口配置等步骤后，就可以对 GPIO 端口进行操作，如对外设信号的输出(写入)、外部传感器输入信号的读取等，从而构建完整的嵌入式控制系统。读取 GPIO 引脚的电平示例程序如下。

```
int main(void)
{
    ui32 i, tmp = 0;
    GPIO_InitStructure GPIO_initStruct;
    SystemInit();
    GPIO_initStruct.func = 0;        //引脚功能为GPIO
```

```
    GPIO_initStruct.dir = 0;              //输入   外接 KEY
    GPIO_initStruct.pull_up = 0;
    GPIO_initStruct.pull_down = 0;
    GPIO_initStruct.open_drain = 0;
    GPIO_Init(GPIOA,PIN_2,&GPIO_initStruct);
            //GPIOA.2 初始化为输入引脚，无上拉、无下拉、非开漏
    GPIO_Init(GPIOA,PIN_3,&GPIO_initStruct);
            //GPIOA.3 初始化为输入引脚，无上拉、无下拉、非开漏
    GPIO_Init(GPIOC,PIN_4,&GPIO_initStruct);
            //GPIOC.4 初始化为输入引脚，无上拉、无下拉、非开漏
    GPIO_Init(GPIOC,PIN_5,&GPIO_initStruct);
            //GPIOC.5 初始化为输入引脚，无上拉、无下拉、非开漏
    while(1==1)
        {
            tmp = GPIO_GetBit(GPIOA,PIN_2);          //引脚 A2 的电平
            tmp = tmp;
            tmp = GPIO_GetBit(GPIOA,PIN_3);          //引脚 A3 的电平
            tmp = tmp;
            tmp = GPIO_GetBits(GPIOA,PIN_2,3);       //引脚 A2 和 A3 的电平
            tmp = tmp;
            tmp = GPIO_GetBit(GPIOC,PIN_4);          //引脚 C4 的电平
            tmp = tmp;
            tmp = GPIO_GetBit(GPIOC,PIN_5);          //引脚 C5 的电平
            tmp = tmp;
            tmp = GPIO_GetBits(GPIOC,PIN_4,2);       //引脚 C4 和 C5 的电平
            tmp = tmp;
            for(i=0;i<1000000;i++);
        }
}
```

通过给指定 GPIO 引脚输入电压，通过调试观测读取相应的值，多次改变输入电压，观测输入与读取数字之间的变化，从而确定相应的换算关系。

4.2　通用定时(计数)器

SWM1000S 提供了 4 个独立的 32 位定时(计数)器(TIMER)模块，以实现频率测量、计数、间隔延时等功能。定时器向下递减计数，一旦计数为零即可产生中断。定时器具有如下特性。

(1) 32 位向下计数定时器。

(2) 具有两种操作模式：自由运行模式和用户定义模式。

(3) 时间溢出周期=输入时钟周期×装载计数值。

(4) 可随时读取目前计数值。

每个定时器模块包括两个递减计数器、两个 32 位装载/初始化寄存器、两个当前计数值寄存器和它们的相关的控制功能寄存器。定时器(计数器)的准确性可由软件来控制，并通过寄存器接口进行配置。

定时器模块复位后处于未激活状态，所有控制寄存器均被清零，同时进入默认状态。在通过软件对定时器(计数器)进行配置时需用到控制寄存器(CTRL)来装载计数寄存器(LDCNT)的值。

定时器从初始值向下计数，减到零时就会触发定时器中断。以下两种情况会使得定时器从装载计数值寄存器(LDCNT)重新装载初始化值。

(1) 定时器复位或禁止后使能。

(2) 定时器计数减到零。

当作为定时器使用时，必须先配置好 SYSCTL 模块中 SYS_CFG_0 寄存器 BIT[29:26]所对应的位，将定时器/计数器功能选择为定时器功能或计数器功能。其初始化配置过程主要包括定时器初始化，定时(计数)器打开与关闭、获取定时(计数)器中断状态、清除定时(计数)器中断标准、定时(计数)器中断，设置及获取计数或时长条件等。

定时(计数)器的本质就是一个递减计数器，区别是计数脉冲的来源不同。当作为定时器使用时，计数脉冲对象为 PCLK。当作为计数器使用时，计数脉冲对象来自对应引脚外接信号(即外来输入信号)。在使用计数器时，需要将对应的引脚复用切换至计数器功能。

定时(计数)器有两种运行模式，分别如下。

(1) 自由运行模式。自由运行模式从 0xFFFFFFFF 开始减数，使用该模式务必将装载计数寄存器的值设为 0xFFFFFFFF。

(2) 用户定义模式。用户定义模式，用户可以自定义装载值寄存器的值，减到 0 后计数器再次装载此值。

1. 定时(计数)器初始化

定时(计数)器的初始化过程包括功能模式选择(即将定时(计数)器设置作为定时器使用还是作为计数器使用)、定时周期设置以及中断使能设置等，其初始化示例程序 TIMR_Init 如下。其中，TIMR_T * TIMRx 指定要被设置的定时器，有效值包括 TIMR0、TIMR1、TIMR2、TIMR3。

```
void TIMR_Init(TIMR_T * TIMRx,TIMR_InitStructure * initStruct)
{
    switch((uint32_t)TIMRx)
    {
     case ((uint32_t)TIMR0):
     SYS->CLK_CFG.TMR_COUNTR0 = initStruct->mode;
      TIMR0->CTRL.EN = 0;
      TIMR0->CTRL.MODE = 1;
      if(initStruct->mode == 0) //设置作为计数器使用
      {
        TIMR0->LOAD = initStruct->period;
      }
     else                             //设置作为定时器使用
      {
         TIMR0->LOAD = initStruct->period*(SystemCoreClock/1000000);
      }
     TIMR0->CTRL.IDIS = (initStruct->en_int == 1) ? 0 : 1;
```

```
        if(initStruct->en_int == 1)
        {
          NVIC_EnableIRQ(TIMER0_IRQn);
         }
        break;
      case ((uint32_t)TIMR1):
      SYS->CLK_CFG.TMR_COUNTR1 = initStruct->mode;
          TIMR1->CTRL.EN = 0;
          TIMR1->CTRL.MODE = 1;
          if(initStruct->mode == 0)   //设置作为计数器使用
          {
              TIMR1->LOAD = initStruct->period;
          }
          else                        //设置作为定时器使用
          {
              TIMR1->LOAD = initStruct->period*(SystemCoreClock/1000000);
          }
              TIMR1->CTRL.IDIS = (initStruct->en_int == 1) ? 0 : 1;
          if(initStruct->en_int == 1)
          {
              NVIC_EnableIRQ(TIMER1_IRQn);
          }
          break;
          // …
      }
}
```

2. 定时(计数)器的打开与关闭

初始化定时(计数)器模块后，还需要对其进行使能操作，即为时钟模块提供工作时钟，使其打开；同样，有时为了降低能耗，还需要对时钟模块进行关闭操作，即禁能操作。定时(计数)器的打开和关闭分别可以通过 TIMER_Open 和 TIMER_Close 函数来处理，其示例程序分别如下。

```
void TIMR_Open(TIMR_T * TIMRx)
{
    switch((uint32_t)TIMRx)
    {
        case ((uint32_t)TIMR0):
        case ((uint32_t)TIMR1):
        case ((uint32_t)TIMR2):
        case ((uint32_t)TIMR3):
        SYS->PCLK_EN.TMR_CLK = 1;
        break;
    }
}
void TIMR_Close(TIMR_T * TIMRx)
{
    switch((uint32_t)TIMRx)
```

```
    {
        case ((uint32_t)TIMR0):
        case ((uint32_t)TIMR1):
        case ((uint32_t)TIMR2):
        case ((uint32_t)TIMR3):
        SYS->PCLK_EN.TMR_CLK = 0;
        break;
    }
}
```

需要注意的是，当调用 TIMER_Close 函数打开或关闭时钟时，不管参数是 TIMR0、TIMR1、TIMR2、TIMR3 中的哪一个，都会将所有的四个 TIMR 都禁能。

3. 定时(计数)器的启动与停止

定时(计数)器的启动与停止功能与其打开与关闭功能是有区别的，定时(计数)器的打开与关闭功能是对其进行使能和禁能设置，是定时(计数)器能工作与不能工作的前提；而定时(计数)器的启动与停止功能，指的是定时(计数)器开始计时(计数)或停止计时(计数)，可以通过 TIMR_Start 和 TIMR_Stop 函数来实现，其示例程序分别如下。

```
void TIMR_Start(TIMR_T * TIMRx)
{
    TIMRx->CTRL.EN = 1;
}
void TIMR_Stop(TIMR_T * TIMRx)
{
    TIMRx->CTRL.EN = 0;
}
```

4. 定时(计数)器的条件设置

定时(计数)器的条件设置是指设置定时(计数)器的计数个数或者计时时长(以 μs 为单位)，当计时(计数)满足条件时，则进入相应的中断处理。其设置的定时(计数)器包括 TIMR0、TIMR1、TIMR2、TIMR3，部分示例程序如下。

```
void TIMR_SetPeriod(TIMR_T * TIMRx,uint32_t period)
{
    switch((uint32_t)TIMRx)
    {
  case ((uint32_t)TIMR0):
        if(SYS->CLK_CFG.TMR_COUNTR0 == 0)   //计数器
        {
            TIMR0->LOAD = period;
        }
        else                                //定时器
        {
            TIMR0->LOAD = period*(SystemCoreClock/1000000);
        }
        break;
  case ((uint32_t)TIMR1):
```

```
            if(SYS->CLK_CFG.TMR_COUNTR1 == 0)   //计数器
            {
                TIMR1->LOAD = period;
            }
            else                                //定时器
            {
                TIMR1->LOAD = period*(SystemCoreClock/1000000);
            }
            break;
            // …
        }
    }
```

5. 获取定时(计数)值

获取定时(计数)器的当前计数值或计时值，并与设定值进行比较，看是否满足设定的定时(计数)中断条件，以便执行相应指令。需要注意的是，TIMR0、TIMR1、TIMR2、TIMR3 都是递减计数器/计时器，所以返回值 1 不是表示记了 1 个数，而是指再记 1 个数就完成计数周期，相应的示例程序如下。

```
uint32_t TIMR_GetCurrent(TIMR_T * TIMRx)
{
    uint32_t value;
    switch((uint32_t)TIMRx)
    {
   case ((uint32_t)TIMR0):
        if(SYS->CLK_CFG.TMR_COUNTR0 == 0)   //计数器
        {
            value = TIMR0->CVAL;
        }
        else                                //定时器
        {
            value = TIMR0->CVAL/(SystemCoreClock/1000000);
        }
        break;
     case ((uint32_t)TIMR1):
    // …
        break;
    case ((uint32_t)TIMR2):
    // …
    break;
    case ((uint32_t)TIMR3):
    // …
    break;
   default:
        value = 0xFFFFFFFF;
        break;
        }
    return value;
}
```

6. 定时(计数)器中断使能与禁能

定时(计数)器中断使能后，当定时(计数)器满足设定条件后，则可以响应中断，并进入相应的中断处理子程序；对指定的定时(计数)器进行禁能处理后，即使满足定时(计数)条件，但由于定时(计数)器被禁能，其状态将被挂起，而无法进入相应的中断服务，这往往出现在多个定时(计数)器同时满足条件时，由于优先级别的设置需要进行相应的禁能处理。定时(计数)器使能、禁能示例程序分别如下。

```
void TIMR_INTEn(TIMR_T * TIMRx)
{
    switch((uint32_t)TIMRx)
    {
        case ((uint32_t)TIMR0):
            TIMR0->CTRL.IDIS = 0;
            NVIC_EnableIRQ(TIMER0_IRQn);
            break;
            // …
    }
}
void TIMR_INTDis(TIMR_T * TIMRx)
{
    switch((uint32_t)TIMRx)
    {
        case ((uint32_t)TIMR0):
        TIMR0->CTRL.IDIS = 1;
        NVIC_DisableIRQ(TIMER0_IRQn);
        break;
    //…
    }
}
```

7. 获取定时(计数)器中断状态

获取指定定时(计数)器的中断状态(产生了中断还是未产生中断)，对于未产生中断的，继续保持定时(计数)状态；对于产生了中断的定时(计数)器，则执行相应的处理，如定时(计数)器清零后重新开始等。其示例程序如下。

```
uint32_t TIMR_INTStat(TIMR_T * TIMRx)
{
    return TIMRx->STAT ? 1 : 0;
}
```

8. 寄存器地址映射

定时器模块的相关寄存器地址映射如表 4-5 所示，相关寄存器的描述如表 4-6 所示，其中所列偏移量都是寄存器相对于定时器基址的十六进制增量，各定时器基地址分别如下。

(1) Timer0：0x40012000。

(2) Timer1：0x40012014。

(3) Timer2：0x40012028。

(4) Timer3：0x4001203C。

表 4-5　TIMER 寄存器组地址映射

名　称	偏 移 量	位　宽	类　型	复 位 值	描　述
LDCNT	0x00	32	R/W	0x00	装载值寄存器
CVAL	0x04	32	RO	0x00	当前计数值寄存器
CTRL	0x08	3	R/W	0x00	控制寄存器
EOI	0x0C	1	RO	0x00	中断结束寄存器
INTS	0x10	1	RO	0x00	中断状态寄存器

表 4-6　TIMER 寄存器组描述

位　域	名　称	类型	复 位 值	描　述
当前计数值寄存器 CVAL				
31:0	CVAL	RO	—	模块使能后，读取该寄存器返回计数器当前的值
装载值寄存器 LDCNT				
31:0	LDCNT	R/W	0x00	写入这个寄存器的值用来初始化与之关联的定时器的初始计数值。 用户模式下，定时器计数过程中更改该寄存器的值，则计数器记到 0 后自动装载所更改值并重新计数
控制寄存器 CTRL				
31:3	REVERSED	—	—	保留
2	IM	R/W	00	定时器中断屏蔽：0，非屏蔽；1，屏蔽
1	MODE	R/W	0	定时器模式：0，自由运行模式；1，用户定义计数模式。注：在使能自由运行模式前必须将 LDCNT 寄存器的值所有位置 1
0	EN	R/W	0	定时器使能：0，禁止；1，使能
中断结束寄存器 EOL				
31:1	REVERSED	—	—	保留
0	EOI	RO	0	读这个寄存器返回的都是零，同时清除相关定时器的中断
中断状态寄存器 INTS				
31:1	REVERSED	—	—	保留
0	STAT	RO	0	判断是否已触发中断； 0，未触发中断；1，已触发中断

4.3 专用定时(计数)器

SWM1000S 除了提供通用定时(计数)器外，还提供了专用定时器模块(TIMERSE)，该模块具有以下三种工作模式。

(1) 32 位定时器/计数器功能。

(2) 32 位 PWM 输出功能。

(3) 脉冲及占空比捕捉功能。

专用定时(计数)器的初始化主要包括工作模式选择(定时器、计数器、PWM 输出、脉宽测量、占空比测量)、定时周期设置、中断使能等，其示例程序如下。

```
void TMRSE_Init(TMRSE_T * TMRSEx,TMRSE_InitStructure * initStruct)
{
    TMRSE_Open(TMRSEx);          //只有先给 TMRSE 模块提供总线时钟，才能对模块寄存
                                   器进行读写
    TMRSEx->CTRL.ENA = 0;        //配置 TMRSE 前禁止 TMRSE
    TMRSEx->CTRL.VALSAVE = 0;    //此特性不易使用，且无大用处，可弃之不用
    switch((uint32_t)TMRSEx)
    {
        case ((uint32_t)TMRSE):
        switch(initStruct->mode)
        {
        // …
    }
        TMRSE->INTCTRL.ENA =  1;     //使得总能通过 INTSTAT 来查询中断状态
        TMRSE->INTCTRL.MASKn = (initStruct->en_int == 1) ? 1 : 0;
        if(initStruct->en_int == 1)
        {
            NVIC_EnableIRQ(TMRSE_IRQn);
        }
        break;
    }
}
```

4.3.1 Timer/Counter 模式

配置模块控制寄存器(CTRL)中模式位 BIT[5:4]，选择模式 0(00b)，则模块被配置为定时器/计数器模式，该模式提供了 32 位长度的计数寄存器。可按以下流程进行配置。

(1) 计数目标值。通过目标计数值寄存器(TARVAL)进行配置，写入 32 位目标计数值，计数器递增至该值后一次计数结束。

(2) 计数时钟源。可选择片内模块输入时钟或片外引脚输入时钟作为计数时钟源，通过模块控制寄存器(CTRL)中的 BIT[8]进行配置。默认为内部时钟。

(3) 计数有效沿。通过模块控制寄存器(CTRL)中的 BIT[16]进行配置，设置上升沿或下降沿计数有效。默认为上升沿有效。

(4) 计数循环模式。通过模块控制寄存器(CTRL)中的 BIT[28]进行配置，当配置为 0 时，为循环计数模式。配置为 1 时，为单次计数模式。默认为循环模式。

(5) 输出模式。配置为定时器或计数器时，模块控制寄存器(CTRL)中的 BIT[13:12]可配置为输出模式。当配置为除“无输出”以外的模式时，可通过配置输出寄存器(OUTPVAL)控制引脚输出电平。计数器计数过程中，引脚为保持状态。当一次计数模式结束后，根据所配置的输出模式，电平发生变化。默认为无输出模式。

(6) 中断设置。可通过设置中断使能及中断屏蔽位，使能或禁能计数完成中断，中断标志通过读取目标计数值寄存器(TARVAL)或当前值寄存器(CURVAL)清除。中断未清除再次出现中断时，中断溢出标志位(INTFLAG)被置 1，通过读取目标计数值寄存器(TARVAL)或当前值寄存器(CURVAL)清除。

(7) 模块使能。通过模块控制寄存器(CTRL)中的 BIT[0]进行配置。

专用定时器工作模式示例程序如下。

```
case 0:                         //定时器模式
  TMRSE->CTRL.WMOD = 0;
    TMRSE->CTRL.OSCMOD = 0;         //内部时钟
  TMRSE->CTRL.SINGLE = initStruct->single_cycle;
    TMRSE->TARVAL = initStruct->period;
  TMRSE->CTRL.OUTMOD = initStruct->output_act;
  TMRSE->OUT_LVL = initStruct->out_initLvl;
  break;
```

专用计数器工作模式示例程序如下。

```
case 1:                         //计数器模式
   TMRSE->CTRL.WMOD = 0;
   TMRSE->CTRL.OSCMOD = 1;      //外部时钟
   TMRSE->CTRL.SINGLE = initStruct->single_cycle;
   TMRSE->CTRL.EDGE_F = initStruct->count_edge;
   TMRSE->TARVAL = initStruct->period;
   TMRSE->CTRL.OUTMOD = initStruct->output_act;
   TMRSE->OUT_LVL = initStruct->out_initLvl;
   break;
```

4.3.2 PWM 输出模式

脉冲宽度调制(PWM)控制是一种最常见的电机调速控制方式，应用十分广泛。配置模块控制寄存器(CTRL)中模式位 BIT[5:4]，选择模式 1(01b)，同时将 BIT[13:12]配置为 01b，则模块被配置为 PWM 模式。该模式提供了一个最大周期长度为 32 位的 PWM 模块，可按照以下流程进行配置。

(1) 计数时钟源。可选择片内模块输入时钟或片外引脚输入时钟作为 PWM 最小分辨率长度单位，通过模块控制寄存器(CTRL)中的 BIT[8]进行配置。默认为内部时钟。

(2) 计数有效沿。通过模块控制寄存器(CTRL)中的 BIT[16]进行配置，设置上升沿或下降沿计数有效。默认为上升沿有效。

(3) 初始输出电平。可通过配置输出寄存器(OUTPVAL)指定 PWM 初始输出电平。默认为初始输出为低电平。

(4) 计数目标值。通过目标计数值寄存器(TARVAL)进行配置。该寄存器低 16 位为 PWM 初始电平长度，高 16 位为跳变后电平长度(注：当配置为 PWM 模式时，该寄存器高 16 位及低 16 位均不能为 0，即不能通过 PWM 模式实现单一电平)。

(5) 中断设置。当电平发生跳变时，产生中断，可通过设置中断使能及中断屏蔽位，使能或禁能中断。

(6) 模块使能。通过模块控制寄存器(CTRL)中 BIT[0]进行配置。

(7) 状态读取。通过读取当前状态寄存器(MOD2LF)判断当前输出所处周期。

PWM 输出工作模式示例程序如下。

```
case 2:                              //PWM 输出模式
    TMRSE->CTRL.WMOD = 1;
    TMRSE->CTRL.OSCMOD = initStruct->pwm_clksrc;
    TMRSE->CTRL.SINGLE = initStruct->single_cycle;
    TMRSE->CTRL.OUTMOD = 1;      //输出反转
    TMRSE->OUT_LVL = (PWMHighFirst = initStruct->out_initLvl);
TMRSE->TARVAL=(PWMHighFirst==0)?(initStruct->pwm_l+(initStruct-
>pwm_h<<16)) : (initStruct->pwm_h+ (initStruct->pwm_l<<16));
    break;
```

4.3.3 脉冲及占空比模式

配置模块控制寄存器(CTRL)中模式位 BIT[5:4]，选择模式 2(10b)或模式 3(11b)时，模块配置为脉冲及占空比模式，即 capture 模式，用于捕捉外部电平变化。

当配置为模式 2(10b)时，用于捕捉脉冲宽度(如图 4-2 所示)，引脚出现指定外部电平变化沿(上升或下降)时，触发计数，以内部时钟计，直至出现外部反向电平沿(下降或上升)后，一次计数结束，产生中断，三个时钟周期后通过捕捉寄存器 2(CAPLH)给出计数值。读取该寄存器可清除中断。中断未清除再次出现中断时，中断溢出标志位(INTFLAG)被置 1，通过读取捕捉寄存器 2(CAP2)清除，配置流程如下。

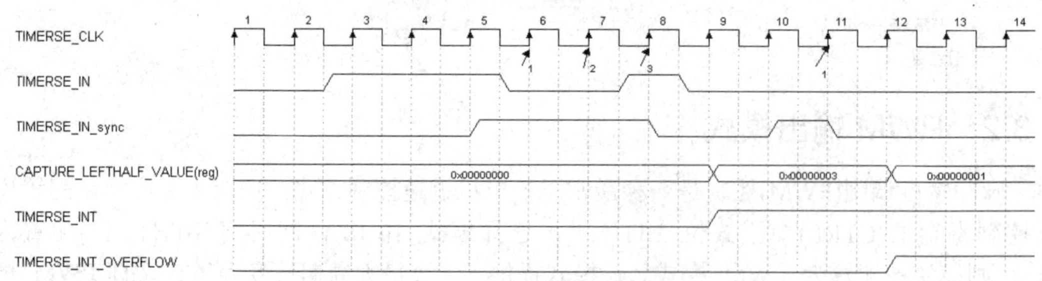

图 4-2　脉冲捕捉示意图

(1) 计数有效沿。通过模块控制寄存器(CTRL)中的 BIT[16]进行配置，设置外部上升沿或下降沿起始计数。默认为上升沿有效。

(2) 计数循环模式。通过模块控制寄存器(CTRL)中的 BIT[28]进行配置，当配置为 0 时，为循环计数模式；配置为 1 时，为单次计数模式。默认为循环模式(注。循环模式下，需要保证读取时间小于两次脉冲捕捉结束时间，以免数据丢失)。

(3) 中断设置。在捕捉完成后，产生中断。可通过设置中断使能及中断屏蔽位，使能或禁能中断。

(4) 模块使能。通过模块控制寄存器(CTRL)中的 BIT[0]进行配置。

脉宽测量工作模式示例程序如下。

```
case 3:                           //脉宽测量模式
    TMRSE->CTRL.WMOD = 2;
    TMRSE->CTRL.OSCMOD = 0;       //内部时钟
    TMRSE->CTRL.SINGLE = initStruct->single_cycle;
    TMRSE->CTRL.EDGE_F = initStruct->cap_trigger;
    TMRSE->TARVAL = initStruct->period;
    TMRSE->CTRL.OUTMOD = initStruct->output_act;
    TMRSE->OUT_LVL = initStruct->out_initLvl;
    break;
```

当配置为模式 2(11b)时，用于捕捉占空比宽度(如图 4-3 所示)，引脚出现指定外部电平变化沿(上升或下降)时，记为时间点 1，此时触发计数；以内部时钟计，直至出现外部反向电平变化沿(下降或上升)后，记为时间点 2；继续计数，直至再次出现外部反向电平变化沿(上升或下降)，记为时间点 3，一次记录完成，触发中断。通过捕捉寄存器 2(CAPLH)给出时间点 1 至时间点 2 计数值，通过捕捉寄存器 1(CAPW)给出时间点 1 至时间点 3 计数值。读取捕捉寄存器 2(CAPLH)或捕捉寄存器 1(CAPW)可清除中断。中断未清除再次出现中断时，中断溢出标志位(INTFLAG)被置 1，通过读取捕捉寄存器 2(CAPLH)或捕捉寄存器 1(CAPW)清除，配置流程如下。

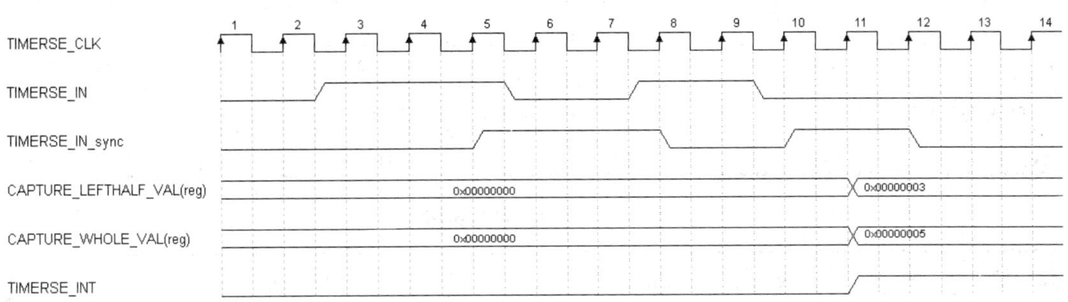

图 4-3　占空比捕捉示意图

(1) 计数有效沿。通过模块控制寄存器(CTRL)中的 BIT[16]进行配置，设置外部上升沿或下降沿起始计数。默认为上升沿有效。

(2) 计数循环模式。通过模块控制寄存器(CTRL)中的 BIT[28]进行配置，当配置为 0 时，为循环计数模式。配置为 1 时，为单次计数模式。默认为循环模式(注：循环模式下，需要保证读取时间小于两次脉冲捕捉结束时间，以免数据丢失)。

(3) 中断设置。在捕捉完成后，产生中断。可通过设置中断使能及中断屏蔽位，使能或禁能中断。

(4) 模块使能。通过模块控制寄存器(CTRL)中的 BIT[0]进行配置。

占空比测量工作模式示例程序如下。

```
    case 4:                              //占空比测量模式
        TMRSE->CTRL.WMOD = 3;
        TMRSE->CTRL.OSCMOD = 0;          //内部时钟
        TMRSE->CTRL.SINGLE = initStruct->single_cycle;
        TMRSE->CTRL.EDGE_F = initStruct->cap_trigger;
        TMRSE->TARVAL = initStruct->period;
        TMRSE->CTRL.OUTMOD = initStruct->output_act;
        TMRSE->OUT_LVL = initStruct->out_initLvl;
        break;
```

专用定时器模块相关寄存器组的地址映射如表 4-7 所示，其中所列偏移量都是寄存器相对于定时器基址的十六进制增量，基地址为 0x40012800。相关寄存器描述如表 4-8 所示。

表 4-7 TIMERSE 寄存器组地址映射

名 称	偏 移 量	位 宽	类 型	复 位 值	描 述
CTRL	0x00	29	R/W	0x00	模块控制寄存器
TARVAL	0x04	32	R/W	0x00	目标计数值寄存器
CURVAL	0x08	32	RO	0x00	当前计数值寄存器
CAPW	0x0C	32	RO	0x00	捕捉寄存器 1
CAPLH	0x10	32	RO	0x00	捕捉寄存器 2
MOD2LF	0x14	1	RO	0x00	当前状态寄存器
REVERSED	0x18～0x7C	32	—	—	保留
OUTPVAL	0x80	1	R/W	0x00	输出寄存器
INTCTL	0x84	2	R/W	0x00	中断控制寄存器
INTSTAT	0x88	1	RO	0x00	中断原始状态寄存器
INTMSKSTAT	0x8C	1	RO	0x00	屏蔽后中断状态寄存器
INTFLAG	0x90	1	RO	0x00	中断溢出标志寄存器

表 4-8 TIMERSE 寄存器组描述

位 域	名 称	类 型	复位值	描 述
模块控制寄存器 CTRL				
31:29	REVERSED	—	—	保留
28	LMOD	R/W	0	循环模式选择：0，循环模式；1，单次模式
27:17	REVERSED	—	—	保留
16	TMOD	R/W	0	有效沿选择：0，上升沿有效；1，下降沿有效
15:14	REVERSED	—	—	保留
13:12	OUTMOD	R/W	0	输出模式选择：00，无输出；01，记到后反向；10，记到后置高；11，记到后置低
11:9	REVERSED	—	—	保留
8	OSCMOD	R/W	0	时钟源选择：0，内部时钟；1，外部时钟
7:6	REVERSED	—	—	保留

续表

位　域	名　称	类　型	复位值	描　述
5:4	WMOD	R/W	0	工作模式选择：00，计数器模式；01，PWM 模式；10，脉冲捕捉模式；11，占空比捕捉模式
3:1	REVERSED	—	—	保留
0	EN	R/W	0	模块使能：0，模块禁能；1，模块使能
目标计数值寄存器 TARVAL				
31:16	TARH	R/W	0	模式 0/ 模式 2/ 模式 3 目标值高 16 位； 模式 1PWM 信号跳变后周期长度
15:0	TARL	R/W	0	模式 0/2/3 目标值低 16 位； 模式 1PWM 信号跳变前初始周期长度
当前计数值寄存器 CURVAL				
31:0	CURV	R/W	0	模式 0/ 模式 2/ 模式 3 当前计数值
捕捉寄存器 1 CAPW				
31:0	CAPW	RO	0	模式 2 下无意义；模式 3(占空比捕捉)总周期宽度(跳变沿 1 至跳变沿 3)计数值
捕捉寄存器 2 CAPLH				
31:0	CAPLH	RO	0	模式 2(脉冲捕捉)脉冲宽度周期计数值；模式 3(占空比捕捉)跳变沿 1 至跳变沿 2 周期宽度计数值
当前状态寄存器 MOD2LF				
31:1	REVERSED	—	—	保留
0	MOD2LF	RO	0	模式 1(PWM)下状态 0：未发生电平翻转；1：已发生电平翻转
输出寄存器 OUTPVAL				
31:1	REVERSED	—	—	保留
0	OUTPVAL	R/W	0	TIMERSE_OUT 输出引脚电平 0：低电平；1：高电平
中断控制寄存器 INTCTL				
31:2	REVERSED	—	—	保留
1	INTMSK			中断屏蔽信号：0，屏蔽；1，未屏蔽
0	INTEN	R/W	0	中断使能信号：0，禁能；1，使能
原始中断状态寄存器 INTSTAT				
31:2	REVERSED	—	—	保留
0	INTSTAT	R/W	0	原始中断信号：0，未触发；1，已触发
屏蔽后中断状态寄存器 INTMSKSTAT				
31:2	REVERSED	—	—	保留
0	MSKSTAT	R/W	0	屏蔽后中断信号：0，未触发；1，已触发

续表

位　域	名　称	类　型	复位值	描　述
中断溢出标志寄存器 INTFLAG				
31:2	REVERSED	—	—	保留
0	INTFLAG	R/W	0	中断溢出信号，当已有中断未清除，再次发生中断时，该位置 1：0，未溢出；1，溢出

4.4　看门狗定时器

看门狗定时器(WDT)主要用于控制程序流程正确，在程序流长时间未按既定流程执行指定程序的情况下复位芯片。它具有两个工作模式，可触发中断或复位芯片。使能前，首先写入超时周期值并初始化模块。使能后，当工作在模式 0(RMOD=0)时， WDT 将根据系统时钟递减计数。在计数至 0 值时产生复位信号将系统复位。当工作在模式 1(RMOD=1)时，WDT 会在第一次计数后置标志位、产生中断并再次装载超时周期值开始计数。当第二次记至 0 值时，复位芯片。在 WDT 计数过程中对计数器重启寄存器进行写操作可使该模块恢复至初始使能状态继续工作，从而延后复位发生的时间。通过不断将复位时间延后的行为实现保证程序流正常工作的效果。配置 WDT 的顺序如下。

(1)　设置所要计数的值，其中，TOP_INIT 为初始值(在 WDT 使能之前写入值)，TOP 为超时后将要填装的值。

(2)　写(CR 寄存器)配置 WDT 模式(系统复位模式或中断模式)。

(3)　写(EN)使能 WDT。

使用看门狗时，需要对指定的看门狗进行初始化设置，看门狗的初始化示例程序如下。

```
void WDT_Init(WDT_T * WDTx,WDT_InitStructure * initStruct)
{
    WDTx->CR.RMOD = initStruct->mode;
    WDTx->TORR.TOP_INIT = initStruct->time1;
    WDTx->TORR.TOP = initStruct->time2;
if(initStruct->mode == 1)
{
    NVIC_EnableIRQ(WDT_IRQn);
}
    WDT_Feed(WDTx);      //使能前先喂狗一次
}
```

需要注意的是，在进行看门狗初始化设置时，需要进行一次喂狗设置，喂狗的目的是使系统(中断后)能重新从装载值开始倒计时。其示例程序如下。

```
void WDT_Feed(WDT_T * WDTx)
{
    WDTx->CRR = 0x76;
}
```

当看门狗计时器超时，产生相应的中断后，需要对看门狗中断标志位状态进行清除，以便重新开始计时。看门狗计时器超时中断标志清除示例程序如下。

```
void WDT_INTClr(WDT_T * WDTx)
{
    uint32_t tmp;
    tmp = WDTx->ICLR;
    tmp = tmp;
}
```

嵌入式系统在工作时，有时需要进行系统复位，或者进行诊断测试，此时可以利用看门狗的芯片复位功能来快速实现。看门狗的芯片复位示例程序如下。

```
int main(void)
{
    ui32 i;
    GPIO_InitStructure GPIO_initStruct;
    WDT_InitStructure  WDT_initStruct;
    SystemInit();
    for(i=0;i<1000000;i++);                  //复位后等一会儿再点亮 LED
    GPIO_initStruct.func = 0;                //设置功能引脚为 GPIO
    GPIO_initStruct.dir = 1;                 //输出端口接 LED
    GPIO_initStruct.pull_up = 0;
    GPIO_initStruct.pull_down = 0;
    GPIO_initStruct.open_drain = 0;
    GPIO_Init(GPIOC,PIN_2,&GPIO_initStruct); //初始化 GPIOC，PIN_2 为输出引脚，
                                             //无上拉，无下拉，非开漏
    GPIO_ClrBit(GPIOC,PIN_2);                //点亮 LED
    WDT_initStruct.mode = 0;                 //看门狗倒计时到 0，立即复位芯片
    WDT_initStruct.time1 = 9;                //2**(16+9)/22118400 = 1.5s
    WDT_initStruct.time2 = 9;
    WDT_Init(WDT,&WDT_initStruct);           //设置 WDT
    WDT_Open(WDT);                           //使能 WDT
    WDT_Start(WDT);                          //启动 WDT
    while(1==1)
}
```

在该示例程序中，看门狗复位芯片，会驱动接在 GPIOC.2 引脚上的 LED 灯每间隔约 1.5s 闪烁一次。

看门狗定时器(WDT)模块的相关寄存器映射如表 4-9 所示，所列偏移量都是寄存器相对于 WDT 模块基址的十六进制增量，其基地址为 0x40019000。相关的寄存器描述如表 4-10 所示。

表 4-9　看门狗定时器(WDT)寄存器映射

名　称	偏 移 量	位　宽	类　型	复 位 值	描　述
CR	0x00	5	R/W	0x00	WDT 控制寄存器
TORR	0x04	8	R/W	0x00	超时周期寄存器

续表

名 称	偏 移 量	位 宽	类 型	复 位 值	描 述
CCVR	0x08	32	RO	0x00	当前计数器值寄存器
CRR	0x0c	8	WO	—	计数器重启寄存器
STAT	0x10	1	RO	0x00	中断状态寄存器
EOI	0x14	1	RO	0x00	中断清除寄存器

表 4-10 看门狗定时器(WDT)寄存器描述

位 域	名 称	类型	复位值	描 述
WDT 控制寄存器(CR)				
1	RMOD	R/W	0	设置超时事件发生时，响应模式。 0：产生一个系统复位；1：第一次超时发生，产生一个 WDT 中断。如果在第二次超时发生时，中断，也没有被清除，就会产生一个系统复位
0	EN	R/W	0	使能 WDT 模块。系统复位后将变成默认值。 0：WDT 禁止；1：WDT 使能
超时周期寄存器(TORR)				
31:8	REVERSED	—	—	保留
7:4	TOP_INIT	R/W	0	设置初始计数值 i，必须在 WDT 使能之前设置。 以下为设置值 i 所对应的计数值：$2^{(16+i)}$(i 的范围为 0～15)
3:0	TOP	R/W	0	设置计数值，超时发生后将装入该值。 以下为设置值 i 所对应的计数值：$2^{(16+i)}$(i 的范围为 0～15)
当前计数器值寄存器(CCVR)				
31:0	CCVR	RO	0x00	读操作返回当前计数器计数值
计数器重启寄存器(CRR)				
31:8	REVERSED	—	—	保留
7:0	CRR	WO	—	写入 0x76 后重启计数器，同时清除中断(喂狗操作)。读操作返回 0
中断状态寄存器(STAT)				
31:1	REVERSED	—	—	保留
0	STAT	RO	0	显示 WDT 中断状态，读操作返回如下值：1，已产生中断，且未清除；0，未产生中断或中断已清除
中断清除寄存器(EOI)				
31:1	REVERSED	—	—	保留
0	EOI	RO	0	读该位可清除 WDT 中断(计数器不重启)

本章小结

本章首先介绍了通用输入/输出端口 GPIO 模块的特性、作为数据控制和中断控制的配置模式及对应的寄存器映射、滤波功能端口设置及 GPIO 的初始化设置，为应用软件开发时对 GPIO 的操作奠定了基础；然后介绍了通用定时器(计数器)的基本特性、对定时器(计数器)两种运行模式的初始化及配置方法、专用定时器的三种工作模式及特点，以及看门狗定时器，为软件开发对时钟控制奠定了基础。

习　　题

(1) 简述 SWM1000S 的通用输入/输出端口 GPIO 模块的特性。

(2) 利用试验开发平台上机操作，实现读取 GPIO 的引脚电平。

(3) SWM1000S 提供了多少个通用定时(计数)器？各具有什么特征？

(4) 当通用定时(计数)器作为定时器使用时，需要如何配置？有几种运行模式？

(5) SWM1000S 专用定时(计数)器的工作模式有哪几种？

(6) 描述 SWM1000S 的 PWM 输出模式的配置方法。

(7) 描述看门狗定时器(WDT)的主要工作模式及配置方法。

第5章　通 信 接 口

学习重点

重点学习通用异步收发传输端口 UART 的特点、基本构成、工作原理、通信协议、中断控制等内容；学习了解 I^2C 总线的特点与配置方法；学习了解 SSI 总线的特点、配置及操作方法。

学习目标

- 掌握通用异步收发传输端口 UART 的通信、中断控制。
- 掌握 I^2C 总线的配置及操作方法。
- 掌握 SSI 总线的配置及操作方法。

通信接口是 ARM 与仿真器通信、下载可执行程序，是实现与其他设备进行信息交互及控制的基本途径。SWM1000S 集成了通用异步收发传输器(UART)、I^2C 总线、同步串行接口 SSI 等通信接口。

5.1　通用异步收发器

通用异步收发传输器(Universal Asynchronous Receiver/Transmitter)，通常称作 UART，是一种通用串行数据总线，用于异步通信。该总线双向通信，可以实现全双工传输和接收。在嵌入式设计中，UART 用来主机与辅助设备通信，如汽车音响与外接 AP 之间的通信，与 PC 机通信，包括与监控调试器和其他器件，是嵌入式系统硬件的一部分。作为由串行通信与并行通信间传输转换，作为并行输入成为串行输出的芯处，通常与其他通信接口集成在一起，具体实物表现为独立的模块化芯片，或作为集成于微处理器中的周边设备。一般与 RS232C 规格的，类似 Maxim 的 MAX232 之类的标准信号幅度变换芯片进行搭配，作为连接外部设备的接口。

因为计算机内部采用并行数据传输，不能直接把数据发到 Modem，必须经过 UART 整理才能进行异步传输，其过程为：CPU 先把准备写入串行设备的数据放到 UART 的寄存器(临时内存块)中，再通过 FIFO(First Input First Output，先入先出队列)传送到串行设备，若是没有 FIFO，信息将变得杂乱无章，不可能传送到 Modem。

需要指出的是，UART 作为用于控制计算机与串行设备的芯片，提供了 RS232C 数据终端设备接口，这样计算机就可以和调制解调器或其他使用 RS232C 接口的串行设备通信了。作为接口的一部分，UART 还提供以下功能：将由计算机内部传送过来的并行数据转换为输出的串行数据流；将计算机外部来的串行数据转换为字节，供计算机内部采用并行数据的器件使用；在输出的串行数据流中加入奇偶校验位，并对从外部接收的数据流进行奇偶校验；在输出数据流中加入启停标记，并从接收数据流中删除启停标记；处理由键盘或鼠标发出的中断信号(键盘和鼠标也是串行设备)；处理计算机与外部串行设备的同步管理问题。有一些比较高档的 UART 还提供输入/输出数据的缓冲区。比较新的 UART 是 16550，它可以在计算机需要处理数据前在其缓冲区内存储 16 字节数据，而通常的 UART 是 8250。现在如果您购买一个内置的调制解调器，此调制解调器内部通常就会有 16550 UART。

在 SWM1000S 中，采用 16C550 型串行接口，它具有完全可编程特性，其主要特点如下。

(1) 独立地发送 FIFO 和接收 FIFO。

(2) FIFO 长度可编程，包括提供传统双缓冲接口的 1 字节深的操作。

(3) FIFO 触发深度可为 1/8、1/4、1/2、3/4 或 7/8。

(4) 可编程的波特率发生器允许速率高达 3.125 Mbps。

(5) 标准的异步通信位：起始位、停止位和奇偶校验位(Parity)。

(6) 检测错误的起始位。

(7) 线中止(Line-break)的产生和检测。

(8) 具有如下的可编程串行接口特性。

① 5、6、7 或 8 个数据位。

② 偶校验、奇校验、黏着或无奇偶校验位的产生/检测。

③ 产生 1 或 2 个停止位。

5.1.1 基本结构

SWM1000S 的 UART 外部结构(接口)如图 5-1 所示，其内部结构如图 5-2 所示，其内部寄存器的主要功能如下。

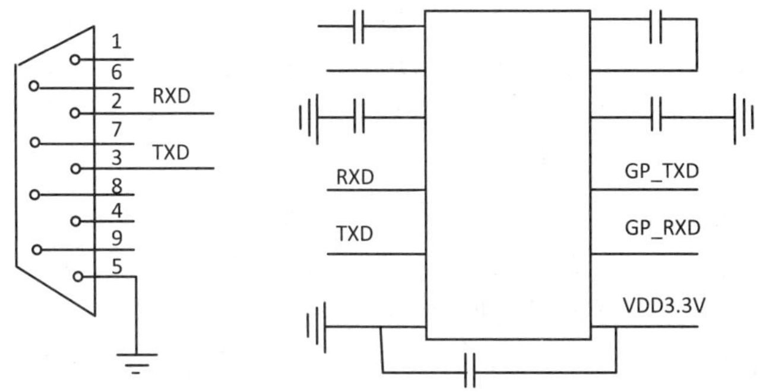

图 5-1　UART 接口示意图

(1) 输出缓冲寄存器：其作用是接收 MCU 从数据总线上送来的并行数据，并加以保存。

(2) 输出移位寄存器：接收从输出缓冲寄存器送来的并行数据，以发送时钟的速率把数据逐位移出，即将并行数据转换为串行数据输出。

(3) 输入移位寄存器：以接收时钟的速率把出现在串行数据输入线上的数据逐位移入，当数据装满后，并行送往输入缓冲寄存器，即将串行数据转换成并行数据。

(4) 输入缓冲寄存器：从输入移位寄存器中接收并行数据，然后由 MCU 取走。

(5) 控制寄存器：接收 MCU 送来的控制字，由控制字的内容决定通信时的传输方式以及数据格式等。例如采用异步方式还是同步方式，数据字符的位数，有无奇偶校验，是奇校验还是偶校验，停止位的位数等参数。

(6) 状态寄存器：存放着接口的各种状态信息，例如输出缓冲区是否空，输入字符是否准备好等。在通信过程中，当符合某种状态时，接口中的状态检测逻辑将状态寄存器的相应位置“1”，以便让 MCU 查询。

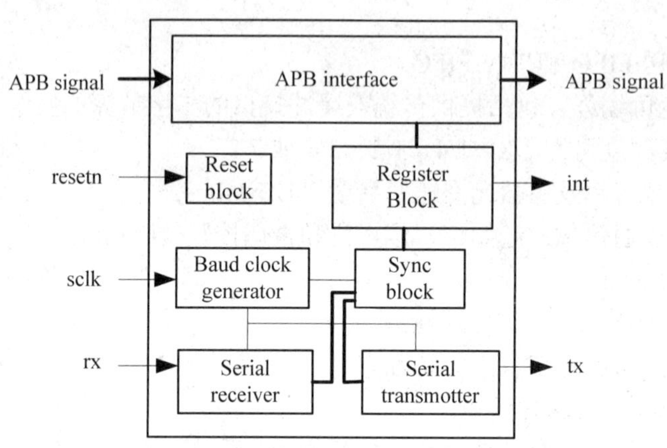

图 5-2　UART 内部结构示意图

5.1.2　UART 的工作原理

1. UART 设计思想

数据发送的思想是，当启动字节发送时，通过 TxD 先发起始位，然后发数据位和奇偶数校验位，最后再发停止位，发送过程由发送状态机控制，每次中断只发送 1 个位，经过若干个定时中断完成 1 个字节帧的发送。数据接收的思想是，当不在字节帧接收过程时，每次定时中断以 3 倍的波特率监视 RxD 的状态，当其连续 3 次采样电平依次为 1、0、0 时，就认为检测到了起始位，则开始启动一次字节帧接收，字节帧接收过程由接收状态机控制，每次中断只接收 1 个位，经过若干个定时中断完成 1 个字节帧的接收。

为了提高串口的性能，在发送和接收上都实现了 FIFO 功能，以提高通信的实时性。FIFO 的长度可以进行自由定义，以满足用户的不同需要。

波特率的计算按照计算公式进行，在设置最高波特率时一定要考虑模拟串口程序代码的执行时间，该定时时间必须大于模拟串口的程序的规定时间。单片机的执行速度越快，则可以实现更高的串口通信速度。

2. FIFO 操作

FIFO 是 First-In First-Out 的缩写，意为“先进先出”，是一种常见的队列操作。Stellaris 系列 ARM 的 UART 模块包含有两个 16 字节的 FIFO：一个用于发送，另一个用于接收。可以将两个 FIFO 分别配置为以不同深度触发中断。可供选择的配置包括：1/8、1/4、1/2、3/4 和 7/8 深度。例如，如果接收 FIFO 选择 1/4，则在 UART 接收到 4 个数据时产生接收中断。

发送 FIFO 的基本工作过程：只要有数据填充到发送 FIFO 里，就会立即启动发送过程。由于发送本身是个相对缓慢的过程，因此在发送的同时其他需要发送的数据还可以继续填充到发送 FIFO 里。当发送 FIFO 被填满时就不能再继续填充了，否则会造成数据丢失，此时只能等待。这个等待并不会很久，以 9600 的波特率为例，等待出现一个空位的时间在 1 ms 上下。发送 FIFO 会按照填入数据的先后顺序把数据一个个发送出去，直到发送 FIFO 全空时为止。已发送完毕的数据会被自动清除，在发送 FIFO 里同时会多出一个空位。

接收 FIFO 的基本工作过程：当硬件逻辑接收到数据时，就会往接收 FIFO 里填充接收到的数据。程序应当及时取走这些数据，数据被取走也是在接收 FIFO 里被自动删除的过程，因此在接收 FIFO 里同时会多出一个空位。如果在接收 FIFO 里的数据未被及时取走而造成接收 FIFO 已满，则以后再接收到数据时会因无空位可以填充而造成数据丢失。

收发 FIFO 主要是为了解决 UART 收发中断过于频繁而导致 CPU 效率不高的问题而引入的。在进行 UART 通信时，中断方式比轮询方式要简便且效率高。但是，如果没有收发 FIFO，则每收发一个数据都要中断处理一次，效率仍然不够高。如果有了收发 FIFO，则可以在连续收发若干个数据(可多至 14 个)后才产生一次中断然后一并处理，这就大大提高了收发效率。

完全不必担心 FIFO 机制可能带来的数据丢失或得不到及时处理的问题，因为它已经帮你想到了收发过程中存在的任何问题，只要在初始化配置 UART 后，就可以放心收发了， FIFO 和中断例程会自动搞定一切。FIFO 示例程序如下，其主要功能是设置 Rx 接收端 FIFO 深度等级，即 Rx 端 FIFO 接收到几个数据字节后触发满中断，触发深度等级可分为：0-不使用 FIFO；1-深度为 1 字节；4-深度为 4 字节；8-深度为 8 字节；14-深度为 14 字节。

```
void UART_SetRXFIFOTL(UART_T * UARTx,uint32_t level)
{
    uint32_t tmp;
    switch(level)
    {
    case 1:
        tmp = 0;    break;
    case 4:
        tmp = 1;    break;
    case 8:
        tmp = 2;    break;
    case 14:
        tmp = 3;    break;
    default:
        tmp = 0;    break;
    }
    UARTx->FCR = ((level != 0) ? 1 : 0) | (3 << 1) | (tmp << 6);
}
```

3. 设置波特率

波特率除数(Baud-rate Divisor)是一个 22 位数，它由 16 位整数和 6 位小数组成。波特率发生器使用这两个值组成的数字来决定位周期。通过带有小数波特率的除法器，在足够高的系统时钟速率下，UART 可以产生所有标准的波特率，而误差很小。波特率设置示例程序如下。

```
void UART_SetBaudrate(UART_T * UARTx,uint32_t baudrate)
{
    UARTx->LCR.DLAB = 1;                       //使能 DLL、DLH 寄存器访问
    UARTx->DLH = (SystemCoreClock/baudrate/16)/256;
    UARTx->DLL = (SystemCoreClock/baudrate/16)%256;
    UARTx->LCR.DLAB = 0;                       //禁止 DLL、DLH 寄存器访问
}
```

设置数据位长度的示例程序如下。

```
void UART_SetDataLen(UART_T * UARTx,uint32_t data_len)
{
    UARTx->LCR.DLEN = data_len;
}
```

4. 数据收发

发送时，数据被写入发送 FIFO。如果 UART 被使能，则会按照预先设置好的参数(波特率、数据位、停止位、校验位等)开始发送数据，一直到发送 FIFO 中没有数据。一旦向发送 FIFO 写数据(如果 FIFO 未空)，UART 的忙标志位 BUSY 就有效，并且在发送数据期间一直保持有效。BUSY 位仅在发送 FIFO 为空，且已从移位寄存器发送最后一个字符，包括停止位时才变成无效。即 UART 不再使能，它也可以指示忙状态。BUSY 位的相关库函数是 UARTBusy( )。

在 UART 接收器空闲时，如果数据输入变成“低电平”，即接收到了起始位，则接收计数器开始运行，并且数据在 Baud16 的第 8 个周期被采样。如果 Rx 在 Baud16 的第 8 周期仍然为低电平，则起始位有效，否则会被认为是错误的起始位并将其忽略。

如果起始位有效，则根据数据字符被编程的长度，在 Baud16 的每第 16 个周期对连续的数据位(即一个位周期之后)进行采样。如果奇偶校验模式使能，则还会检测奇偶校验位。

最后，如果 Rx 为高电平，则有效的停止位被确认，否则发生帧错误。当接收到一个完整的字符时，将数据存放在接收 FIFO 中。数据收发示例程序如下。

```
void UART_WriteByte(UART_T * UARTx,uint8_t byt)  /*发送一个字节数据*/
{
   UARTx->THR = byt;
}
uint8_t UART_ReadByte(UART_T * UARTx) /*读取一个字节数据*/
{
    return UARTx->RBR;
}
void UART_WriteBytes(UART_T * UARTx,char buf[],uint32_t len)
{           /* 发送 len 个字节数据 */
    uint32_t i;
```

```
    if(len > 8)
        return;
    for(i=0;i<len;i++)
    {
        UARTx->THR = buf[i];
    }
}
uint32_t UART_ReadBytes(UART_T * UARTx,char buf[],uint32_t len)
{    /* 发送 len 个字节数据 */
    uint32_t i;
    for(i=0;i<len;i++)
    {
        if(UARTx->LSR.DR == 1)
    {
        buf[i] = UARTx->RBR;
    }
    else
    {
        break;
    }
}
return i;
}
void UART_SetParity(UART_T * UARTx,uint32_t parity)
{  /* 设置校验模式，0-无校验，1-奇校验，2-偶校验 */
    UARTx->LCR.PEN  = parity ? 1 : 0;
    UARTx->LCR.EPS  = (parity == 2) ? 1 : 0;
}
uint32_t UART_GetParity(UART_T * UARTx)
{  /* 获取当前校验模式 */
        uint32_t parity;
       parity = (UARTx->LCR.PEN == 0) ? 0 : ((UARTx->LCR.EPS == 1) ? 2 :
1);
        return parity;
}
```

5.1.3　UART 通信协议

UART 作为异步串口通信协议的一种，工作原理是将传输数据的每个字符一位接一位地传输。由于串行通信的双方是异步的，所以在串行数据的开始和结束处添加了开始和停止位(Start and Stop Bits)，用于对接收的数据进行简单的错误检查。这两位使得通信双方在未共享时钟信号的情况下进行同步。一个完整的串行数据结构被称作一个字符(Character)，如图 5-3 所示。

UART 数据格式中各位的意义如下。

(1)　起始位：先发出一个逻辑“0”的信号，表示传输字符的开始。

(2)　资料位：紧接着起始位之后。资料位的个数可以是 4、5、6、7、8 等，构成一个字符。通常采用 ASCII 码。从最低位开始传送，靠时钟定位。

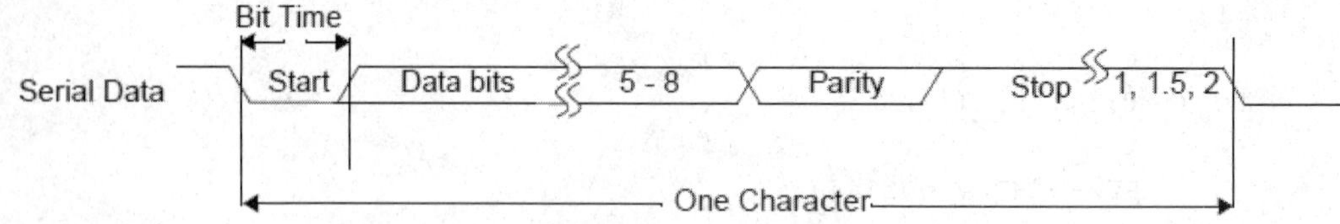

图 5-3　串行数据格式

(3) 奇偶校验位：资料位加上这一位后，使得“1”的位数应为偶数(偶校验)或奇数(奇校验)，以此来校验资料传送的正确性。

(4) 停止位：它是一个字符数据的结束标志。可以是 1 位、1.5 位、2 位的高电平。由于数据是在传输线上定时的，并且每一个设备有其自己的时钟，很可能在通信中两台设备间出现了小小的不同步。因此停止位不仅仅是表示传输的结束，并且提供计算机校正时钟同步的机会。适用于停止位的位数越多，不同时钟同步的容忍程度越大，但是数据传输率同时也越慢。

(5) 空闲位：处于逻辑“1”状态，表示当前线路上没有资料传送。

(6) 波特率：是衡量资料传送速率的指标。表示每秒钟传送的符号数(Symbol)。一个符号代表的信息量(比特数)与符号的阶数有关。例如资料传送速率为 120 字符/秒，传输使用 256 阶符号，每个符号代表 8 bit，则波特率就是 120 baud，比特率是 120×8=960 bit/s。这两者的概念很容易搞错。

UART 通信协议通常是在对 UART 串口进行初始化时制定，包括数据位长度、停止位长度、校验位、波特率、FIFO 触发深度、制定使能等参数。在初始化串口之前，应先把该串口对应的引脚设置为数字外设模式。UART 初始化示例程序如下。

```
void UART_Init(UART_T * UARTx,UART_InitStructure * initStruct)
{
    uint32_t tmp;
    switch((uint32_t)UARTx)
    {
    case ((uint32_t)UART):
        UART->LCR.DLAB = 1;          //使能 DLL、DLH 寄存器访问
        UART->DLH = (SystemCoreClock/initStruct->baudrate/16)/256;
        UART->DLL = (SystemCoreClock/initStruct->baudrate/16)%256;
        UART->LCR.DLAB = 0;          //禁止 DLL、DLH 寄存器访问
        UART->LCR.DLEN = initStruct->data_len;
        UART->LCR.STOP = initStruct->stop_len;
        UART->LCR.PEN  = initStruct->parity ? 1 : 0;
        UART->LCR.EPS  = (initStruct->parity == 2) ? 1 : 0;
        switch(initStruct->rxfifo)
        {
    case 1:
            tmp = 0;    break;
        case 4:
            tmp = 1;    break;
        case 8:
        tmp = 2;    break;
```

```
    case 14:
        tmp = 3;    break;
    default:
        tmp = 1;    break;
    }
  UART->FCR = ((initStruct->rxfifo != 0) ? 1 : 0) | (3 << 1) | (tmp << 6);
  UART->u32IER = initStruct->RBR_IE | (initStruct->THR_IE <<1) |
(initStruct->LSR_IE << 2);      if(initStruct->RBR_IE | initStruct-
>THR_IE | initStruct->LSR_IE)
        {
            NVIC_EnableIRQ(UART_IRQn);
        }
    break;
    }
}
```

设置停止位长度示例程序如下所示。

```
void UART_SetStopLen(UART_T * UARTx,uint32_t stop_len)
{
    UARTx->LCR.STOP = stop_len;
}
```

5.1.4　UART 中断控制

当出现以下情况时，可使 UART 产生中断。

(1) FIFO 溢出错误。

(2) 线中止错误(Line-break，即 Rx 信号一直为 0 的状态，包括校验位和停止位在内)。

(3) 奇偶校验错误。

(4) 帧错误(停止位不为 1)。

(5) 接收超时(接收 FIFO 已有数据但未满，而后续数据长时间不来)。

(6) 发送数据。

(7) 接收数据。

通过如下示例程序，可以获取当前的中断状态，从而确定当前发生的是哪种中断。

```
uint32_t UART_IntCurrent(UART_T * UARTx)
{
    uint32_t int_current;
    switch(UARTx->IIR.INT_ID)
    {
        case 1: int_current = 0;    break;  //无中断
        case 2: int_current = 2;    break;  //发送保持寄存器空中断
        case 4: int_current = 1;    break;  //数据可用中断
        case 6: int_current` = 3;   break;  //线状态(帧错误、校验错误、溢出
                                            //Break 指示)中断
            case 12:int_current = 4;    break;      //字符超时中断
            default:int_current = 0xFFFFFFFF;  break;
```

```
        }
    return int_current;
}
```

由于所有中断事件在发送到中断控制器之前会一起进行“或运算”操作，所以任意时刻 UART 只能向中断产生一个中断请求。通过查询中断状态函数 UARTIntStatus( )，软件可以在同一个中断服务函数里处理多个中断事件(多个并列的 if 语句)。UART 使用前的初始化配置过程如图 5-4 所示。

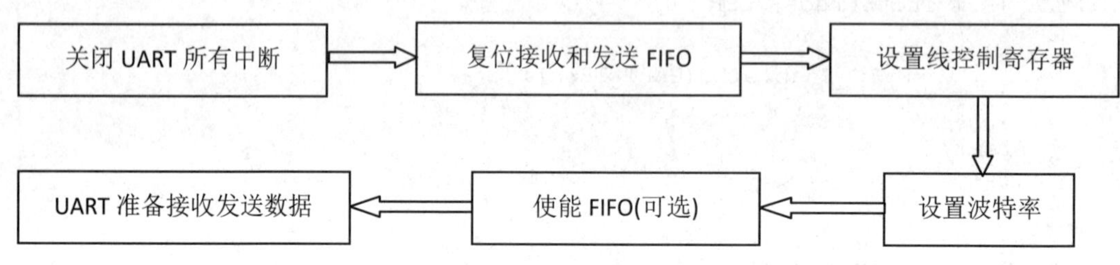

图 5-4　UART 接口配置流程图

5.1.5　寄存器映射

表 5-1 列出了通用异步收发器模块的相关寄存器映射，所列偏移量都是寄存器相对于通用异步收发器基址的十六进制增量，基地址为 0x40003000，UART 接口相关寄存器描述如表 5-2 所示，中断处理表如表 5-3 所示。

表 5-1　UART 寄存器映射

名　称	偏移量	位宽	类型	复位值	描　述
RBR	0x00	32	RO	0x00	接收缓冲寄存器，包含下一个要读取的已接收字符；(LCR bit[7] = 0)
THR		32	WO	0x00	发送保持寄存器，用于写入下一个要发送的字符；(LCR bit[7] = 0)
DLL		32	R/W	0x00	除数锁存(Low)寄存器，存储波特率除数值的最低有效字节；(LCR bit[7] = 1)
DLH	0x04	32	R/W	0x00	除数锁存(High)寄存器，存储波特率除数值的最高有效字节；(LCR bit[7] = 1)
IER		32	R/W	0x00	中断使能寄存器，包含 4 个 UART 中断对应的各个中断的使能位(LCR bit[7] = 0)
IIR	0x08	32	RO	0x01	中断标志寄存器，识别等待处理的中断，以及 FIFO 的状态
FCR		32	WO	0x00	FIFO 控制寄存器，控制 FIFO 的状态及模式
LCR	0x0C	32	R/W	0x00	线控制寄存器，包含数据帧格式控制、波特率除数锁存器的可配置使能，以及一个断点控制位
REVERSED	0x10	—	—	—	保留

续表

名　称	偏移量	位宽	类型	复位值	描　述
LSR	0x14	32	RO	0x60	线状态寄存器，包含发送和接收的状态标志位
REVERSED	0x18～0x78	—	—	—	保留
USR	0x7C	32	RO	0x06	UART 状态寄存器，包含 UART FIFO 状态

表 5-2　UART 寄存器描述

位域	名　称	类型	复位值	描　述
接收缓冲寄存器(RBR)				
31:8	REVERSED	—	—	保留
7:0	RBR	RO	0x00	如果使能 FIFO(FCR[0]置 1)，该寄存器获取接收 FIFO 中最早接收到的字节；如果接收 FIFO 已满并且该寄存器在下一个字节到来之前没有被读取，FIFO 中的数据将被保持，但任何新到来的数据将丢失并产生溢出错误。 如果未使能 FIFO，寄存器在下一个数据到来之前必须被读取，否则旧的数据将被覆盖并产生溢出错误。 该寄存器中的数据只有在 LSR 寄存器 DR 位为 1 的时候有效
发送保持寄存器(THR)				
31:8	REVERSED	—	—	保留
7:0	THR	WO	0x00	如果使能 FIFO(FCR[0]置 1)，在 FIFO 填满之前，X 个字节的数据可被写到 THR。X 的大小由 FIFO 的深度决定。FIFO 满时还继续写数据会导致数据丢失。如果未使能 FIFO，向 THR 写数据将清除 LSR[5]，当 LSR[5]为 0 时，向 THR 写入数据将导致数据被覆盖。所以，数据应该在 LSR[5]被置 1 时写入 THR
除数锁存(LOW)寄存器(DLL)				
31:8	REVERSED	—	—	保留
7:0	LOW	R/W	0x00	除数锁存(Low)寄存器，存储波特率除数值的最低有效字节
除数锁存(HIGH)寄存器(DLH)				
31:8	REVERSED	—	—	保留
7:0	HIGH	R/W	0x00	除数锁存(High)寄存器，存储波特率除数值的最高有效字节
中断使能寄存器(IER)				
31:8	REVERSED	—	—	保留
7	PTIME	R/W	0x00	可编程发送保持寄存器空中断模式使能用于使能或禁用发送保持寄存器空的中断。(中断判断条件 FIFO LEVEL>TX Empty Trigger。同时线状态 THRE 由指示发送 FIFO 空转换为指示发送 FIFO 满。)0 = 禁用；1 = 使能

续表

位域	名　称	类型	复位值	描　述
6:3	REVERSED	—	—	保留
2	ELS	R/W	0x00	该位用于使能或禁用接收线状态中断。 0＝ 禁用；1＝ 使能
1	ETBEI	R/W	0x00	该位用于使能或禁用发送保持寄存器空中断 0＝ 禁用；1＝ 使能
0	ERBFI	R/W	0x00	该位用于使能或禁用接收数据可用中断 0＝ 禁用；1＝ 使能
中断标志寄存器(IIR)				
31:8	REVERSED	—	—	保留
7:6	RBR	RO	0x00	该位用于指示 FIFO 使能或禁用 00=禁用；11=使能
5:4	REVERSED	—	—	保留
3:0	中断标志	RO	0x0	中断标志，详细信息见中断处理表： 0001=无中断；0010=发送保持寄存器空 0100=接收数据可用；0110=接收线状态 0111=忙监测(未使用)；1100 =字符超时 IIR[3]指示只有在 FIFO 使能时才能触发的中断
FIFO 控制寄存器(FCR)				
31:8	REVERSED	—	—	保留
7:6	RBR	RO	0x00	如果使能 FIFO(FCR[0]置 1)，该寄存器获取接收 FIFO 中最早接收到的字节；如果接收 FIFO 已满并且该寄存器在下一个字节到来之前没有被读取，FIFO 中的数据将被保持，但任何新到来的数据将丢失并产生溢出错误。 如果未使能 FIFO，寄存器在下一个数据到来之前必须被读取，否则旧的数据将被覆盖并产生溢出错误。 该寄存器中的数据只有在 LSR 寄存器 DR 位为 1 的时候有效
5:4	发送空触发	WO	0x00	这两个位决定了接收 UART TX FIFO 在激活中断前剩余的字符数量。 00=FIFO 空；01=2 个字节；10=4 个字节；11=8 个字节
3	REVERSED	—	—	保留
2	TX FIFO 复位	WO	0x00	0：对两个 UART FIFO 均无影响；1：写 1 到 FCR[1]将会清零 UART Rx FIFO 中的所有字节，并复位控制器部分和指针逻辑，该位自动清零
1	RX FIFO 复位	WO	0x00	0：对两个 UART FIFO 均无影响；1：写 1 到 FCR[1]将会清零 UART Rx FIFO 中的所有字节，并复位控制器部分和指针逻辑，该位自动清零
0	FIFO 使能	WO	0x00	该位使能或禁用发送和接收 FIFO。当该位的值改变时，FIFO 的控制器部分将被复位

续表

位域	名　称	类型	复位值	描　述
线控制寄存器(LCR)				
31:8	REVERSED	—	—	保留
7	DLAB	R/W	0x00	除数锁存读写使能位，任意时刻可读，UART 为非忙状态(USR[0] = 0)时可写。该位用于使能除数锁存寄存器(DLL 和 DLH)读写功能。 当该位置 1 时，DLL 和 DLH 寄存器可读写。设置波特率完成后，该位必须被清零，以保证其他寄存器访问的正确性
6	BC	R/W	0x00	间隔控制：0=禁用间隔传输 1=当被置为 1 时，强行使串行输出为逻辑 0
5	REVERSED	—	—	保留
4	EPS	R/W	0x00	奇偶校验选择：0 = 选择奇校验；1=选择偶校验
3	PEN	R/W	0x00	校验使能：0=校验禁用；1=校验使能
2	STOP	R/W	0x00	停止位设置：0=1 bit 停止位； 1=当 LCR[1:0]为 0 时是 1.5 bits，否则为 2 bits
1:0	DLS	R/W	0x00	字长度设置：00=5 bits；01=6 bits 10=7 bits；11=8 bits
线状态寄存器(LSR)				
31:8	REVERSED	—	—	保留
7	RFE	RO	0x00	接收 FIFO 错误位： 当一个带有 RX 错误(如帧错误、校验错误或间隔中断)的字符载入到 RBR 时，LSR[7]就会被置位。当 U0LSR 寄存器被读取并且 UART FIFO 中不再有错误时，该位就会被清零。 0 = RBR 中没有 UART RX 错误或 FCR[0]=0 1 = RBR 包含至少一个 UART RX 错误
6	TEMT	RO	0x01	发送器空：当 THR 和 TSR 同时为空时，TEMT 就会被设置；而当 TSR 或 THR 任意一个包含有效数据时，TEMT 就会被清零。 0 = THR 和/或发送移位寄存器包含有效数据 1 = THR 和发送移位寄存器为空
5	THRE	RO	0x00	发送保持寄存器空：当检测到 UART THR 已空时，THRE 就会立即被设置。写 THR 会清零 THRE。 0 = THR 包含有效数据；1 = THR 为空
4	BI	RO	0x00	间隔中断：当串行输入线保持在逻辑 0 状态的时间大于开始+数据+校验+停止的时间的总和的时候，该位被置 1。读 LSR 清除该位。 0 = 无间隔中断；1 = 间隔中断

续表

位域	名 称	类型	复位值	描 述
3	FE	RO	0x00	帧错误：当接收字符的停止位为逻辑 0 时，就会发生帧错误。使能 FIFO 时，当一个有帧错误的字符在 FIFO 顶时，该位被置位。当检测到有帧错误时，RX 会尝试与数据重新同步，并假设错误的停止位实际是一个超前的起始位。但即使没有出现帧错误，它也无法假设下一个接收到的字符是正确的。读 LSR 清除该位。0 = 无帧错误；1 = 帧错误
2	PE	RO	0x00	校验错误：使能 FIFO 时，当一个有校验错误的字符到达 FIFO 顶时，该位被置位。当有间隔中断发生时，该位被置位。读 LSR 清除该位。 0 = 无校验错误；1 = 校验错误
1	OE	RO	0x00	溢出错误：一旦发生错误，就设置溢出错误条件。读 LSR 会清零 LSR[1]。当 UART 接收移位寄存器已有新的字符就绪，而 UART RBR FIFO 已满时 LSR[1]会置位。此时，UART 接收 FIFO 将不会被覆盖，UART 接收移位寄存器内的字符将会丢失 0 = 无溢出错误；1 = 溢出错误
0	DR	RO	0x00	接收数据就绪：用于指示接收缓冲寄存器或接收 FIFO 中至少有一个字符。0 = 无数据准备好；1 = 数据准备好。在 FIFO 禁用时，读取 RBR 或 FIFO 使能时，FIFO 空会清除该位
UART 状态寄存器(USR)				
31:1	REVERSED	—	—	保留
7:0	BUSY	RO	0x00	该位用于指示 UART 是否处在忙或者空闲状态。 00 = UART 空闲或不活跃；11 = UART 忙

表 5-3 中断处理表

中断标志				优 先 级	中断类型	中 断 源	中断复位
Bit3	Bit2	Bit1	Bit0				
0	0	0	1	无	无	无	无
0	1	1	0	最高	接收线状态	溢出/校验/帧错误或间隔中断	读线状态寄存器
0	1	0	0	其次	接收数据可用	接收数据可用	读接收缓冲寄存器
1	1	0	0	其次	字符超时	RX FIFO 中至少有一个字符，并且在最近的 4 个字符时间内没有字节输入/输出	读接收缓冲寄存器
0	0	1	0	第三	发送保持寄存器空	发送保持寄存器空	读 IIR 寄存器或写 THR 寄存器
0	1	1	1	第四	忙监测	在 UART 忙时(USR[0]被置 1)写线控制寄存器	读 UART 状态寄存器

5.2　I^2C 总线

SWM1000S 提供了内部集成电路(I^2C)总线接口模块，它通过采用两线设计(串行数据线 SDA 和串行时钟线 SCL)，提供双向的数据传输，可应用于串行存储器(RAM 和 ROM)、网络设备、LCD、音频发生器等外部 I^2C 设备。该总线具有以下特点。

(1)　包括串行数据线 SDA 和串行时钟线 SCL。

(2)　具有以下三种传输速率。

①　标准速率(100 Kbps)。

②　快速速率(400 Kbps)。

③　高速速率(1 Mbps)。

(3)　同步时钟。

(4)　可指定主机或从机。

(5)　7 位或 10 位地址模式。

(6)　发送和接收缓冲器。

(7)　中断或轮询模式选择。

(8)　多主机仲裁。

5.2.1　I^2C 总线功能概述

I^2C 总线仅使用两个信号：SDA 和 SCL，这两个信号被称为 I^2CSDA 和 I^2CSCL。SDA 是双向串行数据线，SCL 是双向串行时钟线。当 SDA 和 SCL 线都为高电平时，总线处于空闲状态。

1. 起始和停止条件

I^2C 总线协议定义了两种状态来开始和结束数据传输的起始和停止。当 SCL 为高电平时，SDA 线上由高到低的跳变被定义为起始条件，由低到高的跳变被定义为停止条件。总线在起始条件之后被视为忙状态，在停止条件之后被视为空闲(Free)状态，如图 5-5 所示。

图 5-5　I^2C 协议起始及终止位定义

2. 数据格式

I^2C 总线带 7 位地址的数据格式如图 5-6 所示。

其中：S 为起始条件；$\overline{\text{ACK}}$ 为确认信号；R/W 为报文方向。

I^2C 总线带 10 位地址的数据格式如图 5-7 所示。

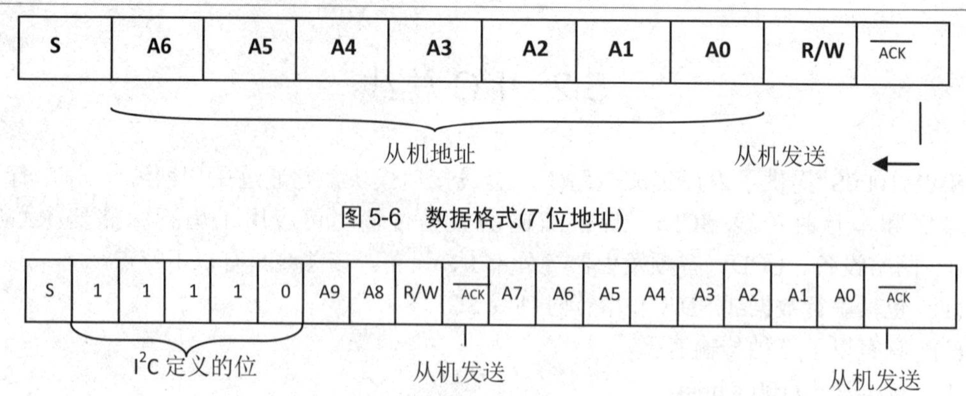

图 5-6　数据格式(7 位地址)

图 5-7　数据格式(10 位地址)

其中：S 为起始条件；$\overline{\text{ACK}}$ 为确认信号；R/W 为报文方向。

第一个字节中 I²C 定义的位如表 5-4 所示。

表 5-4　第一个字节中 I²C 定义的位

从机地址	R/W 位	描　述
0000 000	0	广播寻址
0000 000	1	开始字节
0000 001	X	CBUS 地址
0000 010	X	保留
0000 011	X	保留
0000 1xx	X	高速主机代码
1111 1xx	X	保留
1111 0xx	X	10 位从机地址

3. 数据有效性

在时钟的高电平周期期间，SDA 线上的数据必须保持稳定，数据线仅可在时钟 SCL 为低电平时改变。图 5-8 所示为在 I²C 总线的位传输过程中的数据有效性的示意图。

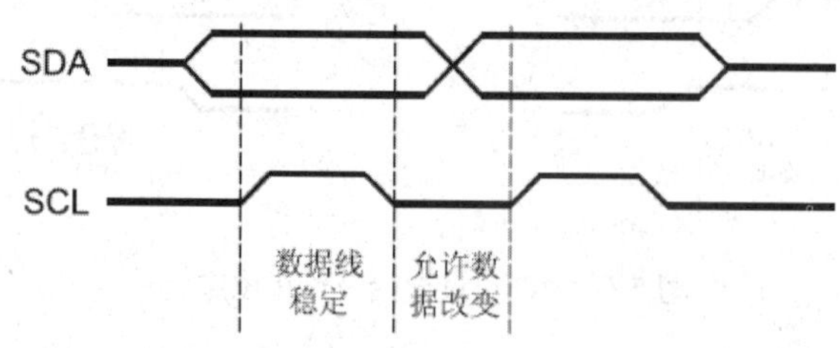

图 5-8　I²C 总线数据有效性示意图

4. 应答

所有总线传输都带有所需的应答时钟周期，该时钟周期由主机产生。发送器(可以是主机或从机)在应答周期过程中释放 SDA 线。为了应答传输，接收器必须在应答时钟周期过程中拉低 SDA。接收器在应答周期过程中发出的数据必须符合“数据有效性”。

5. 仲裁

只有在总线空闲时，主机才可以启动传输。在起始条件的最少保持时间内，两个或两个以上的主机都有可能产生起始条件。在这些情况下，当 SCL 为高电平时仲裁机制在 SDA 线上产生。在仲裁过程中，第一个竞争的主机器件在 SDA 上设置“1”(高电平)，而另一个主机发送“0”(低电平)将关闭其数据输出阶段并退出直至总线再次空闲。

6. 中断

I^2C 也可以用来产生中断控制，当观察到下列条件时，I^2C 产生中断。

(1) 主机传输开始。

(2) 主机传输错误。

(3) 主机传输结束。

(4) 接收 FIFO 满。

(5) 发送 FIFO 空。

5.2.2 I^2C 总线的初始化配置

I^2C 总线在使用过程中，具有主机、从机之分，因此，I^2C 总线的初始化及配置也有主从之分，其配置过程如下。

1. 配置设备为主机

(1) CON 寄存器 bit 6 SLAVE_DISABLE 位设置为 1。

(2) 同时 bit 0 位 MASTER_MODE 设置为 1。

2. 配置设备为从机

(1) CON 寄存器 bit 6 SLAVE_DISABLE 位设置为 0。

(2) 同时 bit 0 位 MASTER_MODE 设置为 0。

3. 配置主机地址长度

CON 寄存器 bit 4 10BITADDR_M 位。

(1) 设置为 0 则主机地址长度为 7 bit。

(2) 设置为 1 则主机地址长度为 10bit。

4. 配置从机地址长度

CON 寄存器 bit 3 10BITADDR_S 位。

(1) 设置为 0 则主机地址长度为 7bit。

(2) 设置为 1 则主机地址长度为 10bit。

5. 配置传输速率为标准速率(100 kbps)

CON 寄存器 bit 1 和 2 SPEED 位。设置为 0x1 则主机速率为 100 kbps。

6. 配置传输速率为快速速率(400 kbps)

CON 寄存器 bit 1 和 2 SPEED 位。设置为 0x2 则主机速率为 400 kbps。

7. 配置从机地址

SAR 寄存器 bit 0 到 bit 9。设置 7 位或者 10 位的从机地址(作为从机有效)。

8. 配置发送模式

TAR 寄存器 bit 10 到 bit 11。

(1) 设置为 0x0 则正常发送 TAR 中的目标地址。

(2) 设置为 0x2 则发送一个广播。

(3) 设置为 0x3 则发送开始字节。

9. 配置目标地址

TAR 寄存器 bit 0 到 bit 9。设置 7 位或 10 位的目标地址作为将要发送的从机地址。

5.2.3 寄存器映射

表 5-5 所示为 I^2C 模块的相关寄存器映射，所列偏移量都是寄存器相对于 I^2C 模块基址的十六进制增量(基地址为 0x40005000)。I^2C 总线寄存器描述如表 5-6 所示。

表 5-5 I^2C 总线寄存器映射

名 称	偏移量	位宽	类型	复位值	描 述
CON	0x00	7	R/W	0x43	I^2C 控制寄存器
TAR	0x04	12	R/W	0x55	I^2C 目标地址寄存器
SAR	0x08	10	R/W	0x55	I^2C 从机地址寄存器
HS_MADDR	0x0C	3	R/W	0x1	I^2C 高速主机模式代码地址寄存器
DATA_CMD	0x10	9	R/W	0x0	I^2C 数据缓存和命令寄存器
SS_SCL_HCNT	0x14	16	R/W	0x0190	标准速率 I^2C clock 高电平计数寄存器
SS_SCL_LCNT	0x18	16	R/W	0x01d6	标准速率 I^2C clock 低电平计数寄存器
FS_SCL_HCNT	0x1C	16	R/W	0x003c	快速速率 I^2C clock 高电平计数寄存器
FS_SCL_LCNT	0x20	16	R/W	0x0082	快速速率 I^2C clock 低电平计数寄存器
HS_SCL_HCNT	0x24	16	R/W	0x006	高速速率 I^2C clock 高电平计数寄存器
HS_SCL_LCNT	0x28	16	R/W	0x0010	高速速率 I^2C clock 低电平计数寄存器
INTR_STAT	0x2C	12	RO	0x0	I^2C 中断状态寄存器
INTR_MASK	0x30	12	R/W	0x8ff	I^2C 中断屏蔽寄存器
SAW_INTR_STAT	0x34	12	RO	0x0	I^2C 原中断状态寄存器
RX_TL	0x38	8	R/W	0x0	I^2C 接收 FIFO 阈值寄存器
TX_TL	0x3C	8	R/W	0x0	I^2C 发送 FIFO 阈值寄存器
CLR_INTR	0x40	1	RO	0x0	清除组合和单个中断寄存器
CLR_RX_UNDER	0x44	1	RO	0x0	清除 RX_UNDER 中断寄存器

续表

名　称	偏 移 量	位宽	类型	复位值	描　述
CLR_RX_OVER	0x48	1	RO	0x0	清除 RX_OVER 中断寄存器
CLR_TX_OVER	0x4C	1	RO	0x0	清除 TX_OVER 中断寄存器
CLR_RD_REQ	0x50	1	RO	0x0	清除 RD_REQ 中断寄存器
CLR_TX_ABRT	0x54	1	RO	0x0	清除 TX_ABRT 中断寄存器
CLR_RX_DONE	0x58	1	RO	0x0	清除 RX_DONE 中断寄存器
CLR_ACTIVITY	0x5C	1	RO	0x0	清除 ACRIVITY 中断寄存器
CLR_STOP_DET	0x60	1	RO	0x0	清除 STOP_DET 中断寄存器
CLR_START_DET	0x64	1	RO	0x0	清除 START_DET 中断寄存器
CLR_GEN_CALL	0x68	1	RO	0x0	清除 GEN_CALL 中断寄存器
ENABLE	0x6C	1	R/W	0x0	I^{2}C 使能寄存器
STATUS	0x70	7	RO	0x6	I^{2}C 状态寄存器
TXFLR	0x74		RO	0x0	I^{2}C 发送 FIFO 数量寄存器
RXFLR	0x78		RO	0x0	I^{2}C 接收 FIFO 数量寄存器
SDA_HOLD	0x7C	16	R/W	0x3	I^{2}C SDA 保持时间长度寄存器
TX_ABRT_SOURCE	0x80	16	RO	0x0	I^{2}C 发送失败原因寄存器
SLV_DATA_NACK_ONLY	0x84	1	R/W	0x0	产生从机 NACK 寄存器
REVERSED	0x88～0x90	—	—	—	保留
SDA_SETUP	0x94	8	R/W	0x64	I^{2}C SDA 设置寄存器
ACK_GENERAL_CALL	0x98	1	R/W	0x1	I^{2}C 广播 ACK 寄存器
ENABLE_STATUS	0x9C	3	RO	0x0	I^{2}C 使能状态寄存器

表 5-6　I^{2}C 总线寄存器描述

位　域	名　称	类　型	复位值	描　述
I^{2}C 控制寄存器(CON)				
31:7	REVERSED	—	—	保留
6	SLAVE_DISABLE	R/W	1	这一位控制 I^{2}C 从机使能，如果这一位设置为 0，则此设备会被当成从机。如果设置为 0，此寄存器第 0 位也必须设置为 0。0：从机使能；1：从机禁止
5	RESTART_EN	R/W	0	复位使能：0，禁能；1，使能 当该位被禁能时，主模块无法实现如下操作： 1. 发送开始位；2. 实现高速模式操作；在混合模式时改变方向；以 10 位地址格式执行读操作
4	10BITADDR_MASTER	R/W	0	当 I^{2}C 为主机时，这一位控制发送地址时为 7 位或者 10 位地址模式。0：7 位地址模式；1：10 位地址模式

续表

位 域	名 称	类 型	复位值	描 述
3	10BITADDR_SLAVE	R/W	0	当 I^2C 为从机时，这一位控制 I^2C 应答 7 位或 10 位地址模式。 0：7 位地址模式，忽略处理 10 位地址，7 位地址只用 IC_SAR 寄存器的低 7 位进行对比；1：10 位地址模式
2:1	SPEED	R/W	1	这几位控制 I^2C 速率的选择。硬件保护通过软件编程修改的值不为非法值。1：标准速率模式(100 kbps)；2：快速速率模式(400 kbps)；3：高速速率模式(3.4 Mbps)
0	MASTER_MODE	R/W	1	这一位控制 I^2C 主机使能，当这一位设置为 1 时，此寄存器第 6 位必须设置为 1。0：主机禁止；1：主机使能
I^2C 目标地址寄存器(TAR)				
31:12	REVERSED	—	—	保留
11	SPECIAL	R/W	0	指示软件执行一个广播或者开始字节命令 0：忽略第 10 位 GC_OR_START，正常使用寄存器 TAR；1：执行在 GC_OR_START 位设置的特殊 I^2C 命令
10	GC_OR_START	R/W	0	如果第 11 位设置为 1，则执行此位。0：广播地址——在广播发出之后，只可以写操作。如果发送了读命令，将会设置 RAW_INTR_STAT 寄存器的第 6 位(TX_ABRT)。1：开始字节
9:0	TAR	R/W	0x55	设置目标地址。当发送一个广播时，忽略这些位。产生一个开始字节 CPU，只需要写一次到这些位。如果是 7 位地址模式，只需写低 7 位
I^2C 从机地址寄存器(SAR)				
31:10	REVERSED	—	—	保留
9:0	SAR	R/W	0x55	当 I^2C 为从机时，这些位保存从机地址，如果是 7 位地址模式，只需用低 7 位保存
I^2C 高速主机模式代码地址寄存器(HS_MADDR)				
31:3	REVERSED	—	—	保留
2:0	HS_MAR	R/W	0x1	设置高速主机总线地址，范围为 0 至 7
I^2C 数据缓存和命令寄存器(DATA_CMD)				
31:9	REVERSED	—	—	保留
8	CMD	WO	0	这一位控制执行读或写。如果设备为从机时，控制这一位是无效的。1：读；0：写
7:0	DAT	R/W	0	这些位是接收或发送的数据，当正在写这个寄存器的时候，如果执行一个读，I^2C 就会忽略读。当执行读命令，读这个寄存器的时候，这些位返回接收到的数据

续表

位　域	名　称	类　型	复位值	描　述
标准速率 I^2C clock 高电平计数寄存器(SS_SCL_HCNT)				
31:16	REVERSED	—	—	保留
15:0	SS_SCL_HCNT	R/W	0x0190	这些位必须在 I^2C 总线执行正确的 IO 时序之前设置。用以设置标准速率下 SCL 时钟高电平周期计数值。这个寄存器只有在 I^2C 设备禁止(ENABLE 寄存器设置为 0)时才可以写入，其他时候写入都是无效的。它的最小有效值为 6
标准速率 I^2C clock 低电平计数寄存器(SS_SCL_LCNT)				
31:16	REVERSED	—	—	保留
15:0	SS_SCL_LCNT	R/W	0x01d6	这些位必须在 I^2C 总线执行正确的 IO 时序之前设置。用以设置标准速率下 SCL 时钟低电平周期计数值。这个寄存器只有在 I^2C 设备禁止(ENABLE 寄存器设置为 0)时才可以写入，其他时候写入都是无效的。它的最小有效值为 8
快速速率 I^2C clock 高电平计数寄存器(FS_SCL_HCNT)				
31:16	REVERSED	—	—	保留
15:0	FS_SCL_HCNT	R/W	0x003c	这些位必须在 I^2C 总线执行正确的 IO 时序之前设置。用以设置快速速率下 SCL 时钟高电平周期计数值。这个寄存器只有在 I^2C 设备禁止(ENABLE 寄存器设置为 0)时才可以写入，其他时候写入都是无效的。它的最小有效值为 6
快速速率 I^2C clock 低电平计数寄存器(FS_SCL_LCNT)				
31:16	REVERSED	—	—	保留
15:0	FS_SCL_LCNT	R/W	0x0082	这些位必须在 I^2C 总线执行正确的 IO 时序之前设置。用以设置快速速率下 SCL 时钟低电平周期计数值。这个寄存器只有在 I^2C 设备禁止(ENABLE 寄存器设置为 0)时才可以写入，其他时候写入都是无效的。它的最小有效值为 8
高速速率 I^2C clock 高电平计数寄存器(HS_SCL_LCNT)				
31:16	REVERSED	—	—	保留
15:0	HS_SCL_HCNT	R/W	0x006	这些位必须在 I^2C 总线执行正确的 IO 时序之前设置。用以设置高速速率下 SCL 时钟高电平周期计数值。这个寄存器只有在 I^2C 设备禁止(ENABLE 寄存器设置为 0)时才可以写入，其他时候写入都是无效的。它的最小有效值为 6

续表

位 域	名 称	类 型	复位值	描 述
高速速率 I²C clock 低电平计数寄存器(HS_SCL_LCNT)				
31:16	REVERSED	—	—	保留
15:0	HS_SCL_LCNT	R/W	0x0010	这些位必须在 I²C 总线执行正确的 IO 时序之前设置。用以设置高速速率下 SCL 时钟低电平周期计数值。这个寄存器只有在 I²C 设备禁止(ENABLE 寄存器设置为 0)时才可以写入，其他时候写入都是无效的。它的最小有效值为 8
I²C 中断状态寄存器(INTR_STAT)				
31:12	REVERSED	—	—	保留
11	R_GEN_CALL	RO	0	表示寄存器 RAW_INTR_STAT 中对应中断位状态： 0：中断未触发 1：中断触发
10	R_START_DET	RO	0	
9	R_STOP_DET	RO	0	
8	R_ACTIVITY	RO	0	
7	R_RX_DONE	RO	0	
6	R_TX_ABRT	RO	0	
5	R_RD_REQ	RO	0	
4	R_TX_EMPTY	RO	0	
3	R_TX_OVER	RO	0	
2	R_RX_FULL	RO	0	
1	R_RX_OVER	RO	0	
0	R_RX_UNDER	RO	0	
I²C 中断屏蔽寄存器(INTR_MASK)				
31:12	REVERSED	—	—	保留
11	M_GEN_CALL	R/W	1	对应屏蔽 INTR_STAT 寄存器中的中断状态。 0：屏蔽中断 1：不屏蔽中断
10	M_START_DET	R/W	1	
9	M_STOP_DET	R/W	1	
8	M_ACTIVITY	R/W	1	
7	M_RX_DONE	R/W	1	
6	M_TX_ABRT	R/W	1	
5	M_RD_REQ	R/W	1	
4	M_TX_EMPTY	R/W	1	
3	M_TX_OVER	R/W	1	
2	M_RX_FULL	R/W	1	
1	M_RX_OVER	R/W	1	
0	M_RX_UNDER	R/W	1	

续表

位　域	名　称	类　型	复位值	描　述
I²C 原中断状态寄存器(RAW_INTR_STAT)				
31:12	REVERSED	—	—	保留
11	GEN_CALL	RO	0	只有当接收到一个广播地址并且是已被确认的时候这一位被置位
10	START_DET	RO	0	指示一个开始或者重新启动条件产生
9	STOP_DET	RO	0	指示一个结束条件产生
8	ACTIVITY	RO	0	获得 I²C 模块活动和停止的状态
7	RX_DONE	RO	0	当 I²C 模块为从机发送模式，如果主机不确认发送的字节，这一位设置为 1
6	TX_ABRT	RO	0	这一位指示如果 I²C 模块是一个发送者(主机发送模式和从机发送模式)，并且无法在发送缓冲区中完成预计的动作。当这一位为 1 时，读 TX_ABRT_SOURCE 寄存器，将会得到产生此中断的原因
5	RD_REQ	RO	0	当 I²C 模块作为从机并且另一个 I²C 主机试图从 I²C 模块读取数据，这一位变为 1。I²C 总线保持在等待状态(SCL=0)，直到这个中断发生
4	TX_EMPTY	RO	0	当发送缓冲区是处于或者在 TX_TL 寄存器设置的阈值之下，这一位变为 1。当缓冲区级别在阈值之上，硬件自动清除这一位
3	TX_OVER	RO	0	在发送期间如果发送缓冲区已满，并且处理器尝试发送另一个 I²C 命令去写 DATA_CMD 寄存器时，这一位变为 1
2	RX_FULL	RO	0	当接收缓冲区达到或者超过 RX_TL 寄存器中设置的阈值，这一位变为 1。当缓冲区级别在阈值之下，硬件自动清除这一位
1	RX_OVER	RO	0	如果接收缓冲区全满，并且从外部 I²C 设备接收了一个额外的字节，这一位变为 1
0	RX_UNDER	RO	0	当接收缓冲区为空时，如果处理器试图读 DATA_CMD 寄存器，这一位变为 1
I²C 接收 FIFO 阈值寄存器(RX_TL)				
31:3	REVERSED	—	—	保留
2:0	RX_TL	R/W	0	接收 FIFO 阈值 控制触发 RX_FULL 中断的阈值，范围是 0～7
I²C 发送 FIFO 阈值寄存器(TX_TL)				
31:3	REVERSED	—	—	保留
2:0	TX_TL	R/W	0	发送 FIFO 阈值 控制触发 TX_EMPTY 中断阈值，范围是 0～7

续表

位域	名称	类型	复位值	描述
清除组合和单个中断寄存器(CLR_INTR)				
31:1	REVERSED	—	—	保留
0	CLR_INTR	RO	0	读此寄存器将清除组合中断、所有中断和 TX_ABRT_SOURCE 寄存器
清除 RX_UNDER 中断寄存器(CLR_RX_UNDER)				
31:1	REVERSED	—	—	保留
0	CLR_RX_UNDER	RO	0	读此寄存器将清除 RAW_INTR_STAT 寄存器中的 RX_UNDER 中断
清除 RX_OVER 中断寄存器(CLR_RX_OVER)				
31:1	REVERSED	—	—	保留
0	CLR_RX_OVER	RO	0	读此寄存器将清除 RAW_INTR_STAT 寄存器中的 RX_OVER 中断
清除 TX_OVER 中断寄存器(CLR_TX_OVER)				
31:1	REVERSED	—	—	保留
0	CLR_TX_OVER	RO	0	读此寄存器将清除 RAW_INTR_STAT 寄存器中的 TX_OVER 中断
清除 RD_REQ 中断寄存器(CLR_RD_REQ)				
31:1	REVERSED	—	—	保留
0	CLR_RD_REQ	RO	0	读此寄存器将清除 RAW_INTR_STAT 寄存器中的 RD_REQ 中断
清除 TX_ABRT 中断寄存器(CLR_TX_ABRT)				
31:1	REVERSED	—	—	保留
0	CLR_TX_ABRT	RO	0	读此寄存器将清除 RAW_INTR_STAT 寄存器中的 TX_ABRT 中断
清除 RX_DONE 中断寄存器(CLR_RX_DONE)				
31:1	REVERSED	—	—	保留
0	CLR_RX_DONE	RO	0	读此寄存器将清除 RAW_INTR_STAT 寄存器中的 RX_DONE 中断
清除 ACTIVITY 中断寄存器(CLR_ACTIVITY)				
31:1	REVERSED	—	—	保留
0	CLR_ACTIVITY	RO	0	读此寄存器将清除 RAW_INTR_STAT 寄存器中的 ACTIVITY 中断
清除 STOP_DET 中断寄存器(CLR_STOP_DET)				
31:1	REVERSED	—	—	保留
0	CLR_STOP_DET	RO	0	读此寄存器将清除 RAW_INTR_STAT 寄存器中的 STOP_DET 中断

续表

位 域	名 称	类 型	复位值	描 述
清除 START_DET 中断寄存器(CLR_START_DET)				
31:1	REVERSED	—	—	保留
0	CLR_START_DET	RO	0	读此寄存器将清除 RAW_INTR_STAT 寄存器中的 START_DET 中断
清除 GEN_CALL 中断寄存器(CLR_GEN_CALL)				
31:1	REVERSED	—	—	保留
0	CLR_GEN_CALL	RO	0	读此寄存器将清除 RAW_INTR_STAT 寄存器中的 GEN_CALL 中断
I^2C 使能寄存器(ENABLE)				
31:1	REVERSED	—	—	保留
0	ENABLE	R/W	0	控制 I^2C 模块是否使能：0：禁止 I^2C 模块(在擦除状态下 TX 和 RX 的 FIFO 是保留的)；1：使能 I^2C 模块
I^2C 发送 FIFO 数量寄存器(TXFLR)				
31:3	REVERSED	—	—	保留
2:0	ENABLE	RO	0	发送 FIFO 层数。在发送 FIFO 中包含的有效的数据项个数
I^2C 接收 FIFO 数量寄存器(RXFLR)				
31:3	REVERSED	—	—	保留
2:0	RXFLR	RO	0	接收 FIFO 层数。在接收 FIFO 中包含的有效的数据项个数
I^2C 状态寄存器(STATUS)				
31:7	REVERSED	—	—	保留
6	SLV_ACTIVITY	RO	0	从机有限状态机活动状态。当从机有限状态机是不活动的状态，这一位被设置。 0：从机有限状态机是空闲状态，因此 I^2C 从机是不活动的；1：从机有限状态机是不空闲状态，因此 I^2C 从机是活动的
5	MST_ACTIVITY	RO	0	主机有限状态机活动状态。当主机有限状态机是不活动的状态，这一位被设置。 0：主机有限状态机是空闲状态，因此 I^2C 主机是不活动的；1：主机有限状态机是不空闲状态，因此 I^2C 主机是活动的
4	RFF	RO	0	接收 FIFO 全满，当接收 FIFO 全满时，这一位变为 1。如果接收 FIFO 包含一个或多个空位，这一位自动被清除。 0：接收 FIFO 不满；1：接收 FIFO 满

续表

位 域	名 称	类 型	复位值	描 述
3	RFNE	RO	0	接收 FIFO 不空，当接收 FIFO 包含一个或多个空位时，这一位变为 1。当接收 FIFO 为空时，这一位自动清除。 0：接收 FIFO 为空；1：接收 FIFO 不为空
2	TFE	RO	1	发送 FIFO 全空，当发送 FIFO 是全空时，这一位变为 1。当发送 FIFO 包含一个或者多个有效项时，这一位自动清除。 0：发送 FIFO 不为空；1：发送 FIFO 为空
1	TFNF	RO	1	发送 FIFO 不满，当发送 FIFO 包含一个或多个空位时，这一位变为 1。当 FIFO 为满时，这一位自动清除。 0：发送 FIFO 为满；1：发送 FIFO 不为满
0	ACTIVITY	RO	0	I^2C 活动状态
I^2C SDA 保持时间长度寄存器(SDA_HOLD)				
31:16	REVERSED	—	—	保留
15:0	IC_SDA_HOLD	R/W	0x3	设置在时钟周期上规定的 SDA 保持时间
产生从机 NACK 寄存器(SLV_DATA_NACK_ONLY)				
31:1	REVERSED	—	—	保留
0	NACK	R/W	0	产生 NACK：NACK 的产生仅出现在 I^2C 是从机接收的时候。如果这一位设置为 1，在接收了一个字节的数据之后只能产生 NACK，因此，数据发送失败，并且接收到的数据没有压入接收缓冲区中。当这个寄存器设置为 0 时，产生 NACK／ACK，取决于正常的标准。 1：产生 NACK 在接收了一个字节的数据之后 0：正常产生 NACK/ACK
I^2C SDA 设置寄存器(SDA_SETUP)				
31:8	REVERSED	—	—	保留
7:0	SDA_SETUP	R/W	0x64	SDA 设置：建议的规定延时值为 1000 ns 如果一个 clk 频率为 10 MHz，此寄存器必须编程写为 11
I^2C 广播 ACK 寄存器(ACK_GENRAL_CALL)				
31:1	REVERSED	—	—	保留
0	ACK_GEN_CALL	R/W	1	若该位设置为 1，当模块接收到一个广播时，I^2C 应答一个 ACK。 若该位设置为 0 时，I^2C 不产生广播中断

续表

位 域	名 称	类 型	复位值	描 述
I²C 使能状态寄存器(ENABLE_STATUS)				
31:3	REVERSED	—	—	保留
2	SLV_RX_DATA_LOST	RO	0	从机接收数据丢失。该位被置 1 表明一个从机接收操作已经失败
1	SLV_DISABLED_WHILE_BUSY	RO	0	当模块在传输过程中接收到 NACK 时该位为 1，证明目前从模块不可达
0	IC_EN	RO	0	当该位为 1 时，模块视目前状态为已使能 当该位为 0 时，模块视目前状态为未使能

I²C 发送失败原因寄存器(TX_ABRT_SOURCE)

位域	名 称	类型	复位值	描 述	I²C 当前状态
31:16	REVERSED	—	—	保留	
15	ABRT_SLVRD_INTX	RO	0	当对方传输一条从状态请求时，该位被置 1	从发送器
14	ABRT_SLV_ARBLOST	RO	0	1：当正在发送数据给主机时，从机丧失总线控制 这一位和 IC_TX_ABRT_SOURCE[12] 同时置位	从发送器
13	ABRT_SLVFLUSH_TXFIFO	RO	0	1：TX_FIFO 存在数据时收到读指令	从发送器
12	ARB_LOST	RO	0	1：主机丢失仲裁，或 IC_TX_ABRT_SOURCE[14]同样置位，则从发送机丢失仲裁	主发送器或者从发送器
11	ABRT_MASTER_DIS	RO	0	1：用户试图启用主机操作 禁使能	主发送器或者主接收器
10	ABRT_10B_RD_NORSTRT	RO	0	1：重启禁止(IC_RESTART_EN (IC_CON[5])位为 0)并且主机使用 10 位地址模式发送一个读命令	主接收器
9	ABRT_SBYTE_NORSTRT	RO	0	1：CON 寄存器 BIT[5]禁能且尝试发送 START 标志字节时	主机
8	ABRT_HS_NORSTRT	RO	0	1：重启禁止(IC_RESTART_EN (IC_CON[5])位为 0)并且用户试图在高速模式下使用主机发送数据	主发送器或者主接收器

续表

位域	名 称	类型	复位值	描 述	I^2C 当前状态
7	ABRT_SBYTE_ACKDET	RO	0	1：主机发送 START Byte 并且 START Byte 被确认(错误的行为)	主机
6	ABRT_HS_ACKDET	RO	0	1：主机在高速模式下，并且高速主机代码被确认(错误的行为)	主机
5	ABRT_GCALL_READ	RO	0	1：主机发送了一个广播，但是用户接下来编程的字节是读总线	主发送器
4	ABRT_GCALL_NOACK	RO	0	1：主机发送一个广播，并且没有从机在总线上确认这个广播	主发送器
3	ABRT_TXDATA_NOACK	RO	0	1：主机接收到地址 ACK，但是当它对此地址发送数据时，没有接收到从机 ACK	主发送器
2	ABRT_10ADDR2_NOACK	RO	0	1：主机为 10 位地址模式，并且第二个地址字节没有得到任何从机确认	主发送器或者主接收器
1	ABRT_10ADDR1_NOACK	RO	0	1：主机为 10 位地址模式，并且第一个地址字节没有得到任何从机确认	主发送器或者主接收器
0	ABRT_7B_ADDR_NOACK	RO	0	1：主机为 7 位地址模式，并且地址字节没有得到任何从机确认	主发送器或者主接收器

5.3 同步串行接口

SWM1000S 提供的同步串行接口(SSI)模块可与具有 SPI、Microwire、SSP 协议接口的外设器件进行同步串行通信。SSI 对从外设器件接收到的数据执行串行到并行转换，实现 CPU 访问数据、控制和状态信息。发送和接收路径利用内部 FIFO 存储单元进行缓冲，该 FIFO 可在发送和接收模式下独立存储多达 8 个 16 位值。该模块具有以下特性。

(1) 时钟位速率可编程，最高可达芯片主时钟速率的 1/2。

(2) 独立地发送和接收 FIFO，16 位宽，8 个单元深。

(3) SPI、Microwire 或者 SSP 的操作可编程。

(4) 数据帧大小可编程，范围为 4～16 位。

(5) 内部回送测试(Loopback Test)模式，可进行诊断/调试测试。

SSI 包含一个可编程的位速率时钟分频器来生成串行输出时钟。串行位速率通过设置

BAUD 寄存器对输入时钟进行分频来获得。分频值的范围为 2～65 534 的偶数值。计算公式如下：

$$F_{sclk\_out} = F_{HCLK}/SCKDIV \tag{5-1}$$

5.3.1　FIFO 操作

当采用 SSI 与外设通信时，FIFO 操作过程如下。

1. 发送 FIFO

通用发送 FIFO 是一个 16 位宽、8 单元深、先进先出的存储缓冲区。通过写数据(DATA)寄存器来将数据写入发送 FIFO，数据在由发送逻辑读出之前一直保存在发送 FIFO 中。当 SSI 配置为主机时，并行数据在进行串行转换并通过 SDO 管脚分别发送到相关的从机之前先写入发送 FIFO。

2. 接收 FIFO

通用接收 FIFO 是一个 16 位宽、8 单元深、先进先出的存储缓冲区。从串行接口接收到的数据在读出之前一直保存在缓冲区中，通过读 DATA 寄存器来访问读 FIFO。当 SSI 配置为主机时，从 SDI 管脚接收到的串行数据在分别并行加载到相关的主机接收 FIFO 之前先进行记录。

5.3.2　SSI 中断

当进行 SSI 通信时，可在出现下列情况时产生中断。

(1) 多主竞争中断。

(2) 接收 FIFO 满中断。

(3) 接收 FIFO 上溢中断。

(4) 接收 FIFO 下溢中断。

(5) 发送 FIFO 上溢中断。

(6) 发送 FIFO 空中断。

所有中断事件在发送到中断控制器之前要先执行“或”操作，因此，在任何给定的时刻 SSI 只能向控制器发送一个中断请求。在 6 个可单独屏蔽的中断中，每个都可以通过置位 SSI 中断屏蔽(INTMASK)寄存器中适当的位来屏蔽。将适当的屏蔽位置 1 可使能中断。

SSI 提供单独的输出和组合的中断输出，这样，允许使用全局中断服务程序或组合的器件驱动程序来处理中断。发送和接收动态数据流的中断与状态中断是分开的，因此，可以根据 FIFO 的触发深度对数据执行读和写操作。各个中断源的状态可从 SSI 原始中断状态(RAWINTSTAT)和 SSI 屏蔽后的中断状态(INTSTAT)寄存器中读取。

5.3.3　帧格式

SSI 进行通信时，首先需要选择帧格式和数据长度。可以根据所设置的数据大小，每个数据帧的长度均在 4～16 位之间，从最高有效位(MSB)开始发送。有三种基本的帧类型可供选择。

(1) SPI 模式。

(2) Microwire 模式。

(3) SSP 模式。

对于以上三种帧格式，串行时钟(SCLK)在 SSI 空闲时保持不活动状态，只有当数据的发送或接收处于活动状态时，SCLK 才在设置好的频率下工作。

对于 SPI 和 Microwire 这两种帧格式，选择(SS)管脚为低电平有效，并在整个帧的传输过程中保持有效(被下拉)。而对于 SSP 帧格式，在发送每个帧之前，SS 管脚会发出一个以上升沿开始并持续一个时钟周期的脉冲。在这种帧格式中，SSI 和片外从器件在 SCLK 的上升沿驱动各自的输出数据，并在下降沿锁存另一个器件的数据。

不同于其他两种全双工传输的帧格式，在半双工下工作的 Microwire 格式使用特殊的主-从消息技术。在该模式中，当帧开始传输时向片外从机发送预先定义好位数的控制消息。在发送过程中，SSI 不会接收到任何输入数据。在消息发送完毕之后，片外从机对消息进行译码，并在控制消息的最后一位发送完成之后等待一个串行时钟周期，之后以请求的数据来响应。返回的数据，其长度在 4～16 位之间，这样，无论在何处，总的帧长度都在 13～25 位之间。

1. SPI 模式

SPI 接口是一个 4 线接口，其中 ss_n 信号用作从机选择。SPI 格式的主要特性为：sclk_out 信号的不活动状态和相位均通过 CTRLR0 控制寄存器中的 SCPOL 和 SCPH 位来设置，主要是 SCPOL 时钟极性位设置与 SCPH 相位控制位设置。

当 SCPOL = 0 时，它在 sclk_out 管脚上产生稳定的低电平值。如果 SCPOL 位为高，则在没有进行数据传输的情况下，它在 sclk_out 管脚上产生一个稳定的高电平值。

SCPH 相位控制位用来选择捕获数据的时钟边沿并允许边沿改变状态。SCPH 在第一个传输位上的影响最大，因为它可以在第一个数据捕获边沿之前允许或不允许一次时钟转换。当 SCPH = 0 时，在第一个时钟边沿转换时捕获数据。如果 SCPH = 1，则在第二个时钟边沿转换时捕获数据。图 5-9 和图 5-10 分别为 SPI 进行单个和连续数据传输时的帧格式示意图(SCPH=0)。

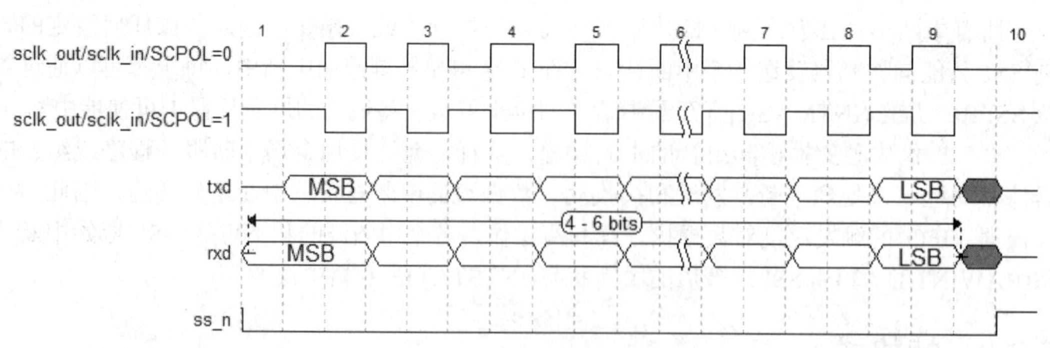

图 5-9　SPI 单个数据传输帧格式(SCPH = 0)

在上述配置中，当 SCPH = 0，且 SSI 处于空闲周期时，有如下特点。

(1) 如果 SCPOL=0 时 sclk_out 被强制变为低电平，SCPOL=1 时 sclk_out 被强制变为

高电平。

(2) ss_n 被强制变为高电平。

(3) 发送数据线 txd 被强制变为低电平。

(4) 当 SSI 配置为主机时，使能 sclk_out 端口。

(5) 当 SSI 配置为从机时，禁止 sclk_out 端口。

如果 SSI 使能并且在发送 FIFO 中含有有效的数据，则通过将 ss_n 主机信号驱动为低电平表示发送操作开始。这使得从机数据能够放在主机的 rxd 输入线上。主机 txd 输出端口使能。

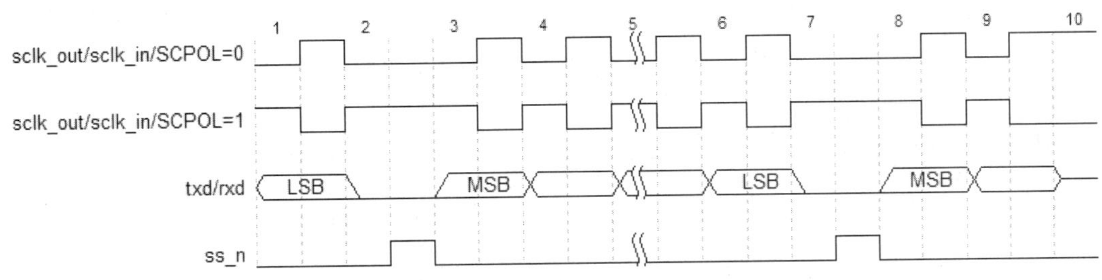

图 5-10　SPI 连续数据传输帧格式(SCPH=0)

在半个 sclk_out 周期之后，有效的主机数据传输到 txd 管脚。既然主机和从机数据都已设置好，则在下半个 sclk_out 周期之后，sclk_out 主机时钟管脚变为高电平/低电平。此时，如果 SCPOL=0，数据在 sclk_out 信号的上升沿被捕获，在 sclk_out 信号的下降沿进行传输。如果 SCPOL=1，数据在 sclk_out 信号的下降沿被捕获，在 sclk_out 信号的上升沿进行传输。

如果传输一个字，则在数据字的所有位都传输完之后，ss_n 线在捕获到最后一个位之后的一个 sclk_out 周期返回到其空闲的高电平/低电平状态。

在连续的背对背传输中，ss_n 信号必须在每次数据字的传输之间保持高电平。因为当 SCPH 位为逻辑 0 时，从机选择管脚将冻结串行外设寄存器中的数据，使其不能修改。因此，主器件必须在每次数据传输之间将从器件的 ss_n 管脚拉高，以便使能串行外设的数据写操作。当连续传输完成时，ss_n 管脚将在捕获到最后一位之后的一个 sclk_out 周期返回到其空闲的高电平/低电平状态。

当 SCPH=1 时，SPI 进行单个和连续数据传输时的帧格式分别如图 5-11 和图 5-12 所示。

在上述配置中，当 SCPH=1，且 SSI 处于空闲周期时，有如下特点。

(1) 如果 SCPOL=0 时 sclk_out 被强制变为低电平，SCPOL=1 时 sclk_out 被强制变为高电平。

(2) ss_n 被强制变为高电平。

(3) 发送数据线 txd 被强制变为低电平。

(4) 当 SSI 配置为主机时，使能 sclk_out 端口。

(5) 当 SSI 配置为从机时，禁止 sclk_out 端口。

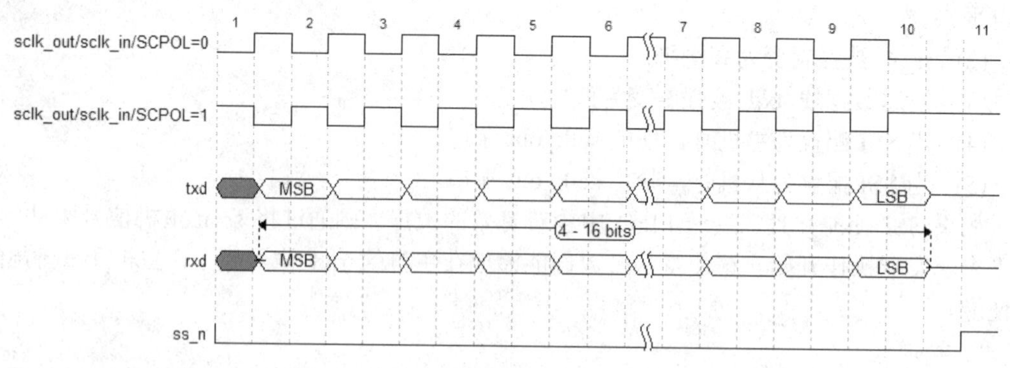

图 5-11　SPI 单个传输数据帧格式(SCPH = 1)

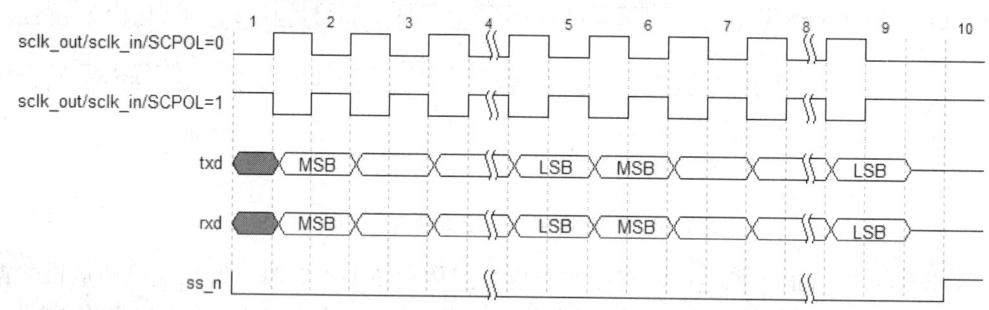

图 5-12　SPI 连续数据传输帧格式(SCPH=1)

如果 SSI 使能并且在发送 FIFO 中含有有效的数据，则通过将 ss_n 主机信号驱动为低电平表示发送操作开始。主机 txd 输出被使能。在后半个 sclk_out 周期之后，主机和从机有效数据能够放在各自的传输线上。同时，利用一个上升沿/下降沿跳变将 sclk_out 使能。

这时，如果 SCPOL=0，数据在 sclk_out 信号的上升沿被捕获，在 sclk_out 信号的下降沿进行传输。如果 SCPOL=1，数据在 sclk_out 信号的下降沿被捕获，在 sclk_out 信号的上升沿进行传输。

如果传输一个字，则在数据字的所有位都传输完之后，ss_n 线在捕获到最后一个位之后的一个 sclk_out 周期返回到其空闲的高电平/低电平状态。

2. Microwire 模式

在 Microwire 模式中，当 ss_n 变为低电平之后，SSI 从机在 sclk_out 的上升沿时刻对接收数据的第一个位进行采样。用来驱动自由运行的 sclk_out 的主机必须确保 ss_n 信号相对于 sclk_out 的上升沿具有足够的建立时间和保持时间裕量(setup and hold margins)。图 5-13 和图 5-14 分别为 Microwire 两种不同的数据传输帧格式(读数据)。

在上述配置中，当 SSI 处于空闲周期时，具有如下特点。

(1) sclk_out 被强制变为低电平。

(2) ss_n 变为高电平。

(3) 发送数据线 txd 被强制变为低电平。

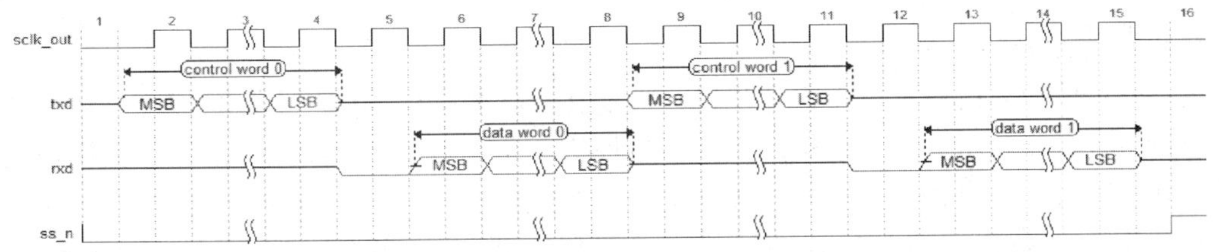

图 5-13　Microwire 不连续数据传输帧格式(不连续读数据)

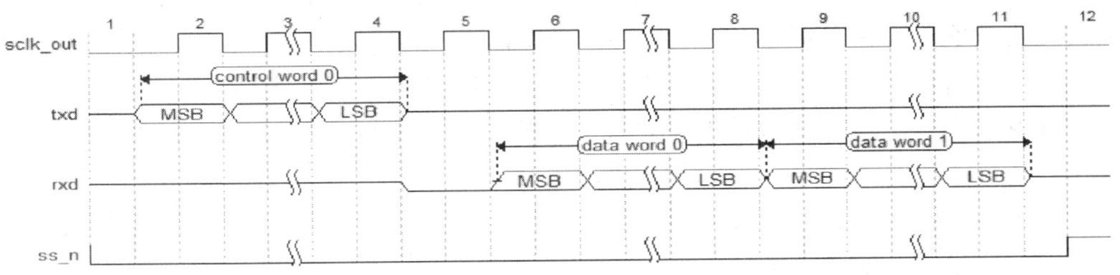

图 5-14　Microwire 连续数据传输帧格式(连续读数据)

通过向发送 FIFO 写入一个控制字节可以触发一次传输。在 ss_n 的下降沿，发送 FIFO 底部入口包含的值被传输到发送逻辑的串行移位寄存器中，而 1～16 位控制帧的 MSB 被移出到 txd 管脚上。在该控制帧的传输期间 ss_n 保持低电平。rxd 管脚保持三态。

片外串行从器件在每个 sclk_out 的上升沿处将每个控制位锁存到其串行移位器中。在将最后一位锁存之后，从器件在一个时钟周期的等待状态期间对控制字节进行译码，并且从机通过将数据发送回 SSI 来响应。每个数据位在 sclk_out 的下降沿时刻被驱动到 rxd 线上。SSI 在 sclk_out 的上升沿时依次将每个位锁存。在帧传输结束时，对于单次传输，ss_n 信号在最后一位已锁存到接收串行移位器之后的一个时钟周期被拉为高电平，这使得数据传输到接收 FIFO 中。Microwire 单个数据传输帧格式，如图 5-15 所示。

注意：在接收串行移位器将 LSB 锁存之后的 ss_n 的下降沿上或在 ss_n 管脚变为高电平时，片外串行从器件能够将接收线置为三态。

对于连续传输，数据传输的开始与结束与单次传输相同。但 ss_n 线持续有效(保持低电平)，并且数据传输以背对背(Back-to-Back)方式产生。在从当前帧接收到数据的最低有效位(LSB)之后紧跟着下一帧的控制字节。在当前帧的 LSB 锁存到 SSI 之后，所接收到的每个值在 sclk_out 的下降沿时刻从接收移位器中进行传输。

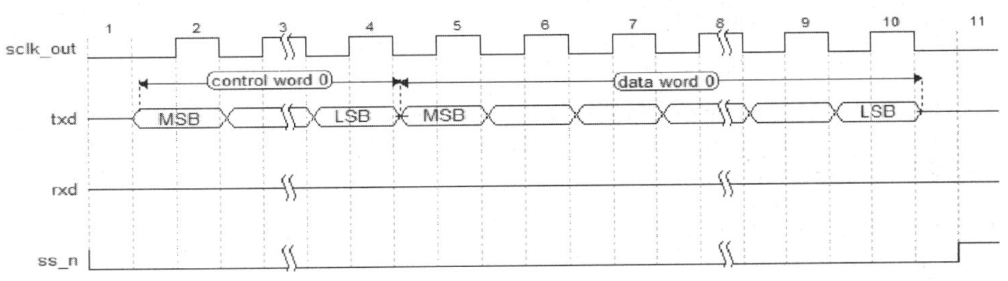

图 5-15　Microwire 单个数据传输帧格式(写数据)

3. SSP 模式

在一个总线上可以有多个主机和从机，但是在一次数据传输过程中，总线上进行数据通信的只能有一个主机和一个从机。数据传输原则上是全双工的，4～16 位帧的数据由主机发送到从机或由从机发送到主机。实际上，在多数情况下只有一个方向上的数据流包含有意义的数据。Synchronous Serial Port 同步串行接口可控制 SPI、4 线 SSI 或 Microwire 总线的操作。SSP 模式是研究 SPI 时引申出来的一种协议，其设计目的是实现和外围串行部件(如串行 E2PROM、移位寄存器、显示器、A/D 转换器等，特别是移动多媒体的控制与通信)或其他微处理器进行通信。此外，SSP 还加强了 SPI 模式来支持 1-bit 的 legacy MMC Card，同时还支持 SPI、SSI 的 slave 操作。此外，SSP 还有一个专用的 DMA 通道，可以被 CPU 和 PIO 直接控制。SSP 模式的数据传输帧格式分别如图 5-16 和图 5-17 所示。

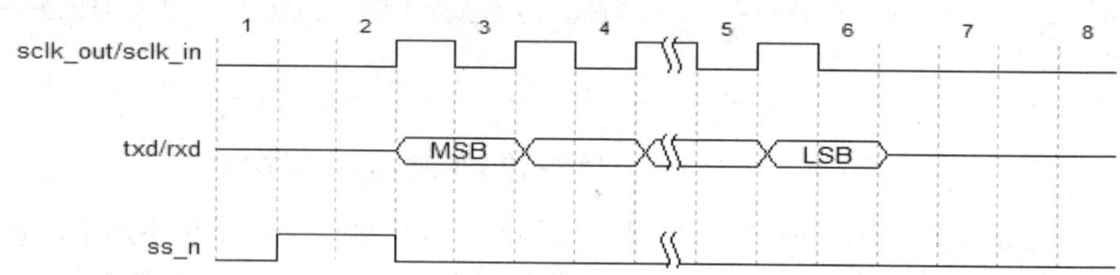

图 5-16　SSP 单个数据传输帧格式

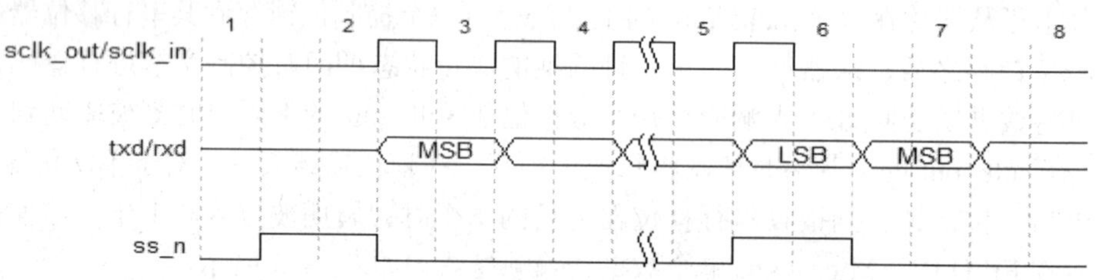

图 5-17　SSP 多个数据连续传输帧格式

5.3.4　SSI 初始化配置

SSI 通信模式的初始化配置可按以下步骤进行。

1. 设置协议模式

CTRL0 寄存器 bit 5 到 bit4 FRF 位。

(1) 设置为 00　SPI 帧格式。

(2) 设置为 01　SSP 帧格式。

(3) 设置为 10　Microwire 帧格式。

2. 设置移位寄存器回环

CTRL0 寄存器 bit11 SRL 位。

(1) 设置为 0 正常模式。

(2) 设置为 1 测试模式。

3. 设置传输模式

CTRL0 寄存器 bit9 到 bit8 TMOD 位。

(1) 设置为 00 发送和接收。

(2) 设置为 01 只发送。

(3) 设置为 10 只接收。

(4) 设置为 11 读 EEPROM。

4. 设置串行时钟极性

CTRL0 寄存器 bit7 SCPOL 位。

(1) 设置为 0 SPI 控制器使总线时钟在两帧传输之间保持低电平。

(2) 设置为 1 SPI 控制器使总线时钟在两帧传输之间保持高电平。

5. 设置串行时钟相位

CTRL0 寄存器 bit6 SCPH 位。

(1) 设置为 0 在第一个时钟边沿转换时捕获数据。

(2) 设置为 1 在第二个时钟边沿转换时捕获数据。

6. 设置数据帧长度

CTRL0 寄存器 bit3 到 bit0 DFS 位。

设置 0011～1111 分别为 4-bit～16-bit 数据长度。

7. 设置 Microwire 控制字长度

CTRL0 寄存器 bit15 到 bit12 CFS 位。

设置 0000～1111 分别为 0-bit～16-bit 控制字长度。

8. 设置 Microwire 握手

MWCR 寄存器 bit2 MHS 位。

(1) 设置为 0 禁止握手接口。

(2) 设置为 1 使能握手接口。

9. 设置 Microwire 数据方向

MWCR 寄存器 bit1 MDD 位。

(1) 设置为 0 接收。

(2) 设置为 1 发送。

10. 设置 SSI 时钟分频值

BAUDR 寄存器 bit15 到 bit0 SCKDV 位。

ssi_clk = HCLK/SCKDV(寄存器值为对应分频值)。

5.3.5 寄存器映射

表 5-7 所示为 SSI 模块的相关寄存器映射，所列偏移量都是寄存器相对于 SSI 模块基址的十六进制增量，基地址为 0x40004000。相应的寄存器描述如表 5-8 所示。

表 5-7 SSI 模块寄存器映射

名 称	偏 移 量	位宽	类型	复位值	描 述
CTRL0	0x00	16	R/W	0x07	控制寄存器 0
CTRL1	0x04	16	R/W	0x00	控制寄存器 1
SSIEN	0x08	1	R/W	0x00	SSI 使能寄存器
MWCTRL	0x0C	3	R/W	0x00	Microwire 控制寄存器
SEN	0x10	1	R/W	0x00	从使能寄存器
BAUD	0x14	16	R/W	0x00	波特率寄存器
TXFTLR	0x18	3	R/W	0x00	发送 FIFO 阈值寄存器
RXFTLR	0x1C	3	R/W	0x00	接收 FIFO 阈值寄存器
TXFLR	0x20	3	R/W	0x00	发送 FIFO 数量寄存器
RXFLR	0x24	3	R/W	0x00	接收 FIFO 数量寄存器
STAT	0x28	7	R/W	0x6	状态寄存器
INTMASK	0x2C	6	R/W	0x3F	中断屏蔽寄存器
INTSTAT	0x30	6	R/W	0x00	中断状态寄存器
RAWINTSTAT	0x34	6	R/W	0x00	原始中断状态寄存器
TXOICLR	0x38	1	R/W	0x00	发送 FIFO 上溢中断清除寄存器
RXOICLR	0x3C	1	R/W	0x00	接收 FIFO 上溢中断清除寄存器
RXUICLR	0x40	1	R/W	0x00	接收 FIFO 下溢中断清除寄存器
MSTICLR	0x44	1	R/W	0x00	多主竞争中断清除寄存器
INTCLR	0x48	1	R/W	0x00	中断清除寄存器
RESERVED	0x4C～0x5C	32	R/W	0x00	保留
DATA	0x60～0x9C	16	R/W	0x00	数据寄存器

表 5-8 SSI 模块寄存器描述

位 域	名 称	类 型	复位值	描 述
控制寄存器 0(CTRL0)				
31:16	REVERSED	—	—	保留
15:12	CFS	R/W	0	控制帧长度：Microwire 协议控制帧长度
11	SRL	R/W	0	移位寄存器回环，仅用于测试模式。置位后将发送移位寄存器输出连接到接收移位寄存器的输入。 0：正常模式；1：测试模式
10	REVERSED	—	—	保留

续表

位　域	名　称	类　型	复位值	描　述
9:8	TMOD	R/W	0	传输模式：00，传输和接收；01，仅传输；10，仅接收；11，EEPROM 读
7	SCPOL	R/W	0	串行时钟极性，该位只用于 SPI 模式。0：SPI 控制器使总线时钟在两帧传输之间保持低电平；1：SPI 控制器使总线时钟在两帧传输之间保持高电平
6	SCPH	R/W	0	串行时钟相位，该位只用于 SPI 模式。0：在串行同步时钟的第二个跳变沿(上升或下降)数据被采样；1：在串行同步时钟的第一个跳变沿(上升或下降)数据被采样
5:4	FRF	R/W	0	帧格式 00：SPI；01：SSP；10：Microwire；11：保留
3:0	DFS	R/W	0x7	数据帧长度，规则如下：0000/0001/0010，保留 0011，4-bit　0100，5-bit　0101，6-bit 0110，7-bit　0111，8-bit　1000，9-bit 1001，10-bit　1010，11-bit　1011，12-bit 1100，13-bit　1101，14-bit　1110，15-bit 1111，16-bit
控制寄存器 1(CTRL1)				
31:16	REVERSED	—	—	保留
15:0	NDF	R/W	0x00	数据帧数 当 TMOD=10 时，连续接收数据帧的数目
SSI 使能寄存器(SSIEN)				
31:1	REVERSED	—	—	保留
0	EN	R/W	0x00	SSI 使能：0：禁止 SSI 模块；1：使能 SSI 模块
Microwire 控制寄存器(MWCTRL)				
31:3	REVERSED	—	—	保留
2	MHS	R/W	0	Microwire 握手： 0：禁止握手接口；1：使能握手接口
1	MDD	R/W	0	Microwire 数据方向： 0：接收；1：发送
0	MWMOD	R/W	0	Microwire 传输模式： 0，非顺序传输；1，顺序传输
SSI 从使能寄存器(SEN)				
31:1	REVERSED	—	—	保留
0	SE	R/W	0	SSI 选择从使能(发送或接收数据前必须先使能该位)： 0：未使能；1：使能
波特率寄存器(BAUD)				
31:6	REVERSED	—	—	保留
5:0	SCKDIV	R/W	0x00	SSI 时钟分频 $F_{SCLK\_OUT} = F_{HCLK}/SCKDIV$

续表

位 域	名 称	类 型	复位值	描 述
发送 FIFO 阈值寄存器(TXFTLR)				
31:3	REVERSED	—	—	保留
2:0	TFT	R/W	0x00	发送 FIFO 阈值，达到设置值后触发中断，设置值与 FIFO 数据数量对应值如下。 000：0 个；001：1 个；010：2 个；011：3 个； 100：4 个；101：5 个；110：6 个；111：7 个
接收 FIFO 阈值寄存器(RXFTLR)				
31:3	REVERSED	—	—	保留
2:0	RFT	R/W	0x00	接收 FIFO 阈值，达到设置值后触发中断，设置值与 FIFO 数据数量对应值如下。 000：0 个；001：1 个；010： 2 个；011：3 个； 100：4 个；101：5 个；110： 6 个；111：7 个
发送 FIFO 数量寄存器(TXFLR)				
31:3	REVERSED	—	—	保留
2:0	TXTFL	R/W	0x00	发送 FIFO 数量 传输 FIFO 中包含的可用数据条目的数量
接收 FIFO 数量寄存器(RXFLR)				
31:3	REVERSED	—	—	保留
2:0	RXTFL	R/W	0x00	接收 FIFO 数量 接收 FIFO 中包含的可用数据条目的数量
状态寄存器(STAT)				
31:7	REVERSED	—	—	保留
6	DCOL	RO	0	数据冲突错误： 0，没有错误；1，传输数据冲突错误
5	TXE	RO	0	传输错误： 0，没有错误；1，传输错误
4	RFF	RO	0	接收 FIFO 满： 0，接收 FIFO 不满；1，接收 FIFO 满
3	RFNE	RO	0	接收 FIFO 不空： 0，接收 FIFO 空；1，接收 FIFO 不空
2	TFE	RO	1	传输 FIFO 空： 0，传输 FIFO 不空；1，传输 FIFO 空
1	TFNF	RO	1	传输 FIFO 不空： 0，传输 FIFO 满；1，传输 FIFO 不空
0	BUSY	RO	0	SSI 忙标志： 0，SSI 模块空闲状态或者被禁止； 1，SSI 模块正在传输数据

续表

位 域	名 称	类 型	复位值	描 述
中断屏蔽寄存器(INTMASK)				
31:6	REVERSED	—	—	保留
5	MSTIM	R/W	1	多主竞争中断屏蔽： 0，中断屏蔽；1，中断非屏蔽
4	RXFIM	R/W	1	接收 FIFO 满中断屏蔽： 0，中断屏蔽；1，中断非屏蔽
3	RXOIM	R/W	1	接收 FIFO 上溢中断屏蔽： 0，中断屏蔽；1，中断非屏蔽
2	RXUIM	R/W	1	接收 FIFO 下溢中断屏蔽： 0，中断屏蔽；1，中断非屏蔽
1	TXOIM	R/W	1	传输 FIFO 上溢中断屏蔽： 0，中断屏蔽；1，中断非屏蔽
0	TXEIM	R/W	1	传输 FIFO 空中断屏蔽： 0，中断屏蔽；1，中断非屏蔽
中断状态寄存器(INTSTAT)				
31:6	REVERSED	—	—	保留
5	MSTIS	RO	0	多主竞争中断状态： 0，中断屏蔽后中断未发生；1，中断屏蔽后中断发生
4	RXFIS	RO	0	接收 FIFO 满中断状态： 0，中断屏蔽后中断未发生；1，中断屏蔽后中断发生
3	RXOIS	RO	0	接收 FIFO 上溢中断状态： 0，中断屏蔽后中断未发生；1，中断屏蔽后中断发生
2	RXUIS	RO	0	接收 FIFO 下溢中断状态： 0，中断屏蔽后中断未发生；1，中断屏蔽后中断发生
1	TXOIS	RO	0	传输 FIFO 上溢中断状态： 0，中断屏蔽后中断未发生；1，中断屏蔽后中断发生
0	TXEIS	RO	0	传输 FIFO 空中断状态； 0，中断屏蔽后中断未发生；1，中断屏蔽后中断发生
原始中断状态寄存器(RAWINTSTAT)				
31:6	REVERSED	—	—	保留
5	MSTIR	RO	0	多主竞争中断状态；0，中断屏蔽前中断未发生；1，中断屏蔽前中断发生
4	RXFIR	RO	0	接收 FIFO 满中断状态： 0，中断屏蔽前中断未发生；1，中断屏蔽前中断发生
3	RXOIR	RO	0	接收 FIFO 上溢中断状态： 0，中断屏蔽前中断未发生；1，中断屏蔽前中断发生
2	RXUIR	RO	0	接收 FIFO 下溢中断状态： 0，中断屏蔽前中断未发生；1，中断屏蔽前中断发生

续表

位 域	名 称	类 型	复位值	描 述
1	TXOIR	RO	0	传输 FIFO 上溢中断状态： 0，中断屏蔽前中断未发生；1，中断屏蔽前中断发生
0	TXEIR	RO	0	传输 FIFO 空中断状态： 0，中断屏蔽前中断未发生；1，中断屏蔽前中断发生
发送 FIFO 上溢中断清除寄存器(TXOICLR)				
31:1	REVERSED	—	—	保留
0	TXOIC	RO	0	清除传输 FIFO 上溢中断 读该寄存器清除传输 FIFO 上溢中断，写操作无效
接收 FIFO 上溢中断清除寄存器(RXOICLR)				
31:1	REVERSED	—	—	保留
0	RXOIC	RO	0	清除接收 FIFO 上溢中断 读该寄存器清除接收 FIFO 上溢中断，写操作无效
接收 FIFO 下溢中断清除寄存器(RXUICLR)				
31:1	REVERSED	—	—	保留
0	RXUIC	RO	0	清除接收 FIFO 下溢中断 读该寄存器清除接收 FIFO 下溢中断，写操作无效
多主竞争中断清除寄存器(MSTICLR)				
31:1	REVERSED	—	—	保留
0	MSTIC	RO	0	清除多主竞争中断 读该寄存器清除多主竞争中断，写操作无效
中断清除寄存器(INTCLR)				
31:1	REVERSED	—	—	保留
0	IC	RO	0x00	清除中断： 读该寄存器清除 TXO、RXU、RXO 和 MST 中断，写操作无效
数据寄存器(DATA)				
31:16	REVERSED	—	—	保留
15:0	DR	RO	0x00	数据寄存器： 读操作，读取接收 FIFO 缓冲区的数据写操作，向发送 FIFO 缓冲区写数据

SSI 的初始化示例程序如下，其主要功能是对 SSI 同步串行接口进行初始化，包括帧长度设定、时序设定、速度设定、中断设定、FIFO 触发设定等。

```
void SSI_Init(SSI_T * SSIx,SSI_InitStructure * initStruct)
{
  switch((uint32_t)SSIx)
  {
case ((uint32_t)SSI):
    SSI->CR0.FRF = 0;                    //SPI Mode
```

```
    SSI->CR0.TMOD = 0;              //Receive and Transmit
    SSI->SLAV.SEL = 1;
    SSI->CR0.DFS = initStruct->len-1;
    SSI->CR0.CPOL = initStruct->CPOL;
    SSI->CR0.CPHA = initStruct->CPHA;
    SSI->BAUD.DIV = initStruct->clkDiv;
    SSI->RXFIFO_LVL.lvl = initStruct->LVL_RFIFO;
    SSI->TXFIFO_LVL.lvl = initStruct->LVL_TFIFO;
    SSI->IEN.RXFEN = initStruct->INT_RXFEN;
    SSI->IEN.TXEEN = initStruct->INT_TXEEN;
    if(initStruct->INT_RXFEN | initStruct->INT_TXEEN)
    {
     NVIC_EnableIRQ(SSI_IRQn);
    }
    break;
  }
}
```

本 章 小 结

本章主要对 SWM1000S 系列 ARM 芯片集成的 UART 接口、I²C 总线以及 SSI 接口进行了描述。

首先介绍了 UART 接口的特点、基本结构、寄存器主要功能、通信协议、工作原理、中断控制以及相应的寄存器映射等基本内容；接着介绍了 I²C 总线的基本特点、主要功能、初始化配置方法等；最后介绍了同步串行接口 SSI 的基本特性、操作方式、中断控制、数据传输帧格式与传输方法、初始化配置等内容。

习　　题

(1) 简述 SWM1000S 系列 ARM 芯片集成的 UART 接口的特点。
(2) 简述 FIFO 的操作过程及数据收发过程。
(3) 如何通过 UART 实现中断控制?
(4) 简述 I²C 总线的主要特点。
(5) I²C 总线的起始和停止条件分别是什么?
(6) I²C 总线产生中断的条件是什么?
(7) SSI 接口模块的主要特点有哪些?
(8) SSI 的 FIFO 操作过程是如何实现的?

第 6 章　PWM 及 Flash 操作

学习重点

重点学习 SWM1000S 的 PWM 模块的结构组成、功能特点、配置方式，学习 PWM 刹车模块的特点；学习 SWM1000S 的 ADC 模块的特点、工作模式，ADC 转换设置，端口配置以及程序设计；重点学习比较器/放大器的结构功能及端口配置方法；掌握基本的 Flash 操作方法。

学习目标

- 熟练掌握 PWM 模块的配置方法。
- 熟练掌握 ADC 模块的配置与程序设计。
- 掌握比较器/放大器的端口配置方法。
- 掌握基本的 Flash 操作方法。

SWM1000S 内部集成 PWM 控制模块，可直接使用在开关电源及电机控制中；模数转换器可用来对连续的模拟电压信号进行采样并转化为数字信号，如温度控制等；比较器/放大器模块根据不同的配置，分别可以实现比较器及放大器的功能，Flash 读写及加密操作，可实现对嵌入式设备系统软件的擦写、更新及加密操作。

6.1　PWM

脉宽调制(PWM)为一种对模拟信号电平进行数字化编码的方法。在脉宽调制中使用高分辨率计数器来产生方波，并且通过调整方波的占空比来对模拟信号电平进行编码，通常使用在开关电源和电机控制中。

在 SWM1000S 系列中，PWM 模块(如图 6-1 所示)由 3 路 PWM 发生器模块和 1 组控制模块组成。每路 PWM 发生器模块包含 1 个 PWM 信号发生器，死区发生器和中断/ADC 触发选择器。而控制模块决定了 PWM 信号的极性，以及将哪个信号传递到管脚。每路 PWM 发生器模块产生两路 PWM 信号，这两路 PWM 信号可以是独立的信号，也可以是一对插入了死区延迟的互补信号。这些 PWM 发生器模块的输出信号在传递到器件管脚之前由输出控制模块管理。

PWM 模块具有较强的灵活性，可以产生简单的 PWM 信号，也可以产生带死区延迟的成对 PWM 信号，如供 H 桥驱动电路使用的信号。3 个 PWM 发生器模块也可产生 3 相全桥所需的完整 6 通道门控，其特点如下。

(1)　3 组 PWM 发生器，产生 6 路 PWM 信号。

(2)　灵活的 PWM 产生方法。

(3)　自带死区发生器。

(4) 灵活可控的输出控制模块。
(5) 丰富的中断机制和 ADC 触发。

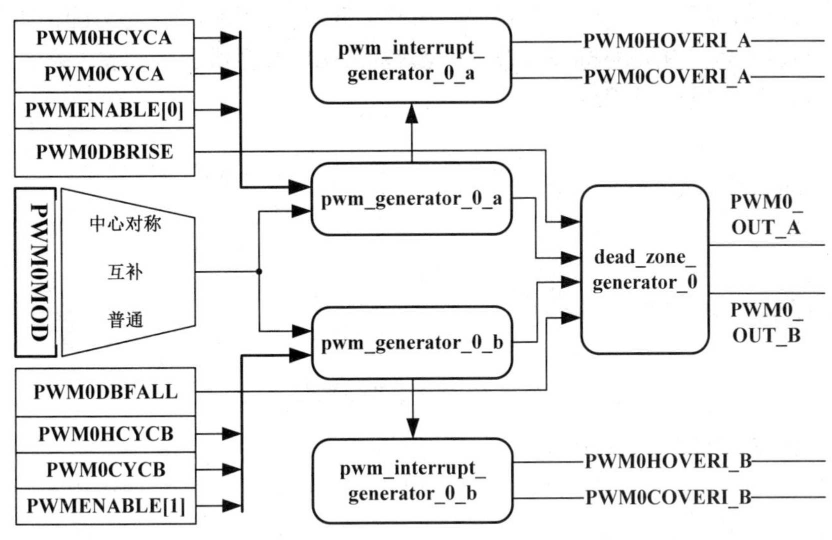

图 6-1　PWM 结构示意图

6.1.1　PWM 结构模块

1. PWM 定时器

每组 PWM 发生器模块都包含 1 个 16 位定时器、2 个比较器，可以产生两路 PWM 信号。

在 PWM 发生器运作时，定时器在不断计数并和两个比较器的值进行比较，可以在和比较器相等时或者定时器计数值为零、为装载值时对输出的 PWM 产生影响。

PWM 定时器输出 3 个信号，这些信号在生成 PWM 信号的过程中使用。一个是方向信号(在递减计数模式中，该信号始终为低电平；在先递增后递减计数模式中，则是在高低电平之间切换)。另外两个信号为零脉冲和装载脉冲。当计数器计数值为 0 时，零脉冲信号发出一个宽度等于时钟周期的高电平脉冲；当计数器计数值等于装载值时，装载脉冲也发出一个宽度等于时钟周期的高电平脉冲。

2. PWM 比较器

每个 PWM 发生器含两个比较器，用于监控计数器的值。当比较器的值与计数器的值相等时，比较器输出宽度为单时钟周期的高电平脉冲。在先递增后递减计数模式中，比较器在递增和递减计数时都要进行比较，因此必须通过计数器的方向信号来限定。这些限定脉冲在生成 PWM 信号的过程中使用。如果任一比较器的值大于计数器的装载值，则该比较器永远不会输出高电平脉冲。

3. 死区发生器

死区发生器仅在互补模式下有效。互补模式下，两路 PWM 信号为一组，丢弃第二路 PWM 信号，并在第一路 PWM 信号基础上产生第二路 PWM 信号，两路信号为互补输出。

从 PWM 发生器产生的两路 PWM 信号被传递到死区发生器。如果死区发生器禁能，则 PWM 信号只简单地通过该模块，不会发生改变。如果死区发生器使能，则可在第一路 PWM 信号上升沿(前死区)或第二路 PWM 信号上升沿(后死区)产生延迟(也可同时产生)，延迟时间可通过配置 PWMxDBRISE 及 PWMxDBFALL 寄存器进行更改。死区发生示意图如图 6-2 所示(阴影部分代表死区)。

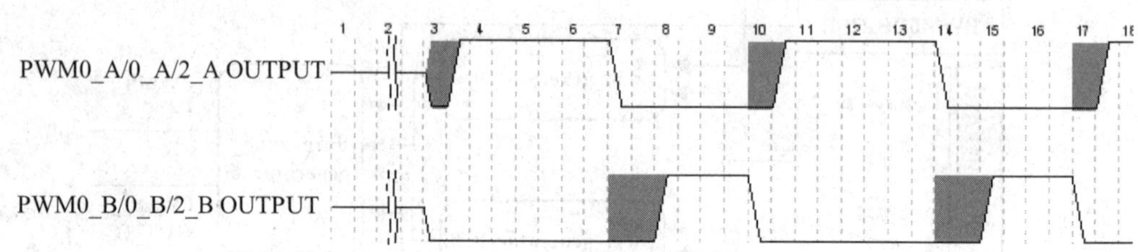

图 6-2　死区发生示意图

PWMA 和 PWMB 是一对高电平有效的信号，并且其中一个信号总是为高电平。但在跳变处的那段可编程延迟时间除外，都为低电平。这样这两个信号便可用来驱动半-H 桥(Half-h Bridge)，又由于它们带有死区延迟，因而还可以避免过冲电流(Shoot Through Current)破坏电力功率器件。

4. 输出控制模块

PWM 发生器模块产生的是两路原始的 PWM 信号，输出控制模块在 PWM 信号进入芯片管脚之前要对其最后的状态进行控制，因此，输出控制模块的主要功能如下。

(1) 输出使能。只有被使能的 PWM 信号才能反映到芯片管脚上。

(2) 输出反相控制。如果使能，则 PWM 信号输出到管脚时会 180° 反相。

5. 中断触发控制单元

PWM 模块能够发出两种情况的中断，分别为高电平结束中断和周期开始中断。中断发生由中断状态寄存器标识，可以通过中断清除寄存器清除中断状态，不用的中断可由中断屏蔽寄存器进行屏蔽。

6.1.2 PWM 初始化配置

1. PWM 普通模式

当 SWM1000S 系列工作在普通模式下时，每一路 PWM 都可以进行独立配置，彼此间相互无影响，起始输出为高，波形如图 6-3 所示。

PWM 普通工作模式的配置流程如下。

(1) 写 0x00 至相应的模式寄存器 MOD。

(2) 设置周期长度寄存器。

(3) 设置高电平周期寄存器。

(4) 设置中断屏蔽寄存器。

(5) 编写对应的中断服务程序。

(6) 使能相应的中断。

(7) 设置 PWM 使能寄存器。

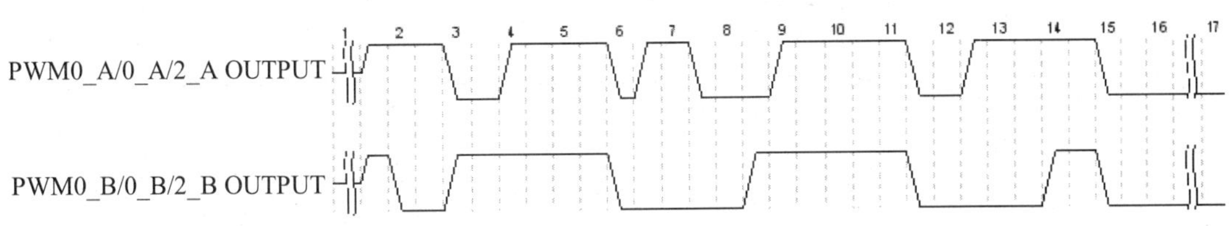

图 6-3　PWM 普通模式波形示意图

2. PWM 互补模式

当 SWM1000S 系列工作在互补模式下时，两路输出为一组，第一路起始输出为高，第二路输出为第一路输出波形的反向，并可配置死区发生器，波形如图 6-4 及图 6-5 所示。

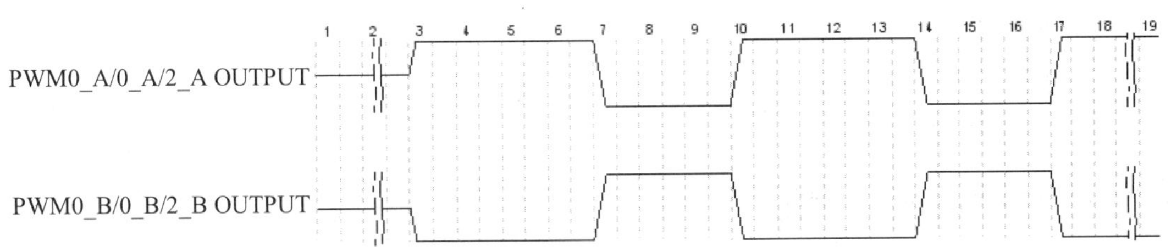

图 6-4　未开启死区的互补模式

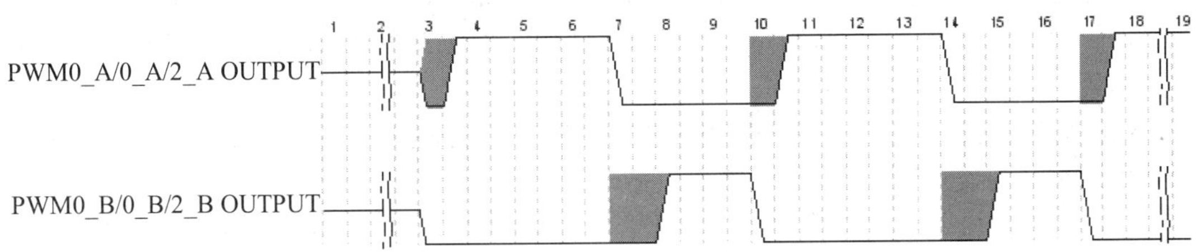

图 6-5　开启死区的互补模式

PWM 互补工作模式配置流程如下。

(1) 写 0x01 至相应的模式寄存器 MOD。

(2) 设置周期长度寄存器。

(3) 设置高电平周期寄存器。

(4) 设置死区寄存器。

(5) 设置中断屏蔽寄存器。

(6) 编写对应的中断服务程序。

(7) 使能相应的中断。

(8) 设置 PWM 使能寄存器。

3. PWM 中心对称模式

当 SWM1000S 系列工作在中心对称模式下时，每路 PWM 单独使用，两个周期为一个对称单元，如图 6-6 所示。

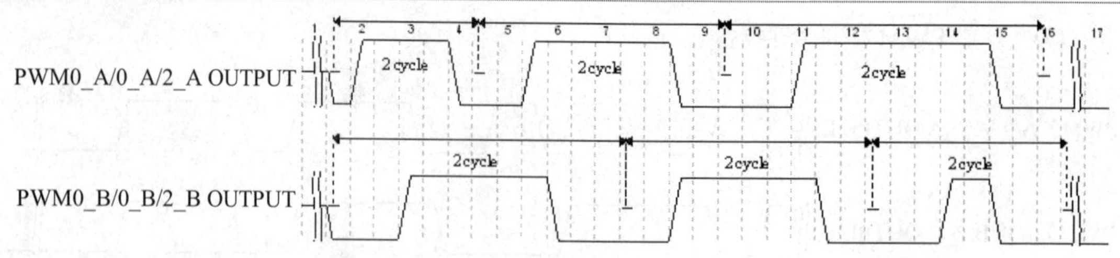

图 6-6 中心对称模式

PWM 中心对称工作模式的配置流程如下。

(1) 写 0x03 至相应的模式寄存器 MOD。

(2) 设置周期寄存器。

(3) 设置高电平周期寄存器。

(4) 设置中断屏蔽寄存器。

(5) 编写对应的中断服务程序。

(6) 使能相应的中断。

(7) 设置 PWM 使能寄存器。

6.1.3 PWM 刹车模块

SWM1000S 系列的 PWM 模块配置了刹车功能，通过 PWMSHUTDOWN 寄存器相应位进行配置，可应用于电机控制等领域。该功能具有如下特性。

(1) 刹车模块为三组 PWM 共享：可通过配置 PWMSCE 位域进行通道选择，配置指定通道组响应刹车信号。

(2) 触发方式可配置：可通过 PWMSIL 位对触发方式进行配置。当该位置 1 时，高电平触发刹车。当该位清 0 时，低电平触发刹车。

(3) 触发信号具有滤波功能：当采样信号连续三个时钟周期(以 PWM 输入时钟计)满足触发条件时，刹车被触发，PWM 模块进行响应。

(4) 刹车后输出方式可配置：可通过 PWMSOL 位进行配置。当该位置 1 时，刹车功能触发后 PWM 模块输出高电平直至刹车取消。当该位置 0 时，刹车功能触发后 PWM 模块输出低电平直至刹车取消。

(5) 刹车取消方式：通过刹车输入端电平反向进行取消。当刹车触发后，输入端输入触发电平的反向电平并连续稳定三个周期后，刹车取消。若刹车有效信号保持，则 PWM 输出模块不会工作，输出信号始终为 PWMSOL 位设置电平。

(6) 刹车响应方式可配置：通过 PWMSOL 位进行配置。刹车行为发生后，当该位为 1 时，PWM 模块使能位清 0，同时计数器清 0，PWM 模块不工作，引脚输出指定电平直至刹车取消。当该位为 0 时，PWM 模块正常工作，取消刹车后，引脚强制输出电平取消，PWM 模块继续工作。

(7) 刹车中断：刹车被触发后，中断状态寄存器(INTSTATUS)BIT16 位被置 1，PWM 中断被触发。可通过中断清除寄存器(PWMINTCLR)进行清除操作。

6.1.4　寄存器映射

SWM1000S 系列中 PWM 模块的相关寄存器映射如表 6-1 所示，所列偏移量都是寄存器相对于 PWM 模块基址的十六进制增量，其基地址为 0x40016000。

表 6-1　PWM 模块寄存器映射

名　称	偏移量	位 宽	类型	复位值	描　述
PWM0MOD	0x00	2	R/W	0x00	PWM0 模式寄存器
PWM0CYCA	0x04	16	R/W	0x00	PWM0A 路周期长度寄存器
PWM0HCYCA	0x08	16	R/W	0x00	PWM0A 路高电平长度寄存器
PWM0DBRISE	0x0C	16	R/W	0x00	PWM0 死区上升沿延迟寄存器
PWM0CYCB	0x10	16	R/W	0x00	PWM0B 路周期长度寄存器
PWM0HCYCB	0x14	16	R/W	0x00	PWM0B 路高电平长度寄存器
PWM0DBFALL	0x18	16	R/W	0x00	PWM0 死区下降沿延迟寄存器
RESERVED	0x1C	32	R/W	0x00	保留
PWM1MOD	0x20	2	R/W	0x00	PWM1 模式寄存器
PWM1CYCA	0x24	16	R/W	0x00	PWM1A 路周期长度寄存器
PWM1HCYCA	0x28	16	R/W	0x00	PWM1A 路高电平长度寄存器
PWM1DBRISE	0x2C	16	R/W	0x00	PWM1 死区上升沿延迟寄存器
PWM1CYCB	0x30	16	R/W	0x00	PWM1B 路周期长度寄存器
PWM1HCYCB	0x34	16	R/W	0x00	PWM1B 路高电平长度寄存器
PWM1DBFALL	0x38	16	R/W	0x00	PWM1 死区下降沿延迟寄存器
RESERVED	0x3C	32	—	—	保留
PWM2MOD	0x40	2	R/W	0x00	PWM2 模式寄存器
PWM2CYCA	0x44	16	R/W	0x00	PWM2A 路周期长度寄存器
PWM2HCYCA	0x48	16	R/W	0x00	PWM2A 路高电平长度寄存器
PWM2DBRISE	0x4C	16	R/W	0x00	PWM2 死区上升沿延迟寄存器
PWM2CYCB	0x50	16	R/W	0x00	PWM2B 路周期长度寄存器
PWM2HCYCB	0x54	16	R/W	0x00	PWM2B 路高电平长度寄存器
PWM2DBFALL	0x58	16	R/W	0x00	PWM2 死区下降沿延迟寄存器
RESERVED	0x5C	32	—	—	保留
PWMSHUTDOWN	0x60	8	R/W	0x00	PWM 刹车控制寄存器
RESERVED	0x64 ～ 0x7C	32	—	—	保留
PWMENABLE	0x80	6	R/W	0x00	PWM 使能寄存器
PWMINTEN	0x84	16	R/W	0x00	PWM 中断使能寄存器
PWMINTSTAT	0x88	16	R/W	0x00	PWM 中断状态寄存器
PWMINTCLR	0x8C	16	R/W	0x00	PWM 中断清除寄存器

续表

名　称	偏移量	位 宽	类型	复位值	描　述
PWMINTMASK	0x90	16	R/W	0x00	PWM 中断屏蔽寄存器
PWMINTRAWSTAT	0x94	16	R	0x00	PWM 中断初始状态寄存器
PWMINTOF	0x98	16	R	0x00	PWM 中断溢出标志寄存器

6.2　模数转换器

模数转换器(ADC)主要用于将连续的模拟电压转换为离散的数字量，它是模拟信号源和 MCU 之间联系的接口，通常用于工业控制、数据采集等。模数转换器最重要的参数是转换的精度与转换速率，通常用输出的数字信号的二进制位数的多少表示精度，用每秒转换的次数来表示速率。转换器能够准确输出的数字信号的位数越多，表示转换器能够分辨输入信号的能力越强，转换器的性能也就越好。

ADC 主要有如下类型：逐位比较型、积分型、计数型、并行比较型、电压-频率型等，常用的主要有双积分型和逐次逼近(逐位比较)型两种。逐次逼近型 A/D 转换器的应用比积分型更广泛，它主要由逐次逼近寄存器 SAR、D/A 转换器、比较器以及时序和控制逻辑等部分组成。其本质是逐次把设定的 SAR 寄存器中的数字量经 D/A 转换后得到的电压 Vcc 与待转换的模拟电压 Vx 进行比较。比较时，先从 SAR 的最高位开始，逐次确定各位的数码是 1 还是 0，其工作过程如下。

转换前，先将 SAR 寄存器的各位清零。开始转换时，控制逻辑电路先设定 SAR 寄存器的最高位为 1，其余位为 0，此试探值经 D/A 转换后得到电压 Vcc，再将 Vcc 与模拟输入电压 Vx 比较，如果 Vx≥Vcc，说明 SAR 的最高位 1 应该予以保留；如果 Vx<Vcc，说明 SAR 的该位应该清零。然后再对 SAR 的次高位进行置 1，依据上述方法进行 D/A 转换和比较，不断重复该过程，直到确定 SAR 寄存器的最低位为止。全部位确认结束后，状态线改变状态，表明已经完成一次转换。最后，逐次逼近寄存器 SAR 中的内容就是与输入模拟量相对应的二进制数字。显然，A/D 转换器的位数 N 决定了 SAR 的位数和 D/A 的位数，同时也决定了转换精度。其主要特点是：转换速度快，在 1～100 μs 以内，分辨率可达 18 位，特别适合于工业控制系统。转换时间固定，不随输入信号的变化而变化。与积分型的 A/D 转换器相比，抗干扰能力较差。例如在模拟输入信号采用的过程中，若在采用时刻有一个干扰脉冲叠加在模拟信号上，则干扰信号也会被采样并转换为数字量，这就会造成很大的误差。因此在实际使用过程中，往往需要采取适当的滤波方法进行处理。例如扫地机器人，在工作放电过程中，需要检测电池电压，以防过放电而损坏电池；在充电的过程中，也需要检测电池电压，以防过充电而损坏电池，这往往在程序开发中通过求固定采样次数(如 1000 次)的平均值的方法来进行充放电管理。

SWM1000S 系列中包含一个精度为 12-bit 、包含 8 通道的逐次逼近式模拟—数字转换器 (SAR A/D converter)，其结构如图 6-7 所示。该转换器支持四种操作模式即 single、burst、single-cycle scan 和 continuous 扫描模式，可在 A/D 转换开启前通过软件设定触发方式，还可通过内部 PWM 自动触发。SWM1000S 系列的 A/D 转换器的主要特性如下(注：使能 ADC 功能前，模拟输入引脚必须配置为输入类型)。

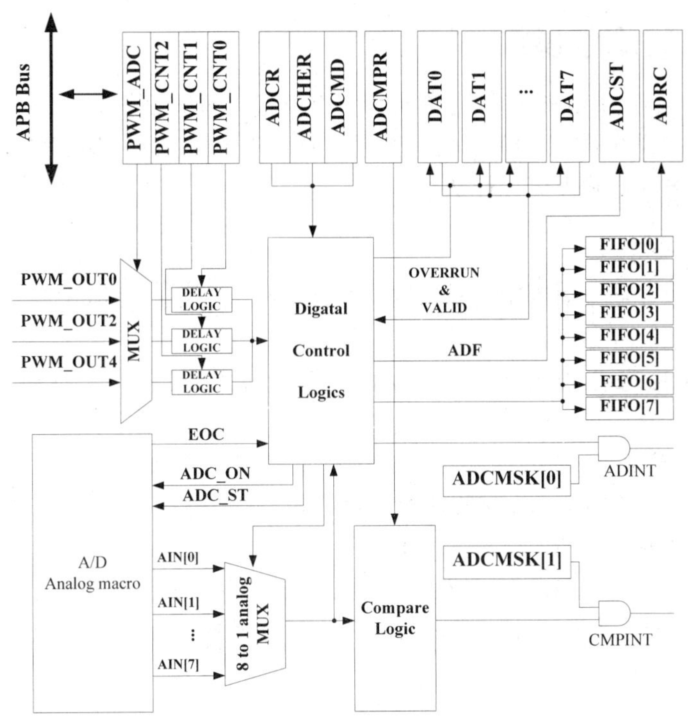

图 6-7　ADC 结构示意图

(1) 模拟输入电压：0～Vref (Max to Vdd)。

(2) 12-bits 分辨率和 10-bits 精确度保证。

(3) 多达 8 路单端输入通道。

(4) 最大 ADC 时钟频率 13 MHz。

(5) 高达 1MSPS 转换速率。

(6) 四种运作模式。

① Single mode：A/D 转换在指定通道完成一次。

② Single-cycle scan mode： A/D 转换在指定通道完成一个周期(从低数通道到高数通道)。

③ Continuous scan mode：A/D 转换器连续执行 Single-cycle scan mode 直到软件停止 A/D 转换。

④ Burst mode：A/D 转换采样和转换指定的单个通道，并存入 FIFO。

(7) 灵活的 A/D 转换开始条件。

① 软件向 ADCR 寄存器的 ad_en 位写 1。

② 外部 PWM 自动触发。

(8) 每通道转换结果存储在数据寄存器内，并带有 valid/overrun 标志。

(9) 转换结果可和指定的值相比较 当转换值和设定值相匹配时，根据用户设定产生中断请求。

6.2.1 ADC 的工作模式

SWM1000S 系列的 ADC 模块支持四种工作模式，即单触发模式、Burst 模式、单周期扫描模式和连续扫描模式。该模块可与比较器/放大器协同工作，并支持在转换完成后进行比较，并以中断方式通知内核进行处理。

1. 单触发模式

单触发模式主要用于对固定模拟量的转换及监控。在单触发模式下，A/D 转换遵循单通道模式，其工作流程如下。

(1) 当 ADCR 寄存器 AD_EN 置 1 时，开始 A/D 转换，可通过软件或外部触发输入。

(2) 当 A/D 转换完成后，A/D 转换的数据值将传递给相应通道数据寄存器。

(3) A/D 转换完成后，ADCST 寄存器对应的 ADF 位将被置 1。若此时 ADCMSK 寄存器的 ADF_MSK 位也置 1，则产生 ADINT 中断请求。

(4) A/D 转换期间，AD_EN 位为高。A/D 转换结束，AD_EN 位自动清零，A/D 转换器进入 idle 模式。idle 为非工作空闲状态，或者改为空闲状态。

2. Burst 模式

在 Burst 模式下，A/D 转换会采样和转换指定的独立通道，并将采样值存储在 FIFO 中，具体操作步骤如下。

(1) 软件置 ADCR 的 AD_EN 位为 1 或由外部触发输入(PWM), 开始 A/D 转换。

(2) 当 A/D 转换完成后，结果送入 FIFO，可以从 A/D 数据寄存器中读取。

(3) 多于 4 个采样时，ADCST 寄存器的 ADF 位将被置 1。如果此时 ADCMSK 寄存器 ADF_MSK 位也置 1，在 A/D 转换完成时就会产生 ADINT 中断请求。

(4) 只要 AD_EN 位保持为 1 时，就重复步骤(2)到步骤(3)。当 AD_EN 位清零时，A/D 转换停止，A/D 转换器进入空闲状态。

需要注意的是，在 Burst 模式下，如果软件使能多个通道, 则最小通道进行转换，其他通道不转换。

3. 单周期扫描模式

在单周期扫描模式下，A/D 将从最小通道向最大通道进行转换，具体流程如下。

(1) 软件置位 ADCR 寄存器的 AD_EN 位或由外部触发输入，开始从最小通道的 A/D 转换。

(2) 每路 A/D 转换完成后，A/D 转换数值将装载到相应数据寄存器中。

(3) 当所选择的通道都转换完成后，ADCST 寄存器的 ADF 位将被置 1。如果此时 ADCMSK 寄存器的 ADF_MSK 位也置 1，在 A/D 转换结束后就会有 ADINT 中断请求。A/D 转换结束，AD_EN 位将自动清零，A/D 转换器进入 idle 模式。若在 A/D 转换过程中将 AD_EN 位清零，A/D 转换将自动停止，转入 idle 模式。

4. 连续扫描模式

连续扫描模式需使能 ADCHE 寄存器的相应位，则 A/D 转换在指定通道进行，SWM1000S 系列最多支持 8 通道 ADC，操作步骤如下。

(1) 通过软件置位 ADCR 寄存器的 AD_EN 位或由外部触发输入, 开始从最低编号通道的 A/D 转换。

(2) 每路 A/D 转换完成后，A/D 转换数值将装载到相应数据寄存器中。

(3) 当所选择的通道都转换完成后，ADCST 寄存器的 ADF 位将被置 1。若此时 ADCMSK 寄存器的 ADF_MSK 位也被置 1，则当 A/D 转换完成后，将产生 ADINT 中断请求，且继续从被使能的最低通道继续采样。

(4) 只要 AD_EN 位保持为 1，就重复步骤(2)到步骤(3)。当 AD_EN 位清零时，A/D 转换停止，A/D 转换器进入空闲状态。当 AD_EN 位清零时，ADC 控制器将完成当前转换，最低 ADC 的使能通道的结果将不确定。

6.2.2 ADC 工作模式程序设计

1. 设置 ADC 工作模式

在实际应用过程中，需要根据不同的需求，来设置 ADC 的 4 种工作模式，这可以通过 ADC_SetMode( )函数来实现。其中，ADC_T * ADCx 为指定要被设置的 ADC 通道，uint32_t mode 为要设置的工作模式，有效值 0 为单通道单次转换；1 为多通道单次扫描；2 为多通道连续扫描；3 为单通道突发模式。示例代码如下。

```
void ADC_SetMode(ADC_T * ADCx,uint32_t mode)
{
  switch(mode)
  {
case ADC_MODE_S:
    ADC->MODE.MOD_S = 0;          //单通道单次转换
    break;
case ADC_MODE_SS:
    ADC->MODE.MOD_SS = 1;         //多通道单次扫描
    break;
case ADC_MODE_CS:
    ADC->MODE.MOD_CS = 2;         //多通道连续扫描
    break;
case ADC_MODE_B:
    ADC->MODE.MOD_B = 3;          //单通道突发模式
    break;
  }
}
```

2. 获取 ADC 工作模式

在实际应用中，根据需要，可以利用 ADC_GetMode( )函数来获取 ADC 的工作模式，示例程序如下。

```
uint32_t ADC_GetMode(ADC_T * ADCx)
{
    uint32_t mode = 0xFFFFFFFF;
    if(ADC->MODE.MOD_S == 0)
    {
        mode = 0;
    }
    else if(ADC->MODE.MOD_SS == 1)
    {
        mode = 1;
    }
    else if(ADC->MODE.MOD_CS == 2)
    {
        mode = 2;
    }
else if(ADC->MODE.MOD_B == 3)
    {
        mode = 3;
    }
    return mode;
}
```

6.2.3 转换结果比较

SWM1000S 系列提供比较寄存器 ADCMPR 用以监控 A/D 转换模块指定通道的转换结果值。可通过设定该寄存器的 CMPCH(通道选择)和 CMPCOND(比较条件)位监控选定的通道，用以检查转换值与指定值 CMPD(比较数值)之间的关系。当比较结果和预设定相匹配时，比较计数器将加 1，当计数器的值和设定值(CMPMATCNT+1)匹配时，ADCST 寄存器的 CMPF 位将置 1，若此时 ADCMSK 寄存器的 CMP_MSK 也置 1，将产生 ADINT 中断请求。中断电路如图 6-8 所示。

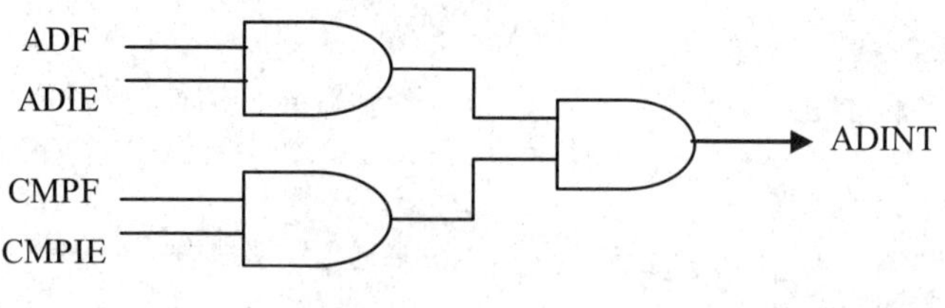

图 6-8　ADC 中断示意图

A/D 转换结束时产生 ADF(ADCST 寄存器)。若 ADF_MSK 位(ADCMSK 寄存器)置位，将产生 ADINT 中断请求。若 CMP_MSK 位使能，当 A/D 转换结果同 ADCMPR 寄存器设定值相匹配时，将产生 ADINT 中断请求系统以清除 CMPF 和 ADF 位，禁止中断请求。

1. 设置比较条件

利用 ADC_SetCMPCond( )函数，可以来设置比较匹配条件。uint32_t cmp_cond 为比较匹配条件，有两种设置：1 当结果≥CMPD 时，匹配计数器增加一；0 当结果<CMPD

时，匹配计数器增加一。示例程序如下。

```
void ADC_SetCMPCond(ADC_T * ADCx,uint32_t cmp_cond)
{
    ADC->CMPR.CMP_COND = cmp_cond;
}
```

2. 获取比较条件

利用 ADC_GetCMPCond()函数，可以获取当前的比较匹配条件。同样，根据不同的比较匹配设置条件，存在两种比较匹配条件：1，当结果≥CMPD 时，匹配计数器增加一；0，当结果<CMPD 时，匹配计数器增加一。示例程序如下。

```
uint32_t ADC_GetCMPCond(ADC_T * ADCx)
{
    return ADC->CMPR.CMP_COND;
}
```

3. 转换结果比较功能开启与关闭

利用 ADC_CMPOpen( )函数及 ADC_CMPClose( )函数，可以设置 ADC 转换结果与设定值比较功能的开启与关闭，示例程序如下。

```
void ADC_CMPOpen(ADC_T * ADCx)
{
    ADC->CMPR.CMP_EN = 1;
}
void ADC_CMPClose(ADC_T * ADCx)
{
    ADC->CMPR.CMP_EN = 0;
}
```

4. 设置比较通道

利用 ADC_SetCMPChnl()函数可以设置要与设定值比较的通道。其中，uint32_t cmp_chnl 为要进行比较的通道，取值 0～7，分别代表通道 0 至通道 7。需要注意的是，这里的 cmp_chnl 不使用 ADC_CH0…ADC_CH7 取值，而是直接返回 0～7。示例程序如下。

```
void ADC_SetCMPChnl(ADC_T * ADCx,uint32_t cmp_chnl)
{
    ADC->CMPR.CMP_CHNL = cmp_chnl;
}
```

5. 获取比较通道

ADC_GetCMPChnl( )函数用来获取当前与设定值比较的 ADC 通道，示例程序如下。

```
uint32_t ADC_GetCMPChnl(ADC_T * ADCx)
{
    return ADC->CMPR.CMP_CHNL;
}
```

6. 设定及获取比较值

利用 ADC_SetCMPValue( )函数，可以设置用来和 ADC 转换结果进行比较的设定值。其中，变量 uint32_t cmp_value 是用来与 ADC 转换结果进行比较的设定值，取值范围为 0～4095(12 位精度)。同样，利用 ADC_GetCMPValue( )函数可以获取当前用来和 ADC 转换结果进行比较的设定值。示例程序分别如下。

```
void ADC_SetCMPValue(ADC_T * ADCx,uint32_t cmp_value)
{
    ADC->CMPR.CMP_VALUE = cmp_value;
}
uint32_t ADC_GetCMPValue(ADC_T * ADCx)
{
    return ADC->CMPR.CMP_VALUE;
}
```

7. 设定及获取中断条件

利用 ADC_SetMatchCnt()函数，可以设置 ADC 转换结果和设定值满足设定条件多少次才会产生中断；利用 ADC_GetMatchCnt( )函数，可以获取当前 ADC 转换结果和设定值满足设定条件多少次才会产生中断。示例程序分别如下。

```
void ADC_SetMatchCnt(ADC_T * ADCx,uint32_t match_cnt)
{
    ADC->CMPR.MATCH_CNT = match_cnt;
}
uint32_t ADC_GetMatchCnt(ADC_T * ADCx)
{
    return ADC->CMPR.MATCH_CNT;
}
```

6.2.4 PWM 触发 ADC 采样

SWM1000S 系列具有 PWM 输出上升沿触发 ADC 进行采样功能，并且可设置延迟触发时间。如果当前 ADC 正处于采样过程中，则会在采样结束后响应 PWM 触发再次进行采样。6 路 PWM 中第 1 路、第 3 路、第 5 路可以触发 ADC 进行采样，分别由 PWM_ADC 寄存器的第 0 位、第 1 位、第 2 位控制。可对 PWM 输出上升沿延迟若干时钟周期再进行触发 ADC 进行采样，延迟时间可通过 PWM_CNT0、PWM_CNT2、PWM_CNT4 寄存器进行配置，具体操作步骤如下。

(1) 配置 PWM_ADC 寄存器，使能第 0 路(PWM0A)、第 2 路(PWM1A)、第 4 路(PWM2A)PWM 中的一路或几路触发 ADC 进行采样。

(2) 相应的分别配置 PWM_CNT0、PWM_CNT2、PWM_CNT4 寄存器延迟采样的延迟时间。

PWM 触发 ADC 采样的通道选择如表 6-2 所示。

表 6-2　PWM 触发 ADC 采样通道选择

PA4_EN	PA2_EN	PA0_EN	ADC_CHANNEL							
0	0	1	0	0	0	0	0	0	0	1
0	1	0	0	0	0	0	0	0	1	0
1	0	0	0	0	0	0	0	1	0	0
0	1	1	0	0	0	0	0	0	1	1
1	1	0	0	0	0	0	0	1	1	0
1	0	1	0	0	0	0	0	1	0	1
1	1	1	0	0	0	0	0	1	1	1

6.2.5　寄存器映射

SWM1000S 系列中 ADC 模块的相关寄存器映射如表 6-3 所示，所列偏移量都是寄存器相对于 ADC 模块基址的十六进制增量，其基地址为 0x4001700。

表 6-3　ADC 模块寄存器映射

名　称	偏移量	位宽	类型	复位值	描　述
DAT0	0x00	18	R/W	0x00	A/D 数据寄存器 0
DAT 1	0x04	12	R/W	0x00	A/D 数据寄存器 1
DAT 2	0x08	12	R/W	0x00	A/D 数据寄存器 2
DAT 3	0x0C	12	R/W	0x00	A/D 数据寄存器 3
DAT 4	0x10	12	R/W	0x00	A/D 数据寄存器 4
DAT 5	0x14	12	R/W	0x00	A/D 数据寄存器 5
DAT 6	0x18	12	R/W	0x00	A/D 数据寄存器 6
DAT 7	0x1C	12	R/W	0x00	A/D 数据寄存器 7
ADDRC	0x20	12	R/W	0x00	当 Burst 模式下，存储最近的 8 次转化值
ADCHER	0x24	8	R/W	0x00	通道使能寄存器
ADCR	0x28	2	R/W	0x00	控制寄存器
ADCMD	0x2C	4	R/W	0x00	ADC 模式寄存器
ADCMPR	0x30	28	R/W	0x00	ADC 比较寄存器
ADCMSK	0x34	2	R/W	0x00	ADC 屏蔽寄存器
ADCST	0x38	24	R/W	0x00	ADC 状态寄存器
PWM_ADC	0x3C	3	R/W	0x00	PWM 触发 ADC 的使能寄存器
PWM_CNT0	0x40	16	R/W	0x03	第 0 路 PWM 延迟采样延迟时间配置寄存器
PWM_CNT1	0x44	16	R/W	0x03	第 2 路 PWM 延迟采样延迟时间配置寄存器
PWM_CNT2	0x48	16	R/W	0x03	第 4 路 PWM 延迟采样延迟时间配置寄存器

6.2.6 ADC 转换

嵌入式应用系统经常要对外部传感器的模拟信号进行采样，而模拟信号必须转换成数字信号才能被 MCU 接受，这就需要经常用到 ADC 转换。要想使用 ADC 功能，就必须对其进行一系列的初始化设置。

1. 初始化 A/D 设置函数

ADC_Init( )函数的功能就是对 ADC 模数转换器进行初始化，包括模式、时钟、通道、中断、比较等。其中 ADC_T * ADCx 为指定要被设置的 ADC 通道，有效值包括 ADC；ADC_InitStructure * initStruct 为包含 ADC 各相关定值的结构体。

需要注意的是，在初始化 ADC 模块前，须先将模块用到的引脚配置为正确的模式，即模拟外设模式。示例程序如下。

```
void ADC_Init(ADC_T * ADCx,ADC_InitStructure * initStruct)
{
    switch((uint32_t)ADCx)
    {
    case ((uint32_t)ADC):
        SYS->PCLK_EN.ADC_CLK = 1;
    SYS->CLK_CFG.ADC_CLK_DIV = initStruct->clk_div;    //F_ADC=
//F_XTAL/clk_div
        ADC->CTRL.ADC_EN = 0;              //ADC 禁能后设置关键参数
    ADC->u32MODE = 0;                      //转换模式设置
        switch(initStruct->mode)
    {
    case ADC_MODE_S:
        ADC->MODE.MOD_S = 0;               //单通道单次转换
        break;
    case ADC_MODE_SS:
        ADC->MODE.MOD_SS = 1;              //多通道单次扫描
        break;
    case ADC_MODE_CS:
        ADC->MODE.MOD_CS = 2;              //多通道连续扫描
        break;
    case ADC_MODE_B:
        ADC->MODE.MOD_B = 3;               //单通道突发模式
        break;
    }
    ADC->u32CHER = initStruct->channel;    //转换通道选择
    if(initStruct->INT_EOCEn == 1)
    {
        ADC->IMSK.EOC_ENA = 1;
        NVIC_EnableIRQ(ADC_IRQn);
    }
    else
    {
```

```
            ADC->IMSK.EOC_ENA = 0;
        }
        if(initStruct->use_cmp)
        {
            ADC->CMPR.CMP_EN = 1;
            ADC->CMPR.CMP_COND = initStruct->cmp_cond;
            ADC->CMPR.CMP_CHNL = initStruct->cmp_chnl;
            ADC->CMPR.CMP_VALUE = initStruct->cmp_value;
            ADC->CMPR.MATCH_CNT = initStruct->match_cnt;
            if(initStruct->INT_CMPEn == 1)
            {
                ADC->IMSK.CMP_ENA = 1;
                NVIC_EnableIRQ(ADC_IRQn);
            }
            else
            {
                ADC->IMSK.CMP_ENA = 0;
            }
        }
      break;
    }
}
```

2. 打开及关闭 ADC 通道函数

ADC_Open( )函数的功能是给 ADC 模块提供工作时钟，打开 ADC 转换通道，对其使能。同样，利用 ADC_Close( )函数可切断 ADC 模块的时钟供给，从而来减少系统能耗。示例程序如下。

```
void ADC_Open(ADC_T * ADCx)
{
   SYS->PCLK_EN.ADC_CLK = 1;
   ADCx->CTRL.ADC_EN = 1;
}
void ADC_Close(ADC_T * ADCx)
{
    ADCx->CTRL.ADC_EN = 0;
    SYS->PCLK_EN.ADC_CLK = 0;
}
```

3. 开始及停止 ADC 模式转换函数

利用 ADC_Start( )函数可启动指定的 ADC 通道，开始进行模式转换。同样，利用 ADC_Stop( )函数可关闭指定 ADC 通道，并停止模式转换。示例程序如下。

```
void ADC_Start(ADC_T * ADCx)
{
    ADCx->CTRL.ADC_ST = 1;
}
void ADC_Stop(ADC_T * ADCx)
{
    ADCx->CTRL.ADC_ST = 0;
}
```

4. 读取 ADC 转换结果函数

利用 ADC_Read( )函数，可以从指定的 ADC 通道读取转换结果。其中，uint32_t ch 为要读取转换结果的通道，有效值 0～7 表示通道 0 至通道 7，8 表示 Burst 通道。读取到的转换结果如果为 0xFFFFFFFF，则说明该通道没有 VALID 的数据。示例程序如下。

```
uint32_t ADC_Read(ADC_T * ADCx,uint32_t ch)
{
    uint32_t adc_val = 0xFFFFFFFF;
    switch((uint32_t)ADCx)
    {
    case ((uint32_t)ADC):
        switch(ch)
        {
        case ADC_CH0:
            if(ADC->DAT0.VALID == 1)
            {
                adc_val = ADC->DAT0.VALUE;
            }
            break;
        case ADC_CH1:
             if(ADC->DAT1.VALID == 1)
            {
                adc_val = ADC->DAT1.VALUE;
            }
            break;
        case ADC_CH2:
            if(ADC->DAT2.VALID == 1)
            {
                adc_val = ADC->DAT2.VALUE;
            }
            break;
        case ADC_CH3:
            if(ADC->DAT3.VALID == 1)
            {
                adc_val = ADC->DAT3.VALUE;
            }
            break;
        case ADC_CH4:
            if(ADC->DAT4.VALID == 1)
            {
                adc_val = ADC->DAT4.VALUE;
            }
            break;
        case ADC_CH5:
            if(ADC->DAT5.VALID == 1)
            {
                adc_val = ADC->DAT5.VALUE;
            }
            break;
        case ADC_CH6:
            if(ADC->DAT6.VALID == 1)
```

```
                {
                    adc_val = ADC->DAT6.VALUE;
                }
                break;
            case ADC_CH7:
                if(ADC->DAT7.VALID == 1)
                {
                    adc_val = ADC->DAT7.VALUE;
                }
                break;
            case ADC_CHB:
                adc_val = ADC->DATB&0x0FFF;
                break;
            }
            break;
        }
        return adc_val;
    }
```

6.3　比较器/放大器

比较器与放大器在输入端具有相同的特点，都可以输入模拟信号，并且都可对输入的模拟量进行很高倍数的放大，但在输出端，却存在很大的差别。放大器输出的仍为模拟信号，且其输出端结构一般为推挽输出；而比较器输出的是数字电平 0 或者 1，其输出端一般为开漏输出，在很多场合下运放可以替代比较器，但是比较器不可以替代运放。

6.3.1　结构及功能

SWM1000S 系列包括 3 路模拟比较器/放大器，其结构如图 6-9 所示。用户可根据不同的需要，通过配置不同的工作模式(OPx_MOD[2:0])，来分别配置为比较器或放大器。

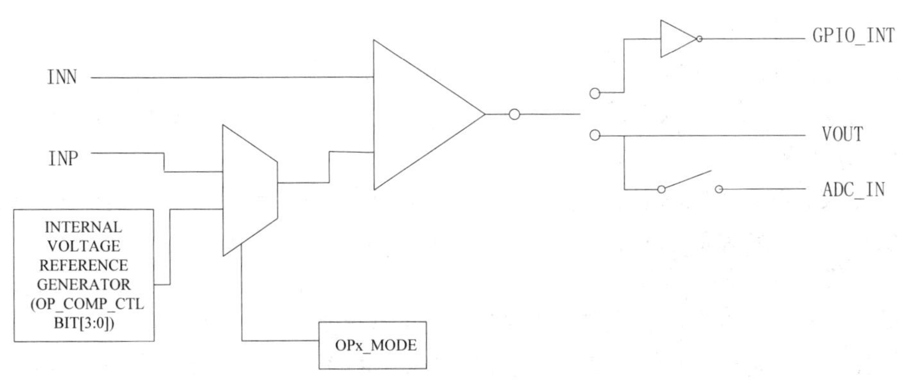

图 6-9　比较器/放大器结构示意图

1. 比较器功能描述

当配置 OPx_MOD[2:1]=10 或 OPx_MOD[2:1]=01 时，比较器/放大器模块工作在比较器模式。当其正极(cpxinp)输入大于负极(cpxinn)时，结果为逻辑 0，反之为逻辑 1。

每一路比较器可分别配置为两种输出模式，分别如下。

(1) 普通 GPIO 输入(OPx_MOD[2:0]=011)；

(2) 带有迟滞比较的 GPIO 输入(OPx_MOD[2:0]=101)。

在两种 GPIO 输入模式中，比较器 CPx 的输出值会送往 cpxinn 管脚所复用的 GPIO 端口。例如，在使用比较器 0 时，cpxinn 与 PortA8 复用。那么当选择为普通 GPIO 输入模式时，比较器的输出值会在 GPIO 的 PortA8 的输入寄存器观察到；如果配置了 GPIO 模块中的 PortA8 相应中断，比较器 0 的输出变化会触发 PortA8 的中断。

2. 放大器功能描述

当配置 OPx_MOD[2:1]=11 时，比较器/放大器模块工作在放大器模式。此时片上的放大器正极(opxinp)、负极(opxinn)和输出端(opxout)为开环放大器的 3 个端口。可以搭建外电路以确定放大器的放大倍数。

每一路放大器可分别配置为两种输出模式，分别如下。

(1) ADC 输入(OPx_MOD[2:0]=110)；

(2) 片外工作(OPx_MOD[2:0]=111)。

当放大器工作在 ADC 输入模式时，放大器的输出端不仅反映在 opxout 引脚上，还会与 opxout 端所对应的 ADC 输入端相连通，使得读取 ADC 相应的输入端值即可知道放大器的输出电平。相对的片外工作模式中，放大器的输出只会影响 opxout 引脚电平，而不会关联到片内其他电路。用户需要使用片外电路对放大器输出值进行处理。

当工作在 ADC 输入模式时，正输入端可以选择使用内部电压基准。内部基准共 16 挡可选。在正输入端使用内部电压基准时，原正输入端引脚可以被切换至数字信号模式正常完成数字引脚功能。

6.3.2 典型配置

1. 比较器配置

ADC 作为比较器使用时，其配置方法如下。

(1) 配置需使用的比较器管脚使其切换为模拟信号模式，有以下两种情况。

① 比较器的两个输入都从片外给出，则比较器的正端输入引脚和负端输入引脚都要切换为模拟功能模式。

② 比较器的两个输入只有一个从片外给出，则只有比较器的负端输入引脚切换为模拟功能模式，且比较器的正端输入引脚必须切换为数字功能模式。

(2) 如果比较器的两个输入只有一个从片外给出，则比较器的正端输入需要由片内基准电压提供，片内基准电压可通过片内基准寄存器(OP_PREF[3:0])配置。

(3) 配置比较器/放大器工作模式寄存器(OPx_MOD[2:0])，选择合适的工作模式。

(4) 配置负端输入引脚的中断模式，使得当比较器的输出结果符合中断配置时产生引脚中断。

利用 CMP_Init( )函数可以模拟实现比较器的初始化，并进行相关的参数设置，需要注意以下几点。

(1) 比较器的输出其实无论如何无法通过引脚输出出来，只能通过将比较器负端引脚置成低电平触发中断模式，让比较器的比较结果触发中断来间接知道比较结果。

(2) 比较器正端电平既可以通过外部引脚电平提供，也可以通过内部基准电路提供。如果将比较器正端引脚配置成模拟外设功能，则比较器正端电平由外部引脚提供；如果没有将比较器正端引脚配置成模拟外设功能，则比较器正端电平由内部基准电路提供(具体值由 refp 指定)。

(3) 初始化 CMP 模块前，须先将模块用到的引脚配置为正确的模式，即模拟外设模式。

典型的比较器初始化配置示例程序如下。

```
void CMP_Init(uint32_t CMPx,uint32_t isHYS,uint32_t toADC,uint32_t refp)
{
    uint32_t mode;
    if(isHYS == 0)
    {
        if(toADC == 0)
        {
        mode = 3;    //比较器关闭迟滞，并且比较器功能引脚不接到 ADC
        }
        else
        {
        mode = 2;    //比较器关闭迟滞，并且比较器功能引脚连接到 ADC
        }
    }
    else
    {
        if(toADC == 0)
        {
        mode = 5;    //比较器打开迟滞，并且比较器功能引脚不接到 ADC
        }
        else
        {
        mode = 4;    //比较器打开迟滞，并且比较器功能引脚连接到 ADC
        }
    }
    switch(CMPx)
    {
    case CMP0:
        PORT->OPA_CMP.OP0_MODE = mode;
        if(refp <16)
        {
        PORT->OPA_CMP.CMP_REFP = refp;
        }
        break;
    case CMP1:
        PORT->OPA_CMP.OP1_MODE = mode;
        if(refp <16)
        {
```

```
            PORT->OPA_CMP.CMP_REFP = refp;
        }
        break;
    case CMP2:
        PORT->OPA_CMP.OP2_MODE = mode;
        if(refp <16)
        {
            PORT->OPA_CMP.CMP_REFP = refp;
        }
        break;
    }
}
```

2. 放大器配置

ADC 作为放大器使用时，其配置方法如下。

(1) 配置需使用的放大器管脚，使其切换为模拟信号模式，放大器的 OP+、OP-和 OP_OUT 都必须切换为模拟信号模式。

(2) 配置比较器/放大器工作模式寄存器(OPx_MOD[2：0])，选择合适的工作模式。

(3) 如果需要将放大器的输出信号输出给 ADC，则正确配置 ADC 的通道选择寄存器选中 OPA 的输出引脚作为 ADC 的当前转换通道。

典型的放大器配置示例程序如下。

```
void OPA_Init(uint32_t OPAx,uint32_t toADC)
{
    switch(OPAx)
    {
    case OPA0:
        if(toADC == 0)
        {
        PORT->OPA_CMP.OP0_MODE=6;    //放大器输出引脚打开 ADC 输入功能
        }
        else
        {
        PORT->OPA_CMP.OP0_MODE=7;    //放大器输出引脚不打开 ADC 输入功能
        }
        break;
    case OPA1:
        if(toADC == 0)
        {
        PORT->OPA_CMP.OP1_MODE=6;    //放大器输出引脚打开 ADC 输入功能
        }
        else
        {
        PORT->OPA_CMP.OP1_MODE=7;    //放大器输出引脚不打开 ADC 输入功能
        }
        break;
    case OPA2:
```

```
            if(toADC == 0)
            {
            PORT->OPA_CMP.OP2_MODE=6;//放大器输出引脚打开 ADC 输入功能
            }
            else
            {
            PORT->OPA_CMP.OP2_MODE=7;//放大器输出引脚不打开 ADC 输入功能
            }
            break;
        }
    }
```

6.4　Flash 操作

ARM 的片内 Flash 不仅用来装程序，还用来装芯片配置、芯片 ID、自举程序，装载数据，以及程序加密等，Flash 操作是 ARM 系统启动时对系统信息的一系列操作。

6.4.1　加密

加密芯片主要用来保护烧进 Flash 里面的程序，即使被盗版者读走，在非法板上也不能运行，从而达到保护自己劳动成果的目的。为保护知识产品、防止被暴力破解，SWM1000S 具有芯片级的加密功能，从而实现对烧录到 Flash 里面的程序进行加密保护。当给 SWM1000S 芯片上电并检测到 B4 脚持续 5 ms 以上的高电平，且加密级别为 0～2 三个级别中的一个时，将会进入 ISP(在应用编程)模式。用户通过本公司所提供的上位机软件及串口连接，执行 Flash 页擦除、Flash 全擦除及程序更新操作。

用户通过向 Flash 地址 0x1FC 写入指定数据的方式进行加密。加密级别如表 6-4 所示。

表 6-4　加密级别及特性

级　别	地址 0x1FC 写入值	描　述
级别 0	默认值 0xFFFFFFFF	无加密，SWD 端口及 ISP 下载模式均可使用
级别 1	0xABCD4321	无 ISP 模式，ISP 下载引脚应用无限制，SWD 使用正常
级别 2	0x1234DCBA	封闭 SWD 端口，ISP 模式可正常使用，可使用 ISP 全部功能
级别 3	0xA4B3C2D1	SWD、ISP 模式均不可用，当 ISP 引脚为高时，Flash 自动擦除
级别 4	0xD1C2B3A4	SWD、ISP 模式均不可用，ISP 引脚为高时无效果，只能通过用户程序调用 ISP 下载或 IAP 擦除 flash

6.4.2　操作函数

IAP 函数为片内驻留程序，它提供了针对片内 Flash 的相关操作，通过寄存器 r0 中所包含地址传递内容，调用函数编号及参数，同时将结果返回至寄存器 r1 中地址所指向的结果列表。参数列表最多包含两个参数，占两个字，返回值均占 1 个字。表 6-5 所示为 IAP

函数调用编号，表 6-6 为 IAP 参数说明。

IAP 函数为 Thumb 代码，驻留地址为 0x100700，建议使用如下方式调用。

定义驻留地址：

```
#define IAP_LOC 0x100701;
```

定义函数指针类型：

```
typedef void (*IAP) (unsigned int * , unsigned int *);
```

调用函数来定义变量：

```
unsigned int command[3];
unsigned int result;
```

声明及设置函数指针：

```
IAP iap_function;
iap_function = (IAP) IAP_LOC;
```

调用语句：

```
iap_function(command,&result);
```

调用完成后，在 result 中返回执行结果。调用 IAP 函数时，应保证栈空间剩余 24 个字节(Byte)以上。

表 6-5 IAP 函数调用编号及说明

IAP 命令	命令码	输入参数	返回参数	描 述
写 Flash 参数调整	70	Command[0]=70 Command[1]=IAP_TMNUM;	IAP_SUCCESS IAP_PARAERR IAP_EXCERR	Flash 写入、页擦除及全擦除操作前调用该函数，根据当前时钟进行参数调整，保证操作成功，具体对应参数细节见 Flash 参数设置表(表 6-7)
Flash 使能	71	Command[0]=71 Command[1]=IAP_WREN; IAP_WRDIS; IAP_PEN;	IAP_SUCCESS IAP_PARAERR	Flash 写入、页擦除及全擦除操作前调用该函数进行使能，写操作完成后应调用 IAP_WRDIS 参数禁能写操作
Flash 页擦除	72	Command[0]=72 Command[1]=IAP_PNUM;	IAP_SUCCESS IAP_PARAERR IAP_EXCERR	擦除指定页，页号对应的地址范围见 Flash 页参数表。擦除前应确定参数的正确性及使能打开，擦除后使能自动关闭。
ISP 调用	74	Command[0]=74	无	重新调用 ISP 命令进行下载

表 6-6 IAP 参数说明

参数符号	对 应 值	描 述
IAP_TMNUM	见 Flash 参数表	输入参数，为 Flash 写入、页擦除及全擦除操作参数配置对应值

续表

参数符号	对 应 值	描　述
IAP_WREN	0x53	输入参数，Flash 写使能
IAP_WRDIS	0x54	输入参数，Flash 写禁能
IAP_PEN	0x55	输入参数，Flash 页擦除使能
IAP_PNUM	见 Flash 页地址表	输入参数，Flash 页对应地址
IAP_SUCCESS	0	输出参数，执行成功
IAP_INVALID	1	输出参数，命令不可用
IAP_PARAERR	2	输出参数，Command 中的参数错误
IAP_EXCERR	3	输出参数，执行错误，包括 Flash 参数设置错误等原因引起

Flash 参数设置及 Flash 页地址参见表 6-7、表 6-8。

表 6-7　Flash 参数设置表

IAP_TMNUM 值	对应时钟区间
0	17M～32M
1	9M～17M
2	5M～9M
3	3M～5M
4	1.5M～3M
5	750K～1.5M
6	400K～750K
7	175K～400K

表 6-8　Flash 页地址表

IAP_PNUM 值	对应地址区间
0	0x00000000～0x000003FF
1	0x00000400～0x000007FF
2	0x00000800～0x00000BFF
3	0x00000C00～0x00000FFF
4	0x00001000～0x000013FF
5	0x00001400～0x000017FF
6	0x00001800～0x00001BFF
7	0x00001C00～0x00001FFF
8	0x00002000～0x000023FF
9	0x00002400～0x000027FF
10	0x00002800～0x00002BFF
11	0x00002C00～0x00002FFF

续表

IAP_PNUM 值	对应地址区间
12	0x00003000～0x000033FF
13	0x00003400～0x000037FF
14	0x00003800～0x00003BFF
15	0x00003C00～0x00003FFF

本章小结

本章首先介绍了 SWM1000S 中集成的 PWM 模块的特点、内部结构组成、初始化配置方法，用于电机控制的刹车模块的特点以及寄存器映射等内容；接着介绍了模数转换器(ADC)模块的特点、基本结构、4 种操作方式、转换结果的比较以及 PWM 触发的 ADC 采样；然后介绍了比较器/放大器的结构及功能特点、典型的配置方法；最后介绍了对芯片 Flash 的操作方法。

习　题

(1) SWM1000S 内置的 PWM 模块的主要特点有哪些？

(2) SWM1000S 内置的 PWM 模块的主要结构模块有哪些？

(3) PWM 的配置模式有哪些？如何配置 PWM 的普通模式？

(4) SWM1000S 内置的 ADC 模块的参数主要有哪些？

(5) SWM1000S 的 ADC 工作模式有几种？连续扫描模式的具体工作流程是怎么样的？

(6) PWM 触发的 ADC 采样是如何工作的？

(7) SWM1000S 的比较器是如何配置的？

(8) SWM1000S 的放大器是如何配置的？

(9) 芯片加密的目的是什么？

第 7 章　嵌入式软件开发基础

学习重点

重点学习 ARM 的指令类型、指令结构及寻址方式，ARM 的 Thumb 指令集特点，学习 ARM 的程序设计特点及常用的基本程序结构，C 语言与汇编语言的混合编程方式；重点学习 Keil 的编程环境及程序开发流程。

学习目标

- 熟练掌握 ARM 的指令结构、指令类型以及寻址方式。
- 熟练掌握 ARM 的基本程序结构以及编程方式。
- 熟练掌握 Keil 的程序开发环境及程序开发流程。

ARM 支持汇编语言与 C/C++语言两种语言及混合编程方式。汇编语言的机器代码生成率很高，但可读性不强，复杂程序很难读懂；高级语言在大多数情况下机器代码生成率较差，但可读性和可移植性较强，二者的混合编程，可以有效解决机器代码生成率以及可读性与一致性等问题。

Keil 公司开发的 ARM 开发工具 MDK(Microcontroller Development Kit)，是用来开发基于 ARM 内核的系列微控制器的嵌入式应用软件。Keil 集编辑、编译、仿真于一体，界面友好，和 VC++相似，适合不同层次的开发者使用。MDK 包含了工业标准的 Keil C 编译器、宏汇编器、调试器、实时内核等组件，支持所有的 ARM 设备，能帮助工程师按照计划快速地完成项目开发。

7.1　ARM 指令及寻址

ARM 指令是 ARM 操作的基础，ARM 指令集可以分为数据处理指令、数据加载指令和存储指令、分支指令、程序状态寄存器(PSR)处理指令、协处理器指令和异常产生指令六大类。

7.1.1　ARM 的指令编码方式

1. 指令格式

32 位 ARM 指令编码结构如图 7-1 所示，基本指令如表 7-1 所示。ARM 汇编程序的基本格式如下。

```
<Opcode> {<Cond>} {S} <Rd>, <Rn> {, <Operand2>}
```

其中，< >内的项是必需的，{ }内的项是可选的。例如：<Opcode>是指令助记符，是必需的；{<Cond>}是指令执行条件，是可选的。如果不写，则使用默认条件 AL(无条件执行)。

(1) Opcode：指令助记符，如 ADD、LDR、STR 等。

(2) Cond：表示可选的指令条件码，定义执行条件，如 EQ、NE 等，当指令没有条件码时为无条件执行。

(3) S：为可选后缀，表示该指令的操作结果是否影响 CPSR 寄存器的值。有 S 时，则根据指令操作结果更新 CPSR 寄存器的值(条件标志位，如 N、Z、C、V)，否则不影响。

(4) Rd：目标寄存器，为操作结果寄存器。

(5) Rn：第 1 个操作数的寄存器。

(6) Operand2：第 2 个操作数，可以是寄存器，也可以是立即数。

指令格式示例如下。

```
LDR  R0,  [R1] ; 读取 R1 地址上的存储单元内容到 R0，执行条件 AL(默认)
BEQ  DATAEVEN ; 跳转指令，执行条件 EQ，即 Z 位为 0 时跳转到 DATAEVEN 执行
ADDS  R1, R1, #1 ; 加法指令，R1=R1+1，因为带有 S，将影响 CPSR 寄存器
SUBNES R1, R1, #0xD ;条件执行减法运算(NE)，R1-0xD=>R1，影响 CPSR 寄存器
```

<table>
<tr><td>31</td><td>30</td><td>29</td><td>28</td><td>27</td><td>26</td><td>25</td><td>24</td><td>23</td><td>22</td><td>21</td><td>20</td><td>19</td><td>18</td><td>17</td><td>16</td><td>15</td><td>14</td><td>13</td><td>12</td><td>11</td><td>10</td><td>9</td><td>8</td><td>7</td><td>6</td><td>5</td><td>4</td><td>3</td><td>2</td><td>1</td><td>0</td></tr>
<tr><td colspan="4">Cond</td><td>0</td><td>0</td><td>1</td><td colspan="4">Opcode</td><td>S</td><td colspan="4">Rn</td><td colspan="4">Rd</td><td colspan="12">Operand2</td></tr>
<tr><td colspan="4">Cond</td><td>0</td><td>0</td><td>0</td><td>0</td><td>0</td><td>0</td><td>A</td><td>S</td><td colspan="4">Rd</td><td colspan="4">Rn</td><td colspan="4">Rs</td><td>1</td><td>0</td><td>0</td><td>1</td><td colspan="4">Rm</td></tr>
<tr><td colspan="4">Cond</td><td>0</td><td>0</td><td>0</td><td>1</td><td>0</td><td>B</td><td>0</td><td>0</td><td colspan="4">Rn</td><td colspan="4">Rd</td><td>0</td><td>0</td><td>0</td><td>0</td><td>1</td><td>0</td><td>0</td><td>1</td><td colspan="4">Rm</td></tr>
<tr><td colspan="4">Cond</td><td>0</td><td>1</td><td>1</td><td>P</td><td>U</td><td>B</td><td>W</td><td>L</td><td colspan="4">Rn</td><td colspan="4">Rd</td><td colspan="12">offset</td></tr>
<tr><td colspan="4">Cond</td><td>0</td><td>1</td><td>1</td><td colspan="20">xxxxxxxxxxxxxxxxxxxxxxxxxxxxxx</td><td>1</td><td>x</td><td>x</td><td>x</td><td>x</td></tr>
<tr><td colspan="4">Cond</td><td>1</td><td>0</td><td>0</td><td>P</td><td>U</td><td>S</td><td>W</td><td>L</td><td colspan="4">Rn</td><td colspan="16">Register List</td></tr>
<tr><td colspan="4">Cond</td><td>1</td><td>0</td><td>1</td><td>L</td><td colspan="24">offset</td></tr>
<tr><td colspan="4">Cond</td><td>1</td><td>1</td><td>0</td><td>P</td><td>U</td><td>N</td><td>W</td><td>L</td><td colspan="4">Rn</td><td colspan="4">CRd</td><td colspan="4">CP#</td><td colspan="8">offset</td></tr>
<tr><td colspan="4">Cond</td><td>1</td><td>1</td><td>1</td><td>0</td><td colspan="4">CP Opc</td><td colspan="4">CRn</td><td colspan="4">CRd</td><td colspan="4">CP#</td><td colspan="3">CP</td><td>0</td><td colspan="4">CRm</td></tr>
<tr><td colspan="4">Cond</td><td>1</td><td>1</td><td>1</td><td>0</td><td colspan="3">CP Opc</td><td>L</td><td colspan="4">CRn</td><td colspan="4">Rd</td><td colspan="4">CP#</td><td colspan="3">CP</td><td>1</td><td colspan="4">CRm</td></tr>
<tr><td colspan="4">Cond</td><td>1</td><td>1</td><td>1</td><td>1</td><td colspan="24">ignered by precessor</td></tr>
</table>

图 7-1　ARM(32 位)指令编码结构图

表 7-1　ARM 基本指令表

助 记 符	指令功能描述	助 记 符	指令功能描述
ADC	带进位加法指令	MRC	从协处理寄存器到 ARM 寄存器
ADD	加法指令	MRS	传送 CPSR 到通用寄存器
AND	逻辑与指令	MSR	传送通用寄存器到 CPSR
B	跳转指令	MUL	32 位乘法
BIC	位清零指令	MLA	32 位加法
BL	带返回的跳转指令	MVN	数据取反传送指令
BLX	带返回和状态切换的跳转指令	ORR	逻辑或指令
BX	带状态切换的跳转指令	RSB	逆向减法指令

续表

助 记 符	指令功能描述	助 记 符	指令功能描述
CDP	协处理器数据操作指令	RSC	带借位的逆向减法指令
CMN	比较反值指令	SBC	带借位的减法指令
CMP	比较指令	STC	协处理器寄存器写入存储器指令
EOR	异或指令	STM	批量内存写入指令
LDC	存储器到协处理器的数据传送指令	STR	寄存器到寄存器的数据传送指令
LDM	加载多个寄存器指令	SUB	减法指令
LDR	存储器到寄存器的数据传送指令	SWI	软件中断指令
MCR	从 ARM 寄存器传送到协处理器寄存器	SWP	交换指令
MLA	乘加运算指令	TEQ	相等测试指令
MOV	数据传送指令	TST	位测试指令

2. 条件码

使用指令条件码，可实现高效的逻辑操作，提高代码效率。当处理器工作在 ARM 状态时，几乎所有的指令均根据 CPSR 中条件码的状态和指令的条件域来判断是否有条件地执行。当指令的执行条件满足时，指令被执行，否则指令被忽略，继续执行下一条指令。

在图 7-1 中，每条 ARM 指令包含 4 位条件码，位于指令的最高位[31:28]。条件码共有 15 种，每种条件码可用 2 个字符来表示，这 2 个字符可以添加在指令助记符的后面与指令同时使用。例如跳转指令 B 可以加上后缀 EQ 变为 BEQ，表示“相等则跳转”，即当 CPSR 中的 Z 标志置位时发生跳转。表 7-2 所示为 ARM 指令的条件码。

表 7-2　ARM 指令的条件码

条 件 码	助记符后缀	标　志	含　义
0000	EQ	Z 置位	相等
0001	NE	Z 清零	不相等
0010	CS	C 置位	无符号数大于或等于
0011	CC	C 清零	无符号数小于
0100	MI	N 置位	负数
0101	PL	N 清零	正数或零
0110	VS	V 置位	溢出
0111	VC	V 清零	未溢出
1000	HI	C 置位 Z 清零	无符号数大于
1001	LS	C 清零 Z 置位	无符号数小于或等于
1010	GE	N 等于 V	带符号数大于或等于
1011	LT	N 不等于 V	带符号数小于
1100	GT	Z 清零且 N 等于 V	带符号数大于
1101	LE	Z 置位或 N 不等于 V	带符号数小于或等于
1110	AL	忽略	无条件执行

例如：C 语言中比较两个值的大小，并进行相应的加 1 处理。

```
if (a>b) a++;
else b++;
```

对应的 ARM 指令如下。其中，参数 a 存储在寄存器 R0 中，参数 b 存储在寄存器 R1 中。

```
CMP  R0, R1          ; R0 与 R1 比较
ADDHI  R0, R0, #1  ;若 R0>R1，则 R0=R0+1
ADDLS  R1, R1, #1  ;若 R0<R1，则 R1=R1+1
```

7.1.2 ARM 的寻址方式

寻址方式是根据指令中给出的地址码字段来实现寻找真实操作数地址的方式，目前，ARM 指令系统支持七种基本寻址方式。

1. 立即寻址

立即寻址也称立即数寻址，也就是说，数据包含在指令中，取出指令也就取出了可以立即使用的操作数(立即数)。立即寻址示例如下。

```
SUBS  R0, R0, #1   ; R0-1→R0  #1 为立即数
MOV  R0, #0xff00   ;0xff00→R0
```

在以上两条指令中，第二个操作数即为立即数，要求以“#”为前缀，对于以十六进制表示的立即数，还要求在“#”后加上“0x”或“&”。

一条 ARM 指令有 32 位编码，如果指令中出现一个 32 位的立即数，又该如何表示呢？

在 ARM 指令编码中，32 位的有效立即数是通过 12 位编码间接表示的。12 位编码分成两部分，4 位表示移位位数，8 位表示一个常数，32 位的立即数即由 8 位常数循环右移 2×移位位数得到。

例如 0x0000F200 可以由 8 位的 0xF2 循环右移 24(2×12)位得到，因此，立即数 0x0000F200 在 ARM 指令中的编码表示为 0xCF2(C 为 12 的十六进制表示形式)。又如立即数 0x00012800，其二进制形式如下。

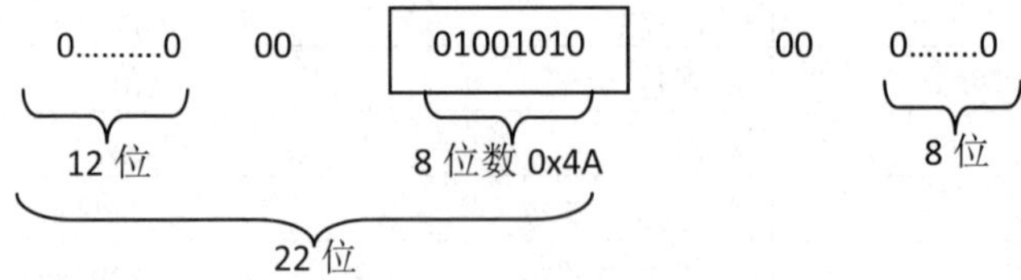

因此，该立即数可以由 0x4A 循环右移 22(2×11)位得到，在 ARM 指令中该立即数的编码为 0xB4A。

需要注意的是，并不是所有的常数都是合法的立即数，如 0x1010、0x102、0xF1F 等则不能通过上述的方法来表示。

2. 寄存器寻址

寄存器寻址就是利用寄存器中的数字作为操作数，操作数的值在寄存器中，指令中地址码字段指出的是寄存器的编号，指令执行时直接取出寄存器值。它是一种执行效率较高的寻址方式。寄存器寻址示例如下。

```
MOV  R1, R2      ; R2→R1
SUB   R0, R1, R2  ; R1-R2→R0
```

寄存器寻址中有一种特殊的使用方式，即第 2 个操作数在和第 1 个操作数结合之前先进行移位操作，这种方式也称为寄存器移位寻址。

3. 基址变址寻址

基址变址寻址是将基址寄存器的内容与指令中给出的偏移量相加，形成操作数的有效地址。基址变址寻址用于访问基址附近的存储单元，常用于查表、数组操作。基址变址寻址示例如下。

```
LDR  R2, [R3, #0x0F]  ; R2←[R3+0x0F]
STR  R1, [R0, #-2]     ; R1←[R0-2]
LDR  R0, [R1, #4]     ; R0←[R1+4]、R1←R1+4
LDR  R0, [R1], #4     ; R0←[R1]、R1←R1+4
LDR  R0, [R1, R2]     ; R0←[R1+R2]
```

4. 寄存器偏移寻址

寄存器偏移寻址是 ARM 指令集特有的寻址方式，当第 2 个操作数是寄存器偏移寻址方式时，第 2 个寄存器操作数在与第 1 个操作数结合之前，选择进行移位操作。寄存器偏移寻址示例如下。

```
MOV  R0, R2, LSL #3      ; R2 的值左移 3 位，结果放入 R0，即 R0=R2*8
ANDS  R1, R1, R2, LSL R3 ; R2 的值左移 R3 位，然后与 R1 相与操作，结果放入 R1
```

可进行的逻辑操作如下。

(1) LSL：逻辑左移(Logical Shift Left)，空出的最低有效位用 0 填充。

(2) LSR：逻辑右移(Logical Shift Right)，空出的最高有效位用 0 填充。

(3) ASL：算术左移(Arithmetic Shift Left)，空出的最低有效位用 0 填充，与 LSL 的用法相同。

(4) ASR：算术右移(Arithmetic Shift Right)，算术移位的对象如果是有符号数，移位过程中必须保持操作数的符号不变。即如果源操作数是正数，则空出的最高有效位用 0 填充；如果是负数，则用 1 填充。

(5) ROR：循环右移(Rotate Right)，移出的字的最低有效位依次填入空出的最高有效位。

(6) RRX：带扩展的循环右移(Rotate Right Extended by 1 Place)，将寄存器的内容循环右移 1 位，空位用原来的 C 标志位填充。当移位类型为 RRX 时，无须指定移位类型。

5. 寄存器间接寻址

寄存器间接寻址指令中的地址码给出的是一个通用寄存器的编号，所需要的操作数保存在寄存器指定地址的存储单元中，即寄存器为操作数的地址指针。寄存器间接寻址示例如下。

```
LDR  R1, [R2]      ; R1←[R2]
ADD  R1, R1, [R2]  ; R1←R1+[R2]
```

6. 多寄存器寻址

多寄存器寻址就是一次可以传送多个寄存器值，允许一条指令传送 16 个通用寄存器的任何子集或所有寄存器。多寄存器寻址指令示例如下。

```
LDMIA  R1, {R2, R12}  ; R2←[R1], R12←[R2+4]
```

使用多寄存器寻址指令时，寄存器子集按照由小到大的顺序排列，连续的寄存器用“-”连接，否则用“，”分隔。

另外，多寄存器传送指令用于一块数据从寄存器的某一位置复制到另一位置。块复制寻址指令示例如下。

```
STMIA  R0!, {R1-R7}
STMIB  R0!, {R1-R7}
STMDA  R0!, {R1-R7}
STMDB  R0!, {R1-R7}
```

7. 堆栈寻址

堆栈是一种按照“先进后出”或者“后进先出”的方式进行数据存储的存储区。指向堆栈的地址寄存器称为堆栈指针(SP)，堆栈的访问是通过堆栈指针(R13，ARM 处理器的不同工作模式对于不同的物理寄存器)指向一开口存储区域(堆栈)来实现的。堆栈根据其内存地址的增长方向分为递增堆栈和递减堆栈；根据堆栈指针指向数据位置的不同，又可分为满堆栈和空堆栈。对递增、递减、空堆栈和满堆栈进行组合，可以产生四种类型的堆栈。

(1) 满递增堆栈：堆栈指针指向最后压入的数据，而且压入数据时堆栈由低地址向高地址生成。

(2) 空递增堆栈：堆栈指针指向下一个要压入的数据的空位置，而且压入数据时堆栈由低地址向高地址生成。

(3) 满递减堆栈：堆栈指针指向最后压入的数据，而且压入数据时堆栈由高地址向低地址生成。

(4) 空递减堆栈：堆栈指针指向下一个要压入的数据的空位置，而且压入数据时堆栈由高地址向低地址生成。

7.2 ARM 指令集

ARM 指令根据类型、作用不同，可以分为数据处理指令、跳转指令、程序状态寄存器处理指令等。

7.2.1　数据处理指令

数据处理指令包括算术运算、逻辑运算、数据传送、比较、测试、乘法等。

1. 算术运算指令

算术运算指令包括 ADD、SUB、RSB、ADC、SBC、RSC，指令格式如下。

```
操作码 {条件} { S} 目标寄存器， 操作数 1 寄存器，操作数 2(寄存器)
```

指令用于加、减、反减等运算，包括带进位的算术运算。

(1)　ADD 指令用于将操作数 1 寄存器的值与操作数 2(寄存器的值)相加。

(2)　SUB 指令用于操作数 1 寄存器的值减去操作数 2(寄存器的值) 。

(3)　RSB 指令用于操作数 2 的值减去操作数 1，反减的优点在于操作数 2 的可选范围较大。

(4)　ADC、SBC、RSC 指令分别是 ADD、SUB、RSB 的带进(借)位的运算，运算结果将影响 CPSR 寄存器的进位标志 C 的状态。

2. 逻辑运算指令

逻辑运算指令包括 AND、ORR、EOR、BIC，指令格式及示例如下。

```
操作码 {条件} {S} 目标寄存器， 操作数 1 寄存器，操作数 2(寄存器)
AND R0, R0, #00FF     ;将 R0 的高 24 位清 0，低 8 位保持不变
ORR R0, R0, #00FF     ;将 R0 的低 8 位置 1，高 24 位保持不变
EOR R0, R0, #00FF     ;将 R0 的低 8 位反转，高 24 位保持不变
```

指令 AND、ORR、EOR 分别完成逻辑与、逻辑或、逻辑异或运算；BIC 指令用于将操作数 1 寄存器中的位与操作数 2 中相应位的反码进行“与”运算，该指令可以实现操作数 1 某些位清零。

3. 数据传送指令

数据传送指令包括 MOV 和 MVN，MOV 的功能是将源操作数的值送往目标寄存器；MVN 的功能是将源操作数按位取反后的结果送往目标寄存器。指令格式及示例如下。

```
操作码 {条件} {S} 目标寄存器，操作数 1 寄存器，操作数 2(寄存器)
MOV  R0, R1     ;将 R1 的值传送到 R0
MOV  PC, R14    ;将 R14 的值传送到 PC，常用于子程序返回
MOVS  R1, R0, LSL #2    ;将 R0 的值左移 2 位后传送到 R1
MVN  R1, R0     ;将 R0 的值按位取反后传送到 R1
```

其中，shifter_operand 共 12 位(如图 7-2 所示)，其结构需要遵循以下规则(此规则对所有立即数都适用)。

31	30	29	28	27	26	25	24	23	22	21	20	19	18	17	16	15	14	13	12	11	10	9	8	7	6	5	4	3	2	1	0
cond				0	0	0	1	1	0	1	S	0				Rd				shifter_operand											

图 7-2　MOV 指令编码格式

图 7-3 所示表明每个立即数由一个 8 位常数循环右移偶数位得到，其中循环右移的位数由一个二进制的 2 倍表示，即<immediate>=immed_8 循环右移(2*rotate_imm)，示例如下。

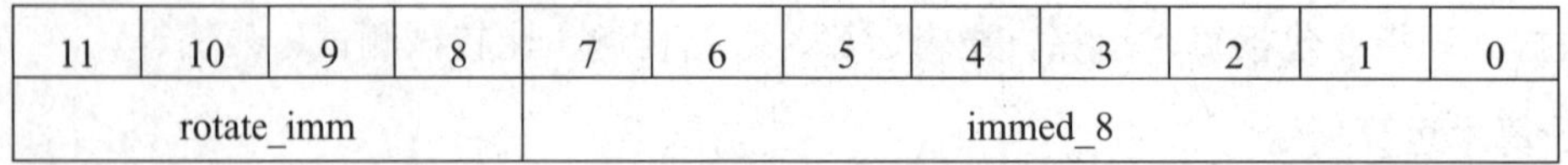

11	10	9	8	7	6	5	4	3	2	1	0
rotate_imm				immed_8							

图 7-3　shifter_operand 的 12 位结构图

```
If  conditionPassed (cond)  then
Rd=shifter_operand
    If  S==1  and  Rd==R15  then
        CPSR=SPSR
    Else  if  S==1  then
        N  flag=rd[31]
        Z  flag=if  rd==0  then  1  else  0
        C  flag=shifter_carray_out
        V  flag=unaffected
```

4. 比较指令

比较指令包括 CMP 和 CMN。CMP 的功能是将操作数 1 寄存器的值与操作数 2(寄存器或立即数)的值进行比较，同时更新 CPSR 中的条件标志位的值。该操作实际上进行了一次减法运算，但不保存结果，只改变条件标志位。CMN 的功能是取反比较，将操作数 1 寄存器的值取反后与操作数 2 进行比较，并根据比较结果修改条件标志位。示例如下。

```
CMP  R1, R0
CMN  R1, #50
```

5. 测试指令

测试指令包括 TST 和 TEQ。TST 表示位测试，对两个操作数进行按位“与”操作，并根据结果更新条件标志位。通常用于测试寄存器中某些位是 1 还是 0。TEQ 表示测试相等，对两个操作数进行按位“异或”运算，根据结果更新条件标志位。通常用于比较两个操作数是否相等。示例如下。

```
TSTNE  R0, #0x3
TEQEQ  R01, R9
```

6. 乘法指令

乘法指令完成两个 32 位寄存器数据的乘法运算，运算结果分 32 位和 64 位数据。乘法指令共有 6 种格式，如表 7-3 所示。

表 7-3　乘法指令格式

助 记 符	说　明	操作方式
MUL Rd, Rm, Rs	32 位乘法指令	Rd←Rm×Rs (Rd≠Rm)
MLA Rd, Rm, Rs,Rn	32 位乘加指令	Rd←Rm×Rs+Rn (Rd≠Rm)
UMULL RdLo, RdHi, Rm, Rs	64 位无符号乘法指令	(RdLo, RdHi)←Rm×Rs
UMLAL RdLo, RdHi, Rm, Rs	64 位无符号乘加指令	(RdLo, RdHi)←Rm×Rs+(RdLo, RdHi)

续表

助 记 符	说　明	操作方式
SMULL RdLo, RdHi, Rm, Rs	64 位带符号乘法指令	(RdLo, RdHi)←Rm×Rs
SMLAL RdLo, RdHi, Rm, Rs	64 位带符号乘加指令	(RdLo, RdHi)←Rm×Rs+(RdLo, RdHi)

1)　32 位乘法指令 MUL

其功能是将源操作数 1 寄存器和源操作数 2 寄存器中的值相乘，并将结果的低 32 位保存到目标寄存器中。需要注意的是，目标寄存器和源操作数 1 寄存器不能是同一个寄存器。其指令格式及示例如下。

```
MUL {条件} {S} 目标寄存器，源操作数 1 寄存器，源操作数 2 寄存器
MUL  R1, R2, R3   ;  R1=R2×R3
MULS  R0, R2, R5 ;  R0=R2×R5，并根据结果设置 CPSR 中的 Z 位和 N 位
```

2)　32 位乘加指令 MLA

其功能是将源操作数 1 寄存器和源操作数 2 寄存器中的值相乘，再加上加数寄存器的数据，将结果的 32 位保存到目标寄存器。需要注意的是，目标寄存器和源操作数 1 寄存器不能是同一个寄存器，其指令格式及示例如下。

```
MLA {条件}{S}目标寄存器，源操作数 1 寄存器，源操作数 2 寄存器，加数寄存器
MLA  R1, R2, R3, R0   ;  R1=R2×R3+R0
```

3)　64 位无符号乘法指令 UMULL

其功能是将源操作数 1 寄存器和源操作数 2 寄存器中的值作为无符号数相乘，将结果的低 32 位保存到目标寄存器 Lo 中，高 32 位保存到目标寄存器 Hi 中。其指令格式及示例如下。

```
UMULL {条件} {S}目标寄存器 Lo, 目标寄存器 Hi, 源操作数 1 寄存器，源操作数 2 寄存器
UMULL  R0, R1, R3, R4   ;  (R1, R0)=R3×R4
```

4)　64 位无符号乘加指令 SMLAL

其功能是将源操作数 1 寄存器和源操作数 2 寄存器中的值作为无符号数相乘，将乘积结果与目标寄存器 Hi、目标寄存器 Lo 相加，结果的低 32 位保存到目标寄存器 Lo 中，高 32 位保存到目标寄存器 Hi 中。其指令格式及示例如下。

```
UMLAL {条件} {S}目标寄存器 Lo, 目标寄存器 Hi, 源操作数 1 寄存器，源操作数 2 寄存器
UMLAL  R0, R1, R3, R4   ;  (R1, R0)=R3×R4+(R1, R0)
```

5)　64 位带符号乘法指令 SMULL

其功能是将源操作数 1 寄存器和源操作数 2 寄存器中的值作为带符号数相乘，将结果的低 32 位保存到目标寄存器 Lo 中，高 32 位保存到目标寄存器 Hi 中。其指令格式及示例如下。

```
SMULL{条件}{ S}目标寄存器 Lo, 目标寄存器 Hi, 源操作数 1 寄存器，源操作数 2 寄存器
SMULL  R0, R1, R3, R4   ;  (R1, R0)=R3×R4
```

6) 64 位带符号乘加指令 SMLAL

其功能是将源操作数 1 寄存器和源操作数 2 寄存器中的值作为带符号数相乘，将乘积结果与目标寄存器 Hi、目标寄存器 Lo 相加，结果的低 32 位保存到目标寄存器 Lo 中，高 32 位保存到目标寄存器 Hi 中。其指令格式及示例如下。

```
SMLAL {条件} {S}目标寄存器 Lo，目标寄存器 Hi，源操作数 1 寄存器，源操作数 2 寄存器
SMLAL  R0, R1, R3, R4   ;  (R1, R0)=R3×R4+(R1, R0)
```

7.2.2 跳转处理指令

跳转指令用于实现程序流程的转移，在 ARM 中有两种方法可以实现程序流程的转移。一种方法是直接向 PC 寄存器(R15)中写入转移的目标地址值，通过改变 PC 的值来实现程序的跳转；另一种方法就是利用跳转指令。ARM 的跳转指令可以从当前指令向前或向后的 32M 空间跳转。ARM 跳转指令包括 B(简单跳转指令)、BL(带返回的跳转指令)、BX(带状态切换的跳转指令)和 BLX(带返回和状态切换的跳转指令)四种。

1. 简单跳转指令

简单跳转指令(B)的功能是跳转到目标地址处执行，其指令格式及示例如下。

```
B  {条件} 目标地址
B  LABEL  ; 程序无条件跳转到标号 LABEL 处执行
B  0x1400  ; 跳转到绝对地址 0x1400 处执行
```

利用 B 指令实现循环的示例如下。

```
MOV  R0, #10      ; 初始化循环计数器
LOOP…
SUBS  R0, #1      ; 计数器减 1，并设置条件码
BNE  LOOP         ; 如果计数器 R0 不为 0，则继续循环
…                 ; 否则终止循环
```

2. 带返回的跳转指令

带返回的跳转指令(BL)的功能是跳转之前先将 PC 的当前值保存到 R14 中，因此可以通过将 R14 的内容重新加载到 PC 中来返回到跳转指令之后的那个指令处执行。该指令是实现自程序调用的基本手段，其指令格式及示例如下。

```
BL  SUBP   ; 子程序调用(PC→R14)
…          ; 返回到这里
SUBP  … ;  子程序入口
…
MOV  PC, R14  ; 子程序返回
```

3. 带状态切换的跳转指令

带状态切换的跳转指令(BX)的功能是当指令执行时，将目标寄存器的第 0 位复制到 CPSR 的 T 标志位，从而决定程序是切换到 Thumb 指令还是继续执行 ARM 指令，[31:1]位移入 PC。若目标地址第 0 位为 0，则处理器执行 ARM 指令；若目标地址第 0 位为 1，则处理器跳转到 Thumb 指令执行。其指令格式及示例如下。

```
BX  {条件} 目标地址寄存器
B  R0  ; 跳转到 R0 指定地址，并根据 R0 的最低位切换处理器状态
```

4. 带返回和状态切换的跳转指令

带返回和状态切换的跳转指令(BLX)的功能是将下一条指令的地址复制到 R14 中，转移到标号处或目标地址寄存器指定的位置；如果目标地址寄存器的第 0 位为 1 或使用标号，则程序切换到 Thumb 状态。其指令格式及示例如下。

```
BLX  标号 或 BLX  {条件} 目标地址寄存器
CODE32      ; 伪操作通知编译器，其后是 32 位 ARM 指令代码
…
BLX  Tsub   ; 调用 Thumb 子程序
…
CODE16      ; 伪操作通知编译器，其后是 16 位 Thumb 指令代码
Tsub …       ; Thumb 子程序
BX  R14     ; 返回到 ARM 代码
```

7.2.3　程序状态寄存器处理指令

ARM 微处理器支持程序状态寄存器访问指令，用于在程序状态寄存器和通用寄存器之间传送数据。程序状态寄存器处理指令包括 MRS 和 MSR 两条指令。

1. MRS 指令

MRS 指令的功能是将程序状态寄存器的内容传送到通用寄存器中。需要注意的是，通用寄存器不能使用 R15。该指令一般用在以下两种情况。

(1) 当需要改变程序状态寄存器的内容时，可用 MRS 将程序状态寄存器的内容读入到通用寄存器，修改后再写回程序状态寄存器。

(2) 当在异常处理或进程切换时，需要保存程序状态寄存器的值，可先用该指令读出程序状态寄存器的值，然后保存。

其指令格式及示例如下。

```
MRS  {条件} 通用寄存器，程序状态寄存器(CPSR 或 SPSR)
MRS  R0,  CPSR  ; 传送 CPSR 的内容到寄存器 R0
MRS  R1,  SPSR  ; 传送 SPSR 的内容到寄存器 R1
```

2. MSR 指令

MSR 指令的功能是将操作数的内容传送到程序状态寄存器(CPSR 或 SPSR)的特定域中，其中操作数可以是通用寄存器或立即数。域用于设置程序状态寄存器中需要操作的位，为可选项，32 位的程序状态寄存器可分为 4 个域(必须用小写字母表示)。其指令格式及示例如下。

(1) 位[31: 24]为条件标志位域，用 f 表示。

(2) 位[23: 16]为状态位域，用 s 表示。

(3) 位[15: 8]为扩展位域，用 x 表示。

(4) 位[7: 0]为控制位域，用 c 表示。

```
MSR {条件} 程序状态寄存器_域, 操作数
MSR  CPSR, R0  ; 传送R0的内容到CPSR寄存器
MSR  SPSR, R0  ; 传送R0的内容到SPSR寄存器
MSR  CPSR_c, R0  ; 传送R0的内容到CPSR寄存器，但仅仅修改CPSR中的控制位域
```

MRS 指令与 MSR 指令在 IRQ 中断的应用如下。

使能 IRQ 中断。

```
ENABLE_IRQ
MRS  R0, CPSR
BIC  R0, R0, #0x80
MSR  CPSR_c, R0
MOV  PC, LR
```

禁能 IRQ 中断。

```
DISABLE_IRQ
MRS  R0, CPSR
ORR  R0, R0, #0x80
MSR  CPSR_c, R0
MOV  PC, LR
```

7.2.4 协处理器指令

ARM 微处理器可支持多达 16 个协处理器，用于各种协处理操作。在程序执行过程中，每个协处理器只针对自身的协处理指令，忽略 ARM 处理器和其他协处理器的指令。ARM 的协处理器指令主要用于 ARM 处理器初始化 ARM 协处理器的数据处理操作，在 ARM 处理器的寄存器和协处理器的寄存器之间传送数据以及在 ARM 协处理器的寄存器和存储器之间传送数据。共包括 5 条指令，分别为 CDP、LDC、STC、MCR、MRC。

1. CDP 指令

协处理器数操作指令 CDP 的功能用于 ARM 处理器通知 ARM 协处理器执行特定的操作，若协处理器不能成功完成特定的操作，则产生未定义指令异常。其指令格式及示例如下。

```
CDP {条件} 协处理器编码，协处理器操作码1，目标寄存器，源寄存器1，源寄存器2，协处理器操作码2
CDP  P3, 2, C12, C10, C3, 4  ;该指令完成协处理器P3的初始化
```

其中，协处理器操作码 1 和协处理器操作码 2 为协处理器要执行的操作，目标寄存器和源寄存器均为协处理器的寄存器，指令不涉及 ARM 处理器的寄存器和存储器。

2. LDC 指令

协处理器数据加载指令 LDC 的功能是将源寄存器所指向的存储器中的字数据传送到目标寄存器中，若协处理器不能成功完成传送操作，则产生未定义指令异常。其指令格式及示例如下。

```
LDC {条件} { L } 协处理器编码，目标寄存器，[源寄存器]
LDC  P3, C3, [R0]  ; 将ARM处理器的寄存器R0所指向的存储器中的字数据
```

```
传送到协处理器 P3 的寄存器 C3 中
```

其中，{ L }选项表示指令为长读取操作，如用于双精度数据的传输。

3. STC 指令

协处理器数据存储指令 STC 的功能是将源寄存器中的字数据传送到目标寄存器所指向的存储器中，若协处理器不能成功完成传送操作，则产生未定义指令异常。其指令格式及示例如下。

```
STC {条件} { L } 协处理器编码，源寄存器，[目标寄存器]
STC  P3, C3, [R0]   ; 将协处理器 P3 的寄存器 C3 中的字数据传送到 ARM 处理器的
寄存器 R0 所指向的存储器中
```

其中，{ L }选项表示指令为长读取操作，如用于双精度数据的传输。

4. MCR 指令

ARM 处理器寄存器到协处理器寄存器的数据传送指令 MCR 的功能是将 ARM 处理器寄存器中的数据传送到协处理器寄存器中，若协处理器不能成功完成传送操作，则产生未定义指令异常。其指令格式及示例如下。

```
MCR {条件} 协处理器编码，协处理器操作码 1，源寄存器，目标寄存器 1，目标寄存器 2，协处
理器操作码 2
MCR  P3, 3, R0, C4 C5, 6  ; 将 ARM 处理器的寄存器 R0 中的数据
传送到协处理器 P3 的寄存器 C4、C5 中
```

其中，协处理器操作码 1 和协处理器操作码 2 为协处理器将要执行的操作，源寄存器为 ARM 处理器的寄存器，目标寄存器均为协处理器的寄存器。

5. MRC 指令

协处理器寄存器到 ARM 处理器寄存器的数据传送指令 MRC 的功能是将协处理器寄存器中的数据传送到 ARM 处理器寄存器中，若协处理器不能成功完成传送操作，则产生未定义指令异常。其指令格式及示例如下。

```
MRC {条件} 协处理器编码，协处理器操作码 1，目标寄存器，源寄存器 1，源寄存器 2，协处理
器操作码 2
MRC  P3, 3, R0, C4 C5, 6  ; 将协处理器 P3 的寄存器 C4、C5 中的数据
传送到 ARM 处理器的寄存器 R0 中
```

其中，协处理器操作码 1 和协处理器操作码 2 为协处理器将要执行的操作，目标寄存器为 ARM 处理器的寄存器，源寄存器均为协处理器的寄存器。

7.3 Thumb 指令集

为了兼容数据总线宽度为 16 位的应用系统，ARM 体系结构除了支持执行效率很高的 32 位 ARM 指令集外，同时还支持 16 位的 Thumb 指令集。Thumb 指令集是 ARM 指令集的一个子集，是针对代码密度问题而提出来的，它具有 16 位代码宽度。与等价的 32 位代码相比，Thumb 指令集在保留 32 位代码优势的同时，大大节省了系统的存储空间。

Thumb 不是一个完整的体系结构，不能指望处理器只执行 Thumb 指令集而不支持 ARM 指令集。当处理器在执行 ARM 程序段时，称 ARM 处理器处于 ARM 工作状态；当处理器在执行 Thumb 程序段时，称 ARM 处理器处于 Thumb 工作状态。

一般来讲，Thumb 指令与 ARM 指令的时间效率和空间效率的关系如下。

(1) Thumb 代码所需要的存储空间为 ARM 代码的 60%～70%。

(2) Thumb 代码使用的指令数比 ARM 代码多 30%～40%。

(3) 若使用 32 位存储器，ARM 代码比 Thumb 代码约快 40%。

(4) 若使用 16 位存储器，Thumb 代码比 ARM 代码快 40%～50%。

(5) 与 ARM 代码相比，使用 Thumb 代码，存储器的功耗会降低约 30%。

Thumb 指令集与 ARM 指令集的区别主要如下。

(1) 跳转指令：条件跳转在范围上有更多的限制，转向子程序只具有无条件转移。

(2) 数据处理指令：对通用寄存器进行操作，操作结果需放入其中一个操作数寄存器，而不是第三个寄存器。

(3) 单寄存器加载和存储指令：Thumb 状态下，单寄存器加载和存储指令只能访问 R0～R7。

(4) 批量寄存器加载和存储指令：LDM 和 STM 指令可以将任何范围为 R0～R7 的寄存器子集加载或存储，PUSH 和 POP 指令使用堆栈指针 R13 作为基址实现满递减堆栈，除 R0～R7 外，PUSH 指令还可以存储链接寄存器 R14，并且 POP 指令还可以加载程序指令 PC。

(5) 异常处理指令：Thumb 指令集没有包含进行异常处理时需要的一些指令，因此在异常中断时需要使用 ARM 指令，这种限制决定了 Thumb 指令不能单独使用，而是需要与 ARM 指令配合使用。

(6) 状态寄存器集：Thumb 状态寄存器是 ARM 状态寄存器的子集，程序员可直接访问 8 个通用寄存器 R0～R7、PC、堆栈指针 SP、链接寄存器 LR 和 CPSR。每个特权模式都有分组的 SP、LR 和 SPSR。Thumb 寄存器在 ARM 寄存器上的映射如图 7-4 所示。

Thumb 状态		ARM 状态
R0	→	R0
R1	→	R1
R2	→	R2
R3	→	R3
R4	→	R4
R5	→	R5
R6	→	R6
R7	→	R7
		R8～R12
堆栈指针(SP)	→	堆栈指针(R13)
链接寄存器(LR)	→	链接寄存器(R14)
程序计数器(PC)	→	程序计数器(R15)
当前程序状态寄存器(SPSR)	→	当前程序状态寄存器(SPSR)
备份程序状态寄存器(SPSR)	→	备份程序状态寄存器(SPSR)

图 7-4　Thumb 寄存器在 ARM 寄存器上的映射

Thumb 状态寄存器与 ARM 状态寄存器的关系如下。

(1) Thumb 状态寄存器 R0～R7 与 ARM 状态寄存器 R0～R7 相同。

(2) Thumb 状态 CPSR 和 SPSR 与 ARM 状态 CPSR 和 SPSR 相同。

(3) Thumb 状态 SP 映射到 ARM 状态寄存器 R13。

(4) Thumb 状态 LR 映射到 ARM 状态寄存器 R14。

(5) Thumb 状态 PC 映射到 ARM 状态寄存器 PC(R15)。

在程序中，可以使用 BX 指令来实现 ARM 状态和 Thumb 状态的切换。

7.4　ARM 程序开发基础

ARM 支持汇编语言与 C/C++语言两种语言及混合编程方式。汇编语言的机器代码生成率很高，但可读性不强，复杂程序很难读懂；高级语言在大多数情况下机器代码生成率较差，但可读性和可移植性较强，二者的混合编程，可以有效解决机器代码生成率以及可读性与一致性等问题。

7.4.1　ARM 汇编程序设计介绍

ARM 汇编语言程序设计有三种基本结构：顺序结构、分支结构、循环结构。

1. 顺序结构程序设计示例

程序按照程序语句的先后顺序依次执行，直到程序结束。在例程中，通过查表操作的方式实现数组中第 1 项数据和第 5 项数据相加，并将结果保存到数组中。其程序流程图如图 7-5 所示，程序清单如下。

```
AERA Buf, DATA, READWRITE ;定义数据段 Buf
Array DCD 0x11, 0x22, 0x33, 0x44 ;定义数组 Array
    DCD 0x55, 0x66, 0x77, 0x88
    DCD 0x00, 0x00, 0x00, 0x00
AREA Example, CODE, READONLY
ENTRY
CODE32
LDR  R0,=Arry  ;读取数组 Array 的首地址
LDR  R2, [R0]    ;装载数组第 1 项字数据给 R2
MOV  R1, #4
LDR  R3, [R0, R1, LSL #2]  ;装载数组第 5 项；字数据给 R3
ADD  R2, R2, R3           ;R2+R3→R2
MOV  R1, #8
STR  R2, [R0, R1, LSL #2]  ;保存结果到数组第 9 项
END
```

2. 分支结构程序设计示例

程序按照程序语句的先后顺序依次执行，当到达分支判断语句时，根据设定条件，转向不同的分支结构语句执行程序，直到程序结束。在例程中，通过比较判断 X、Y 两个变量的大小，从而给变量 Z 赋予不同的值。其程序流程图如图 7-6 所示，程序清单如下。

```
…
MOV  R0, #76
MOV  R1, #88
CMP  R0, R1
BHI  Next1
MOV  R2, #50
B    Next2
Next1
MOV  R2, #100
Next2
…
```

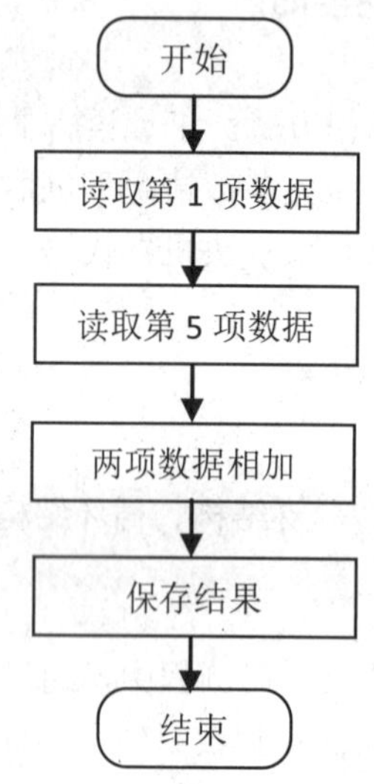

图 7-5　顺序结构程序设计流程图

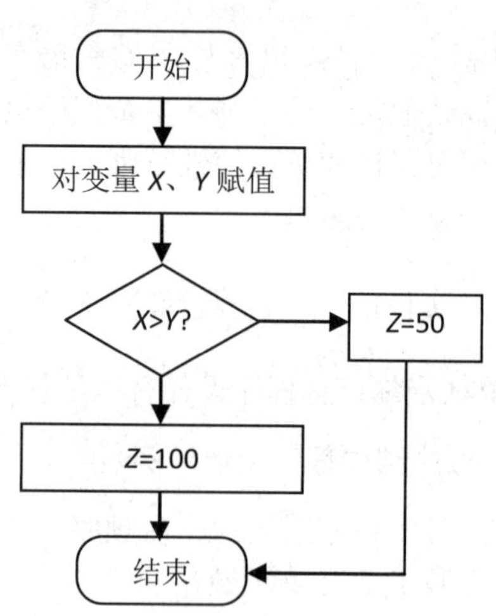

图 7-6　分支结构程序设计流程图

3. 循环结构程序设计示例

循环结构程序设计包括两个基本部分，即循环体和循环结束条件。循环体是要求重复执行的程序段部分；循环结束条件是指在循环程序中必须给出循环结束条件，否则程序将会进入死循环，直到程序产生机器溢出中断。在 C 语言中，用 for 和 while 语句来实现循环，在汇编语言中，通过调整指令实现循环。计算 1+2+3+…+100 的程序清单如下。

```
…
    MOV  R0, #0  ;初始化 R0=0
    MOV  R2, #1  ;设置 R2=1，R2 控制循环次数
FOR  CMP R2, #100 ;判断 R2<100?
  BHS  FOR_E  ;若条件失败，退出循环
  ADD  R0, R0, R2  ;循环体，R0=R0+R2
  ADD  R2, R2, #1  ;R2=R2+1
  B  FOR
FOR_E  …
```

4. 汇编语言子程序调用

在 ARM 汇编语言中，子程序的调用一般是通过 BL 指令来实现的，指令格式如下。

```
BL  子程序名
```

该指令在执行时，将子程序的返回地址存放在链接寄存器 LR 中，同时将程序计数器 PC 指向子程序的入口点，当子程序执行结束需要返回调用处时，只需要将存放在 LR 中的返回地址重新复制给程序计数器 PC。在调用子程序的同时，也可以完成参数的传递和从子程序返回的运算结果，通常可以使用寄存器 R0～R3 完成。其示例程序如下。

```
AREA  init, CODE, READONLY
    ENTRY
Start
LDR R0, =0x3FF5000
LDR R1, 0xFF
STR R1, [R0]
LDR R0, =0x3FF5008
LDR R1, 0x01
BL PRINT_TEXT
PRINT_TEXT
MOV PC, BL
END
```

7.4.2 ARM 汇编语言与 C/C++语言混合编程

在一个项目中，至少有一个汇编源文件或 C/C++语言文件，也可以有多个汇编文件或多个 C/C++程序文件，还可以是汇编文件与 C/C++程序文件的混合。一般来讲，在设计开发一个完整的嵌入式项目程序时，为了增强程序的可读性，往往除了初始化部分程序用汇编语言完成外，其他大部分程序都用 C/C++语言完成，当需要 C/C++与汇编混合编程时，可以通过以下两种策略处理。

(1) 若汇编代码较短，则可在 C/C++源文件中直接嵌入汇编语言实现混合编程。

(2) 若汇编代码较长，可以单独写成汇编文件，最后以汇编文件的形式加入到项目中，通过程序调用的方式实现与 C/C++程序的相互调用。

利用汇编语言与 C/C++混合编程，充分发挥各自的优势，可有效地提高 ARM 的执行效率。汇编语言与 C/C++混合编程通常有以下 3 种方式。

(1) 在 C/C++语言代码中嵌入汇编指令。

(2) 在汇编程序和 C/C++程序之间进行变量互访。

(3) 汇编程序与 C/C++程序间的函数相互调用。

1. 在 C/C++程序中嵌入汇编指令

用 C/C++程序嵌入汇编程序可以实现一些高级语言没有的功能，从而提高程序的执行效率。在 ARM 的 C/C++程序中，可以使用关键词_asm 来加入一段汇编语言程序，其语法格式如下。

```
 _asm
{
    指令 [; 指令]
     …
   [指令]
```

```
  }
asm("指令")
```

其中{ }中的指令都为汇编指令，一行允许写多条汇编指令语句，指令语句之间要用“;”隔开。在汇编语言指令段中，注释语言采用 C 语言的注释方法；在 C++语言中，除了使用关键字_asm 来标示一段内嵌汇编指令程序外，还可以使用 asm 来表示一段汇编指令。需要注意的是，asm 后面必须是一条汇编指令语句，且不能包括注释语句。

在 ARM 处理器程序代码中有两个常见的函数 enable_IRQ 和 disable_IRQ，可以来使能和关闭 IRQ 中断。在 C 程序中内嵌汇编指令来使能中断和禁能中断的示例程序如下。

```
void enable_IRQ(void)   //使能中断程序
{
int tmp;                //定义临时变量，后面使用
_asm                    //内嵌汇编程序关键词
{
   MRS  tmp, CPSR       //把状态寄存器加载给 tmp
   BIC  tmp, tmp, #80   //将 IRQ 控制位清 0
   MSR  CPSR_c, tmp     //加载状态寄存器
}
}
void disable_IRQ(void)  //禁止中断程序
{
int tmp;                //定义临时变量，后面使用
_asm                    //内嵌汇编程序关键词
{
   MRS  tmp, CPSR       //把状态寄存器加载给 tmp
   ORR  tmp, tmp, #80   //将 IRQ 控制位置 1
   MSR  CPSR_c, tmp     //加载状态寄存器
}
}
```

需要注意的是，在 ARM 工程文件中，后缀为.S 的文件中的汇编指令是用 ARM ASM 汇编器汇编的，而在 C/C++语言中内嵌的汇编指令则是使用内嵌的汇编器汇编的，这两种汇编器存在一定的差异。在使用内嵌的汇编器汇编时需要注意以下几点。

1) 必须小心使用物理寄存器

特别是 R0～R3、IP(R12)、LR(R14)和 CPSR 中的 n、z、c、v 标志位，因为在计算汇编代码的 C 表达式时，可能会使用到这些物理寄存器并修改相应的 n、z、c、v 标志位。例如，要实现 $y=x+x/y$ 的汇编内嵌程序。

```
_asm
{
MOV  R0, x      //把 x 的值加载给 R0
ADD  y, R0, x/y  //计算 x/y 时 R0 的值会被修改
}
```

由于在计算 x/y 时 R0 会被修改，从而影响 R0+x/y 的结果，内嵌汇编程序时允许使用变量，用变量来代替寄存器 R0 就可以解决上述问题。

```
_asm
```

```
{
MOV  var, x      //把 x 的值加载给 R0
ADD  y, var, x/y  //计算 x/y 时 R0 的值会被修改
}
```

当程序运行时，内嵌汇编器将会为变量 var 分配适当的存储单元，从而避免产生冲突。如果内嵌汇编器不能分配合适的存储单元，它将报告错误。

2)　不必使用寄存器代替变量

即使有时候寄存器明显对应某个变量，也不能直接使用寄存器代替变量，例如要实现 x 加 1 的操作。

```
int INC_f (int x);        //x 存放在 R0 中
{
_asm
{
   ADD  R0, R0, #1        //将发生寄存器冲突，实际 x 的值没有变化
}
return(x);                //返回 x
}
```

尽管根据编译器的编译规则可以确定 R0 对应变量 *x*，但以上的代码会使内嵌汇编器认为发生了寄存器冲突，当调用 INC_f(x)函数时，编译器会使用其他寄存器代替 R0 存放参数 *x*，使得该函数将 *x* 原封不动地返回，合理的代码如下。

```
int INC_f (int x);
{
_asm
{
   ADD  x, x, #1   //直接用变量 x 进行加 1 操作
}
return(x);            //返回 x
}
```

3)　物理寄存器的赋值

对应在内嵌汇编语言程序中用到的寄存器，编译器在编译时会自动保存和恢复这些寄存器，用户不用保存和恢复这些寄存器。除了 CPSR 和 SPSR 寄存器外，其他物理寄存器在读之前都必须先赋值，否则编译器就会报错。例如在以下的示例中，第 1 条指令在没有给寄存器 R0 赋值时就对 R0 进行操作，这是错误的，而最后一条指令恢复寄存器 R0 的值，也是没有必要的。

```
int fun (int x);
{
_asm
{
   STMFD  SP!, {R0} //保存 R0，先读后写，汇编出错
   ADD  R0, x, #1
   EOR  x, R0, x
   LDMFD SP!, {R0}
```

```
}
return x;          //返回 x
}
```

4) 逗号表达式

在汇编指令中，逗号“，”用作分隔符，因此，如果指令中的 C 语言表达式中也包含有逗号“，”，则该表达式应该包含在括号中，例如：

```
_asm{ADD  x, y, (f( ), z)};
```

2. ARM 汇编程序与 C/C++全局变量的互访

在汇编程序中，用 EXPORT/GLOBAL 伪操作声明该符号为全局标号，可以被其他文件访问应用。C/C++程序中定义相应数据类型指针变量，对该指针变量赋值为汇编程序中的全局标号，利用该指针访问汇编程序中的数据。C/C++全局变量数据类型与 ARM 指令的对应关系如表 7-4 所示。

表 7-4　C/C++全局变量数据类型与 ARM 指令对应表

C/C++语言中的全局变量类型	带后缀的 LDR 和 STR 指令	描　述
unsigned char	LDRB/STRB	无符号字符型
unsigned short	LDRH/STRH	无符号短整型
unsigned int	LDR/STR	无符号整型
char	LDRSB/STRSB	字符型(8 位)
short	LDRSH/STRSH	短整型(16 位)

利用全局变量与对应指令，可以在 ARM 汇编程序中实现对 C/C++全局变量的访问。访问 C/C++全局变量 globvar 的示例程序如下。

```
PRESERVE8
    AERA  globals, CODE, READONLY
    EXPORT  asmsubroutine
    IMPORT  globvar
asmsubroutine
    LDR  R1, =globvar    ;从内存中读取 globvar，加载到 R1 中
    LDR  R0, [R1]        ;将 R1 地址中的值加载到 R0
    ADD  R0, R0,#2       ;R0+2→R0
    STR  R0, [R1]        ;将新值赋予 globvar([R1])
    MOV  pc, lr
END
```

3. ATPCS 规则

在 ARM 编程时，C/C++程序与 ARM 汇编程序之间相互调用必须遵守 ATPCS(ARM/Thumb Procedure Call Standard)规则。使用 ADS 的 C 语言编译器编译的 C 语言子程序会自动满足用户指定的 ATPCS 类型，而对于汇编语言来说，完全要依赖用户来保证各个子程序满足选定的 ATPCS。具体来说，汇编程序必须满足以下三个条件才能实现与 C 语言的相互调用。

(1) 在子程序编写时必须遵守相应的 ATPCS 规则。

(2) 堆栈的使用要遵守相应的 ATPCS 规则。

(3) 在汇编编译器中使用-atpcs 选项。

ATPCS 中规定了在子程序调用时的一些基本规则，如子程序调用过程中的寄存器使用规则、堆栈使用规则、参数传递规则等。

寄存器使用规则如下。

(1) 寄存器 R0～R3 用来传递子程序的参数，此时，寄存器 R0～R3 可记作 A0～A3，被调用的子程序在返回前无须恢复寄存器 R0～R3 的内容。

(2) 寄存器 R4～R11 可用来在子程序中保存局部变量，此时，寄存器 R4～R11 可记作 V1～V8。如果在子程序中使用了 V1～V8 中的某些寄存器，子程序进入时必须保存这些寄存器的值，在返回时必须恢复这些寄存器的值。

(3) 寄存器 R12 用作过程调用中间临时寄存器，记作 IP，在子程序间的链接代码段中常有这种使用规则。

(4) 寄存器 R13 用作堆栈指针，记作 SP，在子程序中不能用作其他用途。寄存器 SP 在进入子程序时的值和退出子程序时的值必须相等。

(5) 寄存器 R14 用作链接寄存器，记作 LR，用于保存子程序的返回地址。如果在子程序中保存了返回地址，R14 可以用作其他用途。

(6) 寄存器 R15 是程序计数器，记作 PC，不能用作其他用途。

子程序调用需要经常用到堆栈，特别是当使用较多参数时。ATPCS 规定堆栈为 FD 类型，即满递减堆栈，堆栈的操作是 8 字节对齐。堆栈中为子程序分配的内存区域可用来保存寄存器和局部变量，这块内存区域称为堆栈的数据帧。使用 ADS 中的编译器产生的目标代码中包含了 DRAFT2 格式的数据帧，在调试过程中，调试器可以使用这些数据帧来查看堆栈中的相关信息。对应汇编语言来说，用户必须使用 FRAME 伪指令来描述堆栈的数据帧，ARM 汇编器根据这些伪指令在目标文件中产生相应的 DRAFT2 格式的数据。对应汇编程序来说，如果目标文件中包含了外部函数调用，则必须满足以下条件。

(1) 外部接口的堆栈必须是 8 字节对齐的。

(2) 在汇编程序中使用 PRESERVE8 伪指令告诉链接器，声明汇编程序数据是 8 字节对齐的。

根据参数是否固定可以将子程序分为参数个数固定的子程序和参数个数可变的子程序。如果系统包含浮点运算的硬件部分，这两种子程序传递参数的规则是不一样的，否则，这两种子程序传递参数的规则是相同的。

在子程序调用中，当参数个数不超过 4 个时，可以使用寄存器 R0～R3 来传递，当参数多于 4 个时，多余的参数可以使用堆栈来传递。

参数传递时，所有参数被视为存放在连续的内存字单元的字数据，然后依次将各字节数据传送到寄存器 R0～R3 中。如果参数对应 4 个，将剩余的字数据传送到堆栈中，入栈的顺序与参数顺序相反，即最后一个字数据最先入栈。规则如下。

(1) 当运算结果为一个 32 位整数时，可以通过寄存器 R0 返回。

(2) 当运算结果为一个 64 位整数时，可以通过寄存器 R0、R1 来返回。

(3) 对应位数更多的运算结果，需要通过内存来传递。

4. C/C++程序、汇编程序间的相互调用

1) C/C++调用汇编程序

汇编程序使用 EXPORT 伪指令声明本子程序可外部使用，使用其他程序可调用该子程序，在 C/C++语言程序中使用 extern 关键字声明外部函数，才可以调用此汇编的子程序。从 C 程序调用汇编程序，将一个字符串赋值到另一个字符串的示例程序如下。

```
#include<stdio.h>
extern void strcopy(char *d, const char *s);
int main( )
{
   const char *srcstr[ ]="First source string";
char dststr[ ]= "Second destination string";
     /*以下将 dststr 作为数组进行操作*/
printf("Before copying:\n");
printf("%s\n %s\n", srcstr, dststr);
strcopy(dststr, srcstr);
printf("After copying:\n");
printf(("%s\n %s\n", srcstr, dststr);
return(0);
}
```

以下为调用的汇编程序。

```
PRESERVE8
AREA  SCopy, CODE, READONLY
EXPORT strcopy
strcopy               ; R0 指向目的字符串，R1 指向源字符串
LDRB  R2, [R1], #1
STRB  R2, [R0], #1
CMP  R2, 0
BNE  strcopy
MOV  pc, lr
END
```

用汇编语言定义一个加法子程序 int SUM(int a, int b)，通过 C 语言调用，实现两数相加，并将结果输出到屏幕上。

汇编子程序代码如下。

```
AREA  Exam, CODE, READONLY  ;声明代码段 Exam
EXPORT  SUM                 ;声明加法子程序 SUM，用于外部调用
SUM
                        ;R0、R1 分别对应 int a、int b，R0 保存返回数据(32 位)
   ADD  R0, R0, R1  ;a+b
   MOV  PC, LR   ;程序返回
   END
```

C 语言程序如下(调用汇编 SUM 子程序)。

```
#include<stdio.h>
extern int SUM(int a, int b);
int main( )
{
int Num;
```

```
 Num=SUM(23, 54)
 printf("%d", Num);
 return(0);
}
```

2)　汇编程序调用 C/C++程序

在汇编程序中使用 IMPORT 伪操作声明需要调用的 C/C++程序函数。在调用 C/C++程序时，需要正确地设置入口参数，然后使用 BL 指令调用，示例程序如下。

```
int sum(int a, int b)  //C 函数定义
{
   a=a+b;
   return (a);
}
AREA  Exam, CODE, READONLY
ENTRY
CODE32
IMPORT sum   ; 声明外部标号 sum( )，便于调用
START
MOV  R0, #23  ;R0，R1 作为参数，并将寄存器赋值
MOV  R1, #54
BL  sum              ;调用 C 程序
LDR  R1, =0x40001000   ;将 R0 保存在地址为 0x40001000 处，返回
END
```

7.5　Keil 编程环境

对于 Keil μVision 的安装过程，很多教程、网络资料上均有详细的介绍，在此不再赘述。打开 Keil 软件后，显示如图 7-7 所示的界面。可以看到，Keil 的编程环境与 VC++非常相似，主要包括标题栏、菜单栏、快捷菜单、项目窗口、程序编辑窗口、编译结果输出窗口等，在项目窗口中，打开项目名称文件夹，又包含源文件、头文件、库文件等类别。

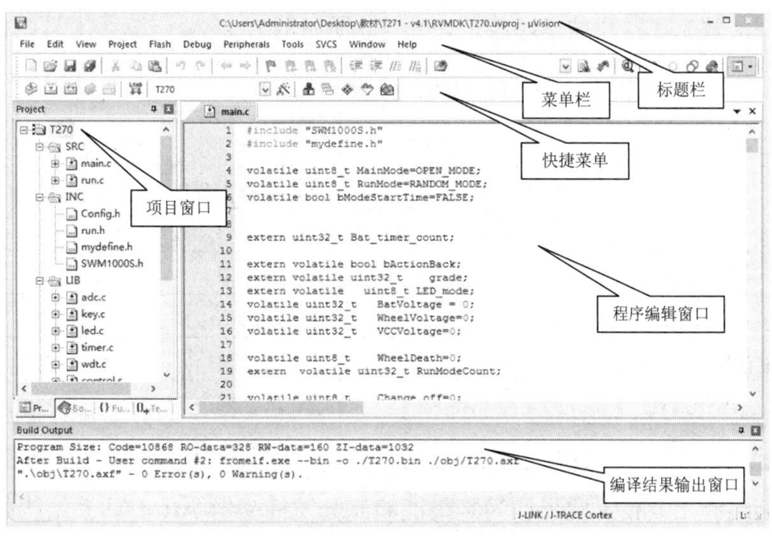

图 7-7　Keil μVision5 软件界面

Keil ARM 工具集成了很多有用的工具，正确地使用它们，有助于快速完成项目开发。常见的工具如表 7-5 所示。

表 7-5　常见 ARM 工具

工具名称	适应范围	
	MDK-ARM	DB-ARM
μVision IDE	✓	✓
RealView C/C++ Compiler	✓	
RealView Macro Assembler	✓	
RealView Utilities	✓	
RTL-ARM Real-Time Library	✓	
μVision Debugger	✓	✓
GNU GCC	✓	✓
ULINK USB-JTAG Adapter	✓	✓

需要注意的是：

(1) μVision IDE 集成开发环境和 μVision Debugger 调试器可以创建和测试应用程序，可以用 GNU ARM ADS 或者 RealView 的编译器来编译这些应用程序。

(2) MDK-ARM 是 PK-ARM 的一个超集。

(3) AARM 汇编器、CARM C 编译器、LARM 连接器和 OHARM 目标文件到十六进制的转换器仅包含在 MDK-ARM 开发工具集中。

(4) 提供了各种不同厂商 ARM 芯片的应用程序开发包。

7.5.1　RealView 概述

RealView 编译工具是微控制器开发工具集的一部分，通过它，可以创建高效的嵌入式程序。RealView 微控制器开发集涵盖了如表 7-6 所示的 RealView 编译工具组件。

表 7-6　RealView 编译工具组件

RealView 编译工具产品	用户手册
C/C++编译器	RV 编译器和库(RV_CC.PDF)
C/C++运行时库	RV 编译器和库(RV_CC.PDF)
RogueWave C++标准模板库	RV 编译器和库(RV_CC.PDF)
Macro Assembler(宏汇编器)	RV 汇编器(RV_ASM.PDF)
Linker/Locater(链接器/定位器)	RV 链接器/工具(RV_Link.PDF)
Library Manager(库管理)	RV 链接器/工具(RV_Link.PDF)
HEX File Creator(十六进制文件生成器)	RV 链接器/工具(RV_Link.PDF)

RealView 编译工具被工业界认为是最能够充分发挥基于 ARM 体系结构处理器性能的编译器，编译器能生成更小的代码映像，可帮助设计开发人员开发最紧凑的代码，以大大

降低产品成本。该编译器能够生成面向 32 位 ARM 和 16 位 Thumb 的指令集代码，并完全支持 ISO 标准的 C 和 C++。

使用 RealView 微控制器开发工具集开发嵌入式应用程序首先需要完成以下工作。

(1) 启动代码(Startup Code)。就是在应用程序的 main 函数被调用前进行一些初始化工作。此外，它还为内存分配函数定义的栈空间及内存堆。

(2) Retarget 库文件。为硬件的 IO 端口配置 C 运行时库。

(3) 链接器配置(Linker Configuration)。定义目标硬件的存储映像，μVision 可以自动生成工程所需要的链接配置文件。

(4) 定位。定位程序代码、常量、变量到指定的存储区。

(5) 中断服务程序。可直接使用_irq 关键字来进行 C 语言编写。启动代码中包含了所需要的中断微量的重定位，对一些设备和 FIQ 中断，需对启动代码进行调整。

(6) 添加软中断处理(Software Interrupt Handler)。向应用程序中添加软中断处理，它是应用程序中 SWI 函数的入口地址。

(7) 定位变量到绝对地址。

1. 启动代码

启动代码用于初始化 CPU 以与硬件设计的配置相匹配，不同系列的设备有不同的启动代码。...\ARM\Startup 文件夹(Keil 的安装目录)包含了基于 RealView 编译工具的一些启动代码，它被配置成适用于不同的硬件平台。当创建一个新的工程时，启动代码被自动地复制到用于配置文件的工程文件夹下。

以 SWM1000S 系列 ARM 芯片进行应用开发，新建工程后，会在相应的工程文件夹生成启动代码文件 startup_swm1000s，文件类型为 MASM Listing。用记事本打开后，部分内容如下。

```
00000000        ; **** ********************************************
00000000        ; 文件名称: startup_SWM1000.c
00000000        ; 功能说明: SWM1000 单片机的启动文件
00000000        ; 技术支持:
http://www.synwit.com.cn/e/tool/gbook/?bid=1
00000000        ; 注意事项:
00000000        ; 版本日期: V1.0.0  2012 年 10 月 30 日
00000000        ; 升级记录:
00000000        ;
00000000        ;
00000000        ; ************ *************************************
…
```

大多数启动文件为设备配置提供了符号定义，可以在μVision 中打开(新建)工程后，在 Project-Options-Asm-Define 下输入这些符号，常用的选项如下。

(1) REMAP：在某些设备上执行存储器映射。

(2) EXTMEM_MODE：配置为从片外 Flash ROM 执行代码。

(3) RAM_MODE：配置为从 RAM 执行代码。

(4) RAM_INTVEC：执行重映射并复制中断向量。

对于由 μVision 自动生成的链接器配置来说，要求启动代码本身位于 Reset 段内，且中断向量表位于标号 Reset_Handler (代表 CPU 重启地址)处，例如：

```
:
:
        AREA Reset, CODE, READONLY
:
:
        EXPORT Reset_Handler
Reset_Handler
        ; CPU Reset Handler (executed after CPU Interrupt)
```

需要注意的是，...\ARM\Startup 文件夹下的所有启动代码都是按此方法配置的。

2. Retarget 库文件

RealView 微控制器开发工具集带有一个预定义的 Retarget 库文件，它是许多例程的一部分。Retarget 文件修改了底层的 IO 程序，并禁止了 semi-hosting SWI 中断的使用。

在 ..\ARM\Startup 文件夹下提供了 RETARGET.C 模板文件，此模板文件实现了所需的字符 IO 函数的功能，如 printf 和 scanf。

```
/*****************************************************************/
/* RETARGET.C: 'Retarget' layer for target-dependent low level functions
*/
/*****************************************************************/
/* This file is part of the μVision/ARM development tools.*/
/*Copyright (c) 2005 Keil Software. All rights reserved. */
/* This software may only be used under the terms of a valid, current,*/
/* end user licence from KEIL for a compatible version of KEIL software */
/* development tools. Nothing else gives you the right to use this software.  */
/*****************************************************************/
#include <stdio.h>
#include <time.h>
#include <rt_misc.h>
#pragma import(_use_no_semihosting_swi)
extern int  sendchar(int ch);  /* in Serial.c */
extern int  getkey(void);      /* in Serial.c */
extern long timeval;           /* in Time.c   */
struct _FILE { int handle; /* Add whatever you need here */ };
FILE _stdout;
FILE _stdin;
int fputc(int ch, FILE *f) {
  return (sendchar(ch));
}
int fgetc(FILE *f) {
  return (sendchar(getkey()));
}
int ferror(FILE *f) {
  /* Your implementation of ferror */
```

```
  return EOF;
}
void _ttywrch(int ch) {
  sendchar (ch);
}
void _sys_exit(int return_code) {
  while (1);    /* endless loop */
}
```

3. 链接器配置

使用 Project-Option for Target-Target 对话框可以指定嵌入式系统的所有可用的存储域。当使能 Project-Option for Target-Linker 下的 Use Memory Layout from Target Dialog 时，μVision 会自动生成分散加载描述文件(Scatter-Loading Description Files)，如图 7-8 所示(Keil μVision 版本不同会稍有差别)。

使能存储器分为 Read/Only Memory Areas 和 Read/Write Memory Areas 两部分，它作为应用中的默认存储域。只要不用 Options-Properties 对话框把源文件或组分配到指定存储域，默认存储域将用于存储应用程序。

用于选择存储启动代码的存储域，这意味着此存储空间存储了重启(Reset)和中断向量表，链接器会在启动阶段(进入主程序之前)把所有启动代码分配到此存储域内。

NoInit 复选框用于对某些存储域禁止 0 初始化。需要注意的是，在 C 源程序中仍然需要 0(zero_init)初始化。

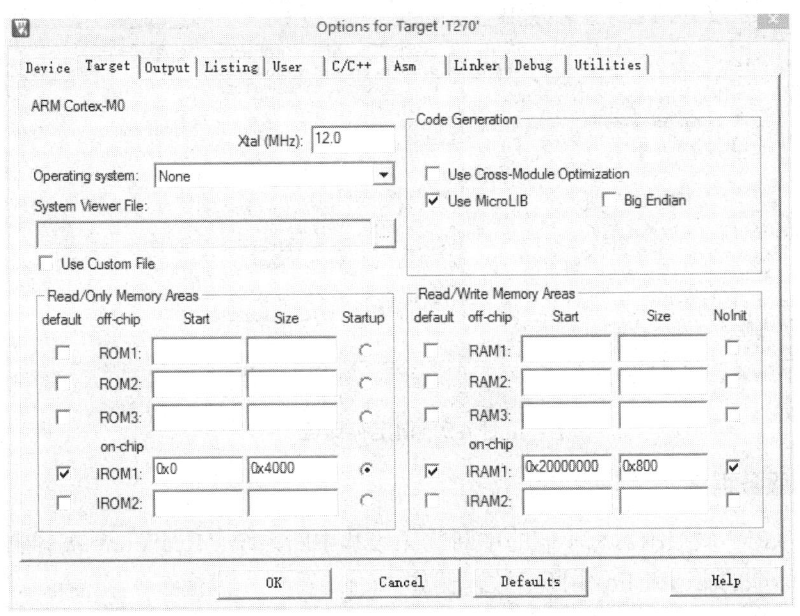

图 7-8　Options for Target 存储区域分配

散列载入描述文件示例如下。

```
; *************************************************************
; *** Scatter-Loading Description File generated by μVision ***
; *************************************************************
```

```
LR_ROM1 0x01000000 0x00010000 { ; load region
ER_ROM1 0x01000000 { ; load address = execution address
*.o (RESET, +First)
* (+RO)
}
RW_IRAM1 0x00000020 0x00001FE0 { ; RW data
* (+RW +ZI)
}
}
```

4. 指定存储域

在 Project Workspace 下使用快捷键可打开 Options-Properties 对话框，在此对话框中可以为源文件或组指定存储域，如图 7-9 所示，同时，需要注意的是，当 RAM 被用作 Code / Const 时，_main 初始化会将程序代码和常量复制到此 RAM 区并执行。映像文件存储在 Project - Options for Target - Target 对话框指定的默认存储域内。

这样的设置用于为链接器产生分散加载文件。如果禁止 Project - Options for Target - Linker，此设置会被忽略。

此特性在 RealView 微控制器开发工具集的评估版下不可用。

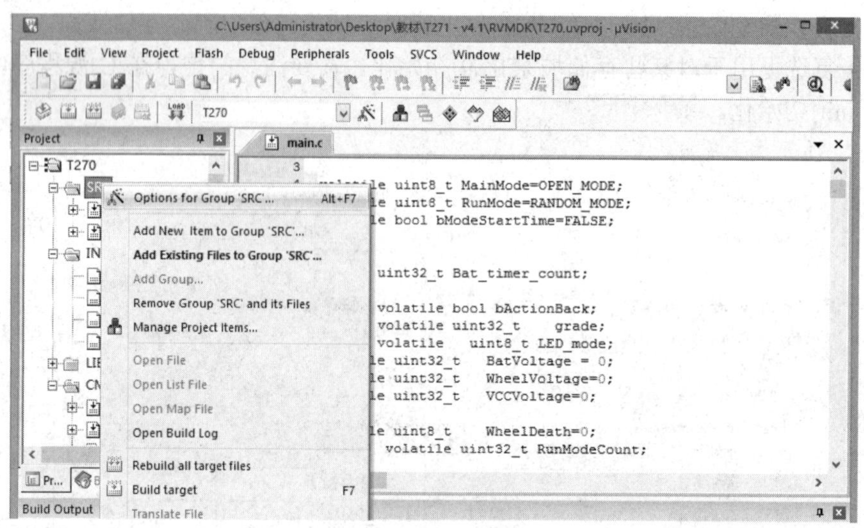

图 7-9　指定存储域

5. 中断服务程序

不同的 ARM 微控制器有不同的中断优先级和中断系统。RealView 编译器提供关键字 _irq 以定义标准的(irq)和(fiq)中断函数，例如：

```
_irq void IRQ_Handler (void) {
/* the interrupt code */
}
```

对没有向量中断处理或 FIQ 中断函数的微控制器，需要按要求改变 CPU 的启动代码。例如，下面的 C 代码实现了一个空的 FIQ_Handler。

```
_irq void FIQ_Handler (void) {
;
}
```

在启动代码中，要进行如下修改，以调用 FIQ_Handler。

```
Vectors LDR PC, Reset_Addr
:
LDR PC, FIQ_Addr ; Instruction at FIQ Vector location
:
PRESERVE8 ; tell linker: stack alignment is 8-byte
IMPORT FIQ_Handler ; use external FIQ_Handler
FIQ_Addr DCD FIQ_Handler ; FIQ Entry point
```

例如，基于 SW-M1000S 的扫地机器人中的中断优先级别设置如下。

```
void Sysinit(void)
{
/***************** ***********/
    NVIC_SetPriority(TIMER0_IRQn,1);
    NVIC_SetPriority(TIMER1_IRQn,1);
    NVIC_SetPriority(TIMER2_IRQn,1);
    NVIC_SetPriority(TIMER3_IRQn,0);
    NVIC_SetPriority(GPIO0_IRQn,0);
…
```

6. 软件中断管理

软件中断(SWI)函数用于产生原子代码序列，此代码序列被保护，不会响应 IQR 中断而执行。使用 RealView 编译工具可以很容易地创建 SWI 函数，如用 C 语言定义的一个 SWI 函数如下。

```
int _swi(0) add (int i1, int i2); // function prototype for calling from C
int _SWI_0 (int i1, int i2) { // function implementation
return (i1 + i2);
}
```

SWI.s 定义了一个软件中断管理。在此文件下面的表中包含了应用程序 SWI 函数的入口。

```
:
IMPORT __SWI_0
IMPORT __SWI_1
IMPORT __SWI_2
IMPORT __SWI_3
SWI_Table
DCD __SWI_0 ; SWI 0 Function Entry
DCD __SWI_1 ; SWI 1 Function Entry
DCD __SWI_2 ; SWI 2 Function Entry
```

7. 定位变量到指定的位置

使用定义在头文件(如 **absadd.h**)中的_at 宏，可以将变量以如下方式定位到绝对地址处，例如：

```
#include <absadd.h>
const char MyText[] __at (0x1F00) =
"TEXT AT ADDRESS 0x1F00";
int x __at (0x40003000); // variable
at address 0x40003000
```

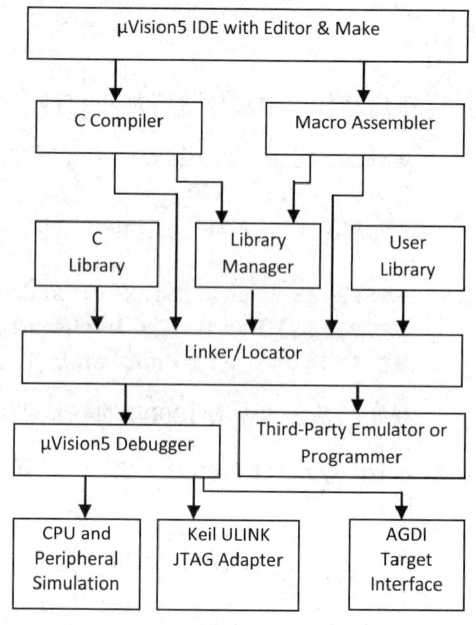

图 7-10 Keil µVision 嵌入式软件开发流程

7.5.2 软件开发流程

使用 Keil µVision 进行 ARM 嵌入式软件开发的基本流程如图 7-10 所示，一般可按照以下步骤进行。

(1) 新建一个工程，从设备库中选择目标芯片，配置工程编译器环境。

(2) 用 C 或汇编语言编写源文件。

(3) 编译目标应用程序。

(4) 修改源程序中的错误。

(5) 测试链接应用程序。

1. µVision IDE

µVision IDE 集成了工程管理、带交互式错误修正的编辑器、选项设置、编译工具以及在线帮助。使用 µVision 可以创建源文件以及将这些源文件组织成定义目标应用程序的工程。用户可将注意力全部集中在 µVision 集成开发环境，因为它提供了嵌入式应用程序的自动编译、汇编以及链接。

2. C 编译器和宏汇编器

在 µVision IDE 中创建源文件，这些源文件将使用 C 编译器编译或宏汇编器汇编。编译器和汇编器处理源文件，产生可重载的目标文件。

在 Keil µVision/ARM 中可以使用 GNU 或 ARM ADS/RealView 的开发工具。µVision/ARM 中包含了许多使用这些工具链的例程及详细信息。

3. 库管理器

库管理器可以从编译器或汇编器产生的目标文件中创建目标库文件。库是具有特定格式和顺序的目标模块的集合，它在链接器中使用。当链接器处理库文件时，只有那些在程序中使用到的库文件目标模块才会被处理。

4. 链接器/装载器

链接器/装载器使用目标模块创建绝对的 ELF/DWARF 格式文件，这些目标模块来源于库文件或编译器和汇编器产生的目标文件。绝对的目标文件或模块不包含可重载的代码或数据。所有的代码和数据都存储在固定的内存位置。绝对的 ELF/DWARF 文件可以在下述情况下使用。

(1) 编程 Flash ROM 或其他存储设备。

(2) 仿真和目标调试的 μVision 调试器。

(3) 程序测试的片内仿真器。

5. μVision 调试器

μVision 的源码级调试器非常适合快速可靠地调试。这个调试器包括一个高速的软件仿真器，它可以仿真一个包括片上外设和外部硬件的完整 ARM 系统。当用户从设备数据库中选择所需芯片时，它的属性将自动被配置。

μVision 的调试器为目标硬件上程序的测试提供了以下两种方法。

(1) 使用带 USB-JTAG 接口的 ULINK/JLINK 仿真器进行应用程序的 Flash 下载和软件测试，这是通过集成在 ARM 设备中的嵌入式 ICE 宏单元来实现的。

(2) 使用高级的 GDI 接口连接 μVision 调试器和目标系统。

7.5.3 开发工具

Keil ARM 开发工具提供了大量的特性和优越性，有助于开发者快速成功地开发嵌入式应用程序，这些工具易学易用，为用户完成设计目标提供了保证。

μVision IDE 和调试器是 Keil ARM 开发工具的核心部分。μVision 提供了两种工作模式，即编译模式和调试模式。

在 μVision 的编译模式下，可以维护工程文件，产生应用程序。μVision 可以使用 GNU 或 ARM ADS/RealView 开发工具。

在 μVision 的调试模式下，可以使用功能强大的 CPU 和外设软件仿真器或连接调试器和目标系统的 Keil ULINK/JLINK 仿真器来测试各种应用程序。同时，ULINK/JLINK 仿真器还可以下载应用程序到目标系统的 Flash ROM 中。

μVision IDE 是一个窗口化的软件开发平台，它集成了功能强大的编辑器、工程管理器以及各种编译工具(包括 C 编译器、宏汇编器、链接/装载器和十六进制文件转换器)。μVision IDE 包含以下功能组件，能加速嵌入式应用程序开发进程。

(1) 功能强大的源代码编辑器。

(2) 可根据开发工具配置的设备数据库。

(3) 用于创建和维护工程的工程管理器。

(4) 集汇编、编译和链接过程于一体的编译工具。

(5) 用于设置开发工具配置的对话框。

(6) 真正集成高速 CPU 及片上外设模拟器的源码级调试器。

(7) 高级 GDI 接口，可用于目标硬件的软件调试和 Keil ULINK/JLINK 仿真器的连接。

(8) 用于下载应用程序到 Flash ROM 中的 Flash 编程器。

(9) 完善的开发工具手册、设备数据手册和用户向导。

μVision IDE 提供了编译和调试两种工作模式。编译模式用于维护工程文件和生成应用程序；调试模式下，则可以用功能强大的 CPU 和外设仿真器测试程序，也可以使用调试器经带 USB-JTAG 接口的 ULINK/JLINK 仿真器连接目标系统来测试程序。

ULINK/JLINK 仿真器能用于下载应用程序到目标系统的 Flash ROM 中。

7.5.4 仿真开发工具

带 USB-JTAG 接口的仿真器是一个连接微机 USB 端口和目标硬件 JTAG 或 OCDS 调试端口的硬件仿真开发工具。使用带有 ULINK/JLINK 仿真器的 Keil μVision IDE/调试器，可以在实际的目标板上轻松地实现嵌入式应用程序的创建、下载以及测试。带 USB-JTAG 接口的 JLINK 仿真器如图 7-11 所示。

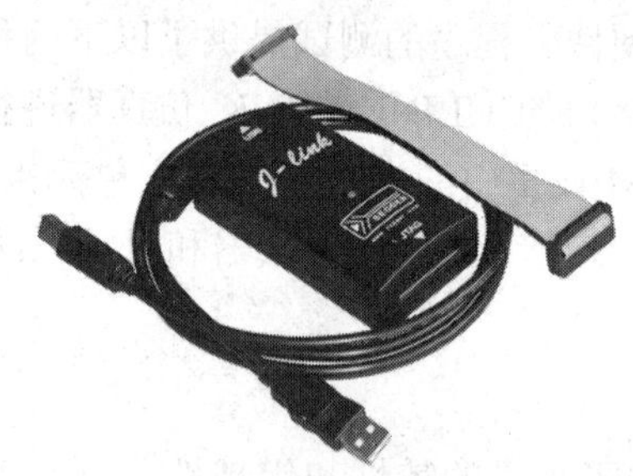

图 7-11 带 USB-JTAG 接口的 JLINK 仿真器

使用 ULINK/JLINK 仿真器可以实现如下功能。

(1) 下载目标程序。

(2) 检查内存和寄存器。

(3) 插入多个断点与整个程序的单步执行。

(4) 运行实时程序。

(5) 对 Flash 存储器进行编程。

本 章 小 结

本章首先介绍了 ARM 的指令编码格式及寻址方式、ARM 指令集及 Thumb 指令集，并通过示例介绍了 ARM 指令集的使用方法；然后介绍了 ARM 汇编程序的设计基础以及汇编程序与 C/C++语言的混合编程方法；最后介绍了利用 Keil μVision 软件进行 ARM 嵌入式软件开发的基础知识，包括 Keil μVision 软件的编程环境、ARM 开发工具，以及使用 RealView 编译工具集进行嵌入式应用软件开发的基本步骤。

习 题

(1) 简述 ARM 的指令格式。

(2) ARM 的寻址方式有哪几种？寄存器寻址是如何实现的？

(3) ARM 的算术指令有哪些？

(4) ARM 的逻辑运算指令有哪些？

(5) ARM 的乘法指令有哪些？

(6) ARM 的跳转指令有哪些？带返回的跳转指令是如何实现的？

(7) ARM 的协处理指令有哪些？

(8) Thumb 指令集与 ARM 指令集的主要区别是什么？

(9) Thumb 状态寄存器与 ARM 状态寄存器有什么关系？

(10) ARM 汇编语言程序设计有哪几种基本结构？

(11) 汇编语言与 C/C++混合编程有哪几种形式？

(12) 使用 Keil µVision 进行 ARM 嵌入式软件开发的基本流程是什么？

(13) 使用 ULINK/JLINK 仿真器可以实现哪些功能？

第 8 章　创建应用程序

学习重点

重点学习如何利用 Keil 软件来开发应用程序，并进一步熟悉编程环境及编程工具、文件操作、编译及调试程序、参数配置方法以及仿真调试方法等。

学习目标

- 能利用 Keil 软件熟练开发 Hello World 等基本程序。
- 熟练掌握 Keil 软件开发应用程序的基本配置、开发过程及仿真调试过程。

第 7 章介绍了嵌入式 ARM 程序开发基础及 Keil μVision 应用软件基础，本章从创建一个简单的 Hello 应用程序开始，介绍如何创建项目工程，编写源文件，配置、调试等。

8.1　创建工程基础

Keil μVision 包含一个工程管理器，它使得设计 ARM 微控制器的嵌入式应用程序更加方便。为了创建一个新的工程，必须按如下步骤进行。

(1) 运行 Keil μVision，选择工具集。

(2) 创建一个工程文件，从设备数据库中选择一个 MCU 芯片。

(3) 创建一个新的源文件，并将这个源文件加载到工程中。

(4) 增加和配置 ARM 设备的启动代码。

(5) 设置目标硬件的工具选项。

(6) 编译工程，创建能烧写到 PROM 中的十六进制文件。

8.1.1　创建工程

Keil μVision 是一个标准的 Windows 应用程序，如果是初次运行该程序，会出现如图 8-1 所示的画面；如果之前运行过工程项目，则启动后会自动加载上一次打开的工程项目，如图 8-2 所示。

为了创建一个新的工程项目，必须进行如下处理。

(1) 关闭自动加载的工程。

(2) 选择工具集。

(3) 创建工程文件。

(4) 选择设备。

1. 关闭自动加载的工程

启动 Keil μVision 后，软件会自动加载上一次的工程文件，这时可以通过菜单栏中的

Project-Close Project 来关闭已经打开的工程。

2. 选择工具集

在开发 ARM 工程时，用户可以使用 Keil C、GNU 或 ARM ADS/RealView 开发工具。对于 μVision 工程，必须在 Project-Manage-Components，Environment，Books 对话框中选择工具集。

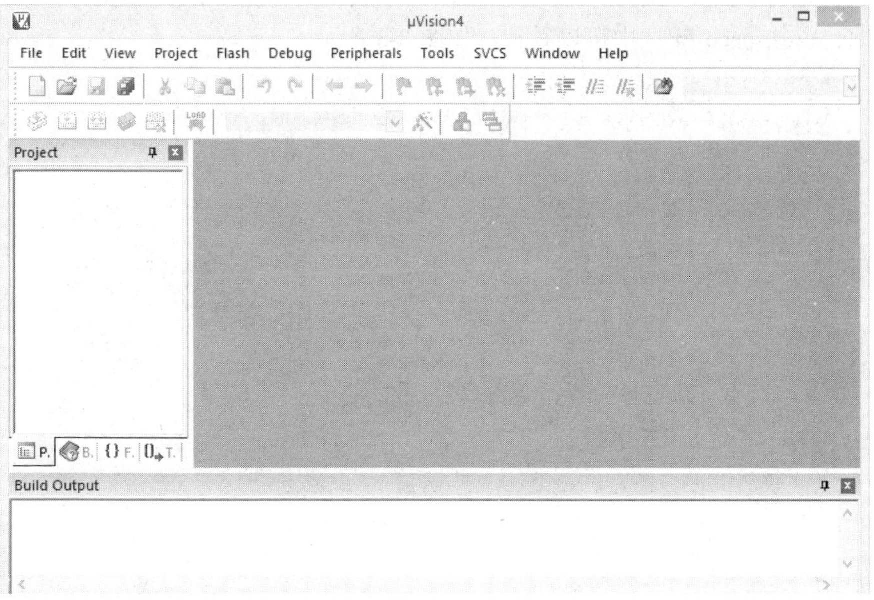

图 8-1　Keil μVision4 初次启动时的界面

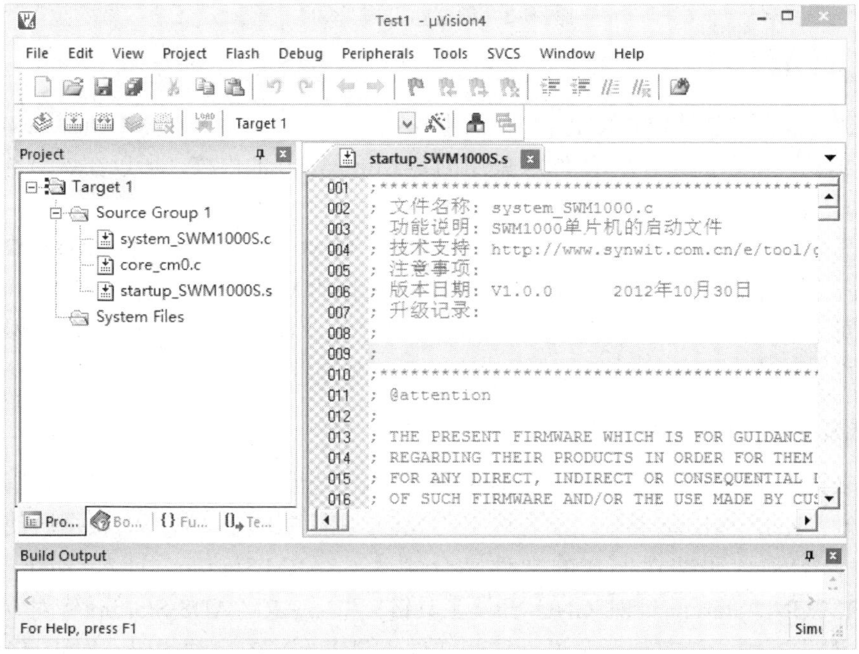

图 8-2　Keil μVision4 启动时自动加载上次的工程

3. 创建工程文件

单击 Project -New-μVision Project 菜单项，Keil μVision 将打开一个标准对话框，输入新建工程的名字即可创建一个新的工程。为养成良好的编程习惯，建议对每个新建工程使用独立的文件夹及指定存储路径。例如，这里先建立一个新的文件夹，然后选择这个文件夹作为新建工程的目录，输入新建工程的名字 Test1，Keil μVision 将会创建一个以 Test1.uvproj 为名字的新工程文件，它包含了一个默认的目标(Target)和文件组名。这些内容在 Project Workspace-Files 中可以看到，如图 8-3 所示。

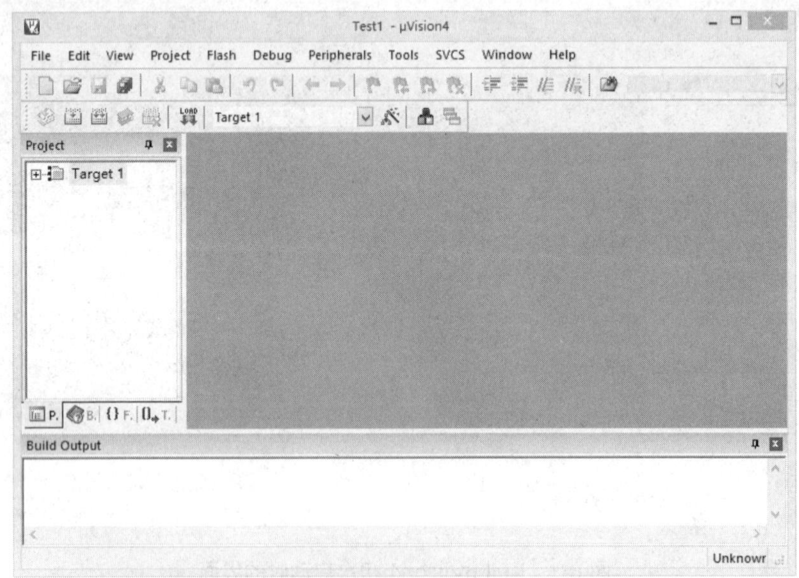

图 8-3 创建新工程 Test1

4. 选择设备

在创建一个新的工程时，Keil μVision 要求为这个工程选择一款 MCU(即 ARM 芯片内核，如图 8-4 所示)。因为 SWM1000S 采用的是 Cortex-M0 的内核，所以在这里选择 ARM-Cortex-M0，单击 OK 按钮完成工程的创建。

(1) 当创建一个新的工程时，对于一些大型的 ARM 芯片厂商，Keil MDK 库中包含常用 ARM 芯片的库文件，Keil μVision 会自动为所选择的 MCU 添加合适的启动代码。

(2) 对于另外一些设备而言，Keil MDK 库中不包含所对应的 ARM 芯片的库文件，这就需要用户手动输入额外的参数，以配置设备的额外配置需求。

5. 添加设备支持及配置

一般来说，ARM 程序需要与目标硬件的设计配置相匹配的 MCU 初始化代码。当创建工程的时候，Keil μVision 要求添加与选定的 MCU 相匹配的启动代码。根据所使用的工具链的不同，启动代码文件所在的文件夹分别为 ..\ARM\Startup (针对 Keil 开发工具链)、..\ARM\GNU\Startup(针对 GNU 开发工具链) 和 ..\ARM\ADS\Startup(针对 ADS 开发工具链)。对于不同的微控制器来说，这些文件夹包含不同的启动代码。对于 SWM1000S 来说，其启动代码文件为 startup_SWM1000S.s。为了和目标硬件相匹配，用户可能会修改这个启动代码文件，所以工程中的启动代码文件是 startup_SWM1000S.s 的一个副本。由于在 Keil MDK 库中没有 SWM1000S 系列的相关支持文件，就需要手动添加。

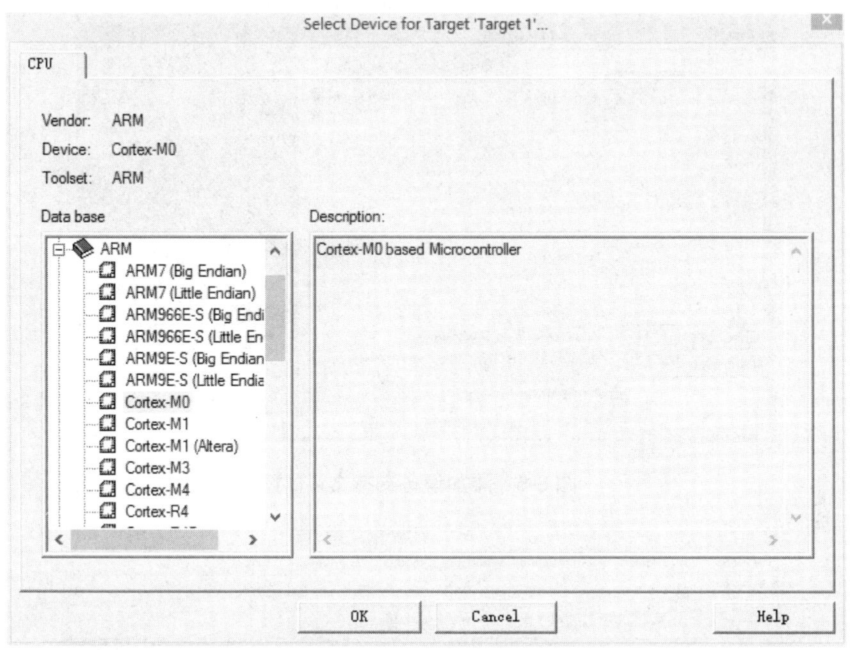

图 8-4　选择设备(芯片内核)

将 SWM1000S 芯片的设备支持文件(包括内核文件、系统文件、启动代码文件)core_cmo.c、system_SWM1000S.c、startup_SWM1000S.s 以及头文件 SWM1000S.h、system_SWM1000S.h、core_cm0.h 都复制到新建工程目录中，最好单独建立一个文件夹(如 support)。然后将前面的 3 个文件添加到工程中，Keil μVision 提供了几种方法将源文件添加到工程中。例如，在 Project Workspace-Files 页的文件组(Source Group 1)上右击，然后在弹出的快捷菜单中选择 Add Files to Group “Source Group1” …菜单项(如图 8-5 所示)，这时将打开标准的文件对话框，将以上 3 个文件加入即可(如图 8-6 所示)。完成后选择 Project-Options for Target 菜单项，在弹出的对话框中，切换到 C/C++选项卡，将上面添加的 system_SWM1000S.c 及 core_cmo.c 文件所对应的头文件的路径添加到 Include Paths(如图 8-7、图 8-8 所示)。设置好后，再切换到 Target 选项卡，对 IROM1 和 IRAM1 参数进行配置，参数大小要对应芯片的 FLASH 和 RAM，如图 8-9 所示。完成后单击 OK 按钮，即基本完成了芯片的所有配置，可以开始编写并往所建工程里面加入自己的代码文件了。

6. 魔术棒

除了通过工具栏中的按钮或 Project-Options for Target 菜单项，来设置目标硬件的参数及其他各种选项外，Keil μVision 还可以通过快捷菜单的魔术棒，来快速打开 Options for Target 对话框，如在 Target 选项卡中设置目标硬件及所选 MCU 片上组件的晶振频率参数(见图 8-9)。其中，Xtal 选项为设备晶振频率，大多数基于 ARM 的微控制器都使用片上 PLL 产生 CPU 时钟。所以，一般情况下 MCU 的时钟与 XTAL 的频率是不同的，具体可查阅硬件手册以确定合适的 XTAL 的值；其他参数选项在第 7 章中有相应描述。

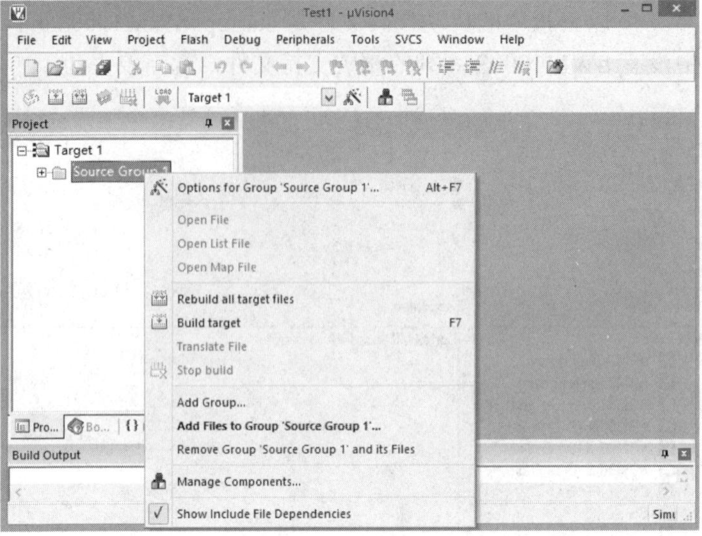

图 8-5 添加设备支持文件(1)

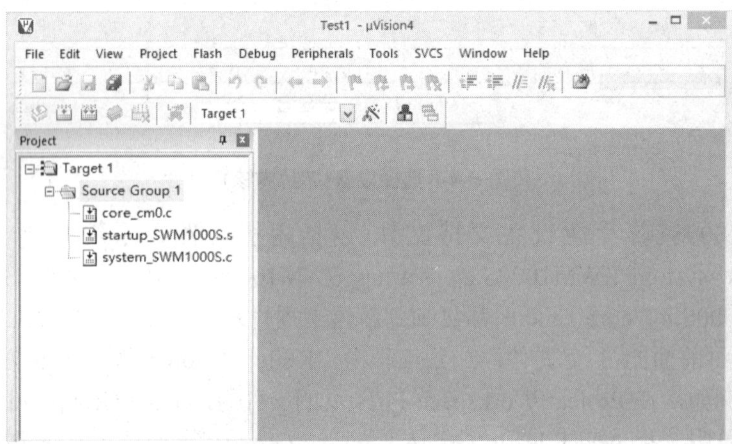

图 8-6 添加设备支持文件(2)

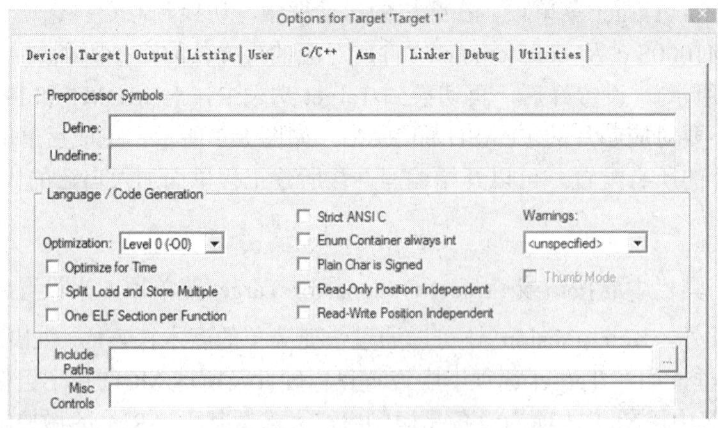

图 8-7 添加头文件路径

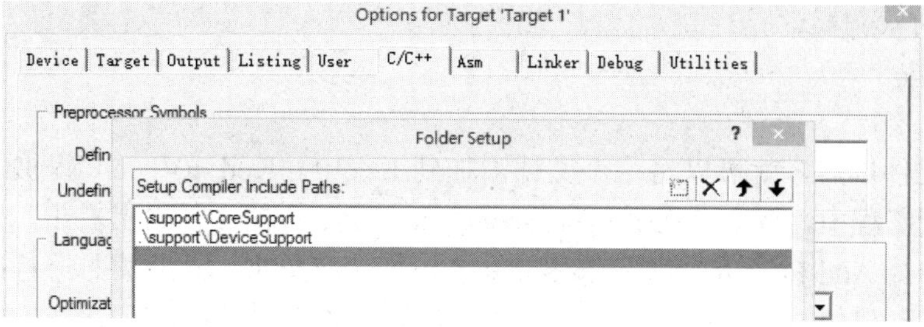

图 8-8　添加编译头文件路径

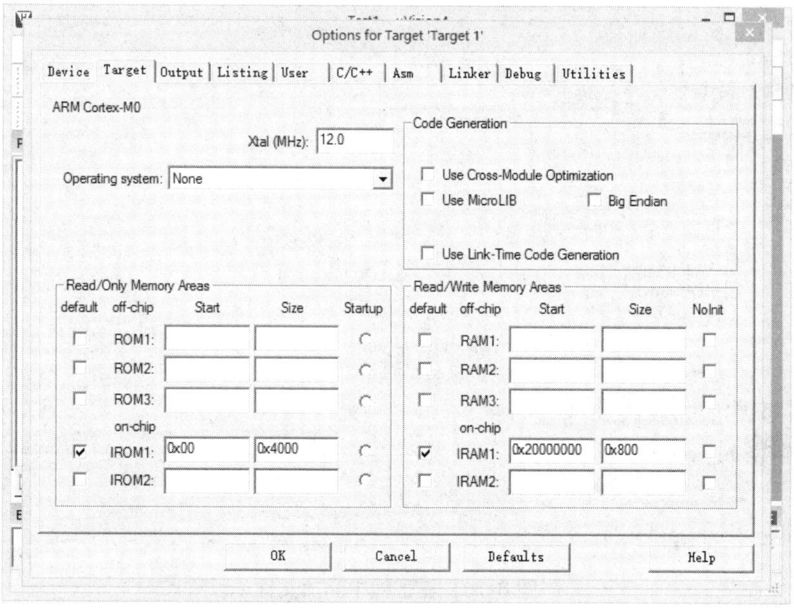

图 8-9　配置参数

7. 创建源文件

当创建完工程后，通过 File-New 菜单项可创建一个新的源文件。这时将打开一个空文件编辑窗口，在这里可以输入源文件代码。当通过 File-Save As 对话框以扩展名.C 的形式保存了这个源文件以后，Keil µVision 可以用彩色高亮度显示 C 语言的语法。例如，保存下面的 Hello World 代码到 MAIN.c 文件中。

```
#include "SWM1000S.h"/* SWM1000S definitions */
#include "typedef.h"
#include "lcd1602.h"
int main (void)
{
int i;
    char code_dis1[] = {"HELLO,WORLD!"};
    SystemInit();
    LCD_Init();
   LCD_Setpos(1,0);
   LCD_DispString(code_dis1);
```

```
    for(i=0;i<100; i++);
while(1);
}
```

创建源文件以后，就可以将这个文件添加到工程中。Keil μVision 提供了几种方法将源文件添加到工程中。例如，在 Project Workspace-Files 页的文件组上右击，然后在弹出的快捷菜单中选择 Add Files to “Group Source File”…菜单项，这时将打开标准的文件对话框，选择刚才创建的 MAIN.C 文件即完成源文件的添加，如图 8-10 所示。

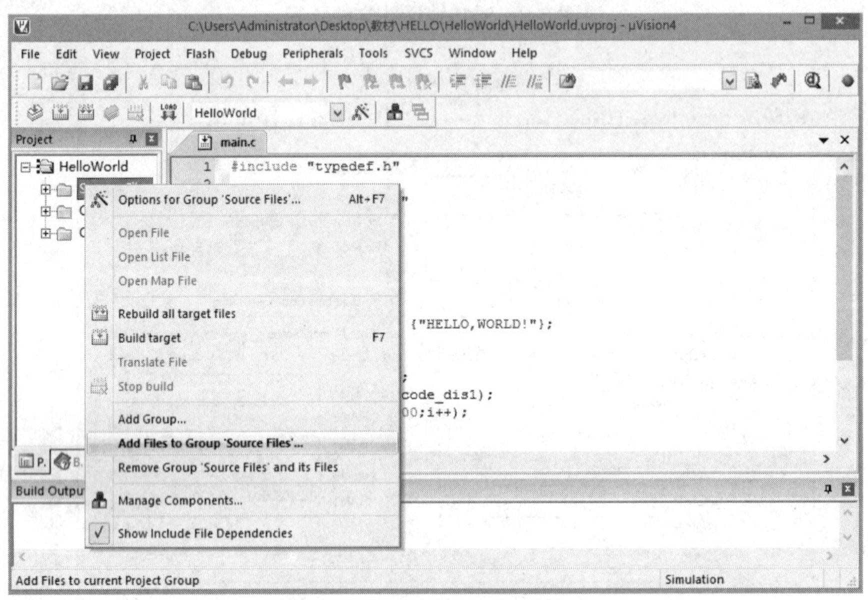

图 8-10　在工程中添加文件

8. 组工程文件

创建工程后，在 Project Workspace-Files 窗口会默认出现一个 Target 的工程文件夹(如图 8-6 所示)，为了区分并和工程对应，可以单击鼠标修改名称，如修改成 Hello World，如图 8-10 所示。

通常，为了区别起见，开发人员在开发应用的过程中，往往在一个工程中建立多个文件夹，来存放不同类型的文件，这些不同的文件夹，就是文件组，文件组(File Group)可以组织更大的工程。对于 MCU 的启动代码和其他的系统配置文件，可以通过 Project-Manage-Components，Environment，Books 对话框创建一个单独的文件组。使用 New (Insert)按钮创建名为 System Files 的文件组，如图 8-11 所示。在工程窗口中，可以将文件在不同的文件组中进行拖放，如可以将 startup_SWM1000S.s 文件拖放到这个新建的文件组 System Files 中，如图 8-12 所示。另外，在 Project Workspace-Files 页中，可以根据个人的编程习惯，单击文件夹图标，来修改文件组名称，以便区分及增加可读性，如 Source Files、Head Files、Init Files、System Files 等。

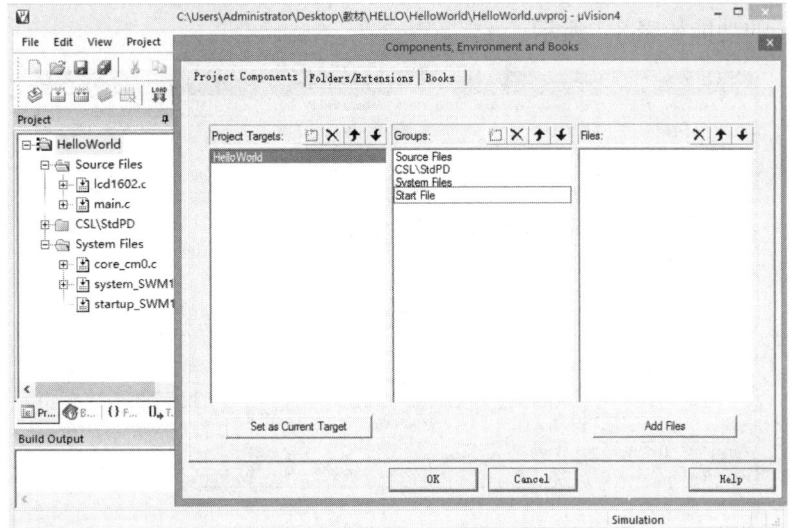

图 8-11　添加组工程文件

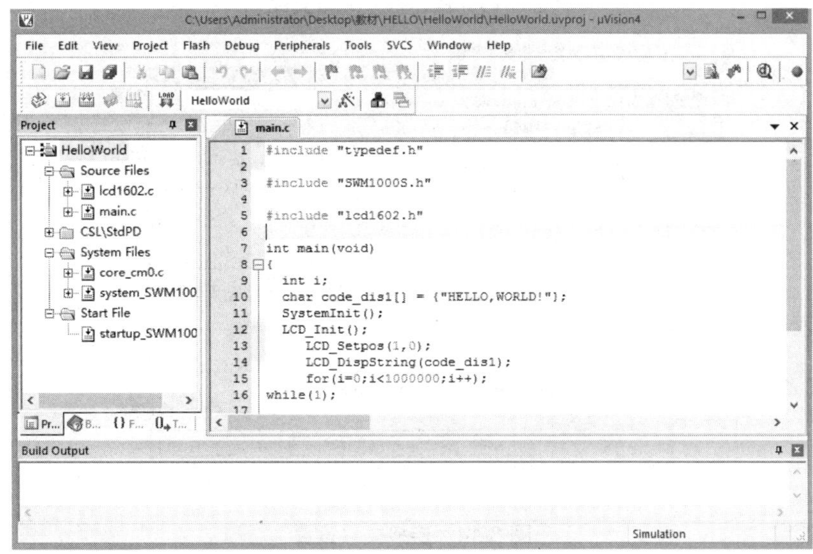

图 8-12　文件在不同文件组中拖放

Project Workspace-Files 页列出了所有的工程文件。在工程工作区中双击这些文件名可以打开它们，此时可以对这些文件进行编辑。Keil µVision 有一个特点，就是可以在编辑器中以图形界面的形式编辑各种文件(包括启动代码)，如图 8-13 所示。

9. 增加链接控制文件

对于 GNU 和 ARM ADS/RealView 工具链来说，链接器的配置是通过链接器控制文件实现的。这个文件指定了 ARM 目标硬件的存储配置。预配置的链接器控制文件在文件夹..\ARM\GNU 或..\ARM\ADS 中。为了与目标硬件相匹配，用户可能会修改链接器控制文件，所以工程中的那个文件是预配置的连接控制文件的一个副本。这个文件可以通过 Project - Options for Target 对话框的 Linker 选项卡添加到工程中，如图 8-14 所示。链接器对话框各选项的功能如表 8-1 所示。

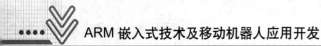

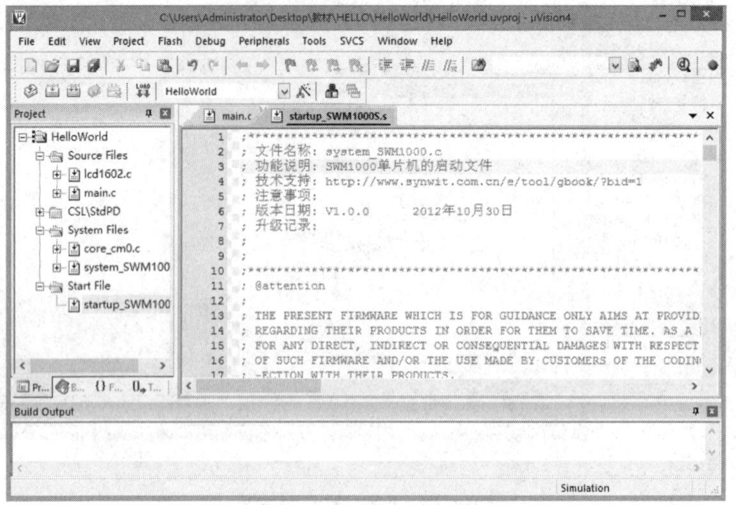

图 8-13 快速打开编辑文件

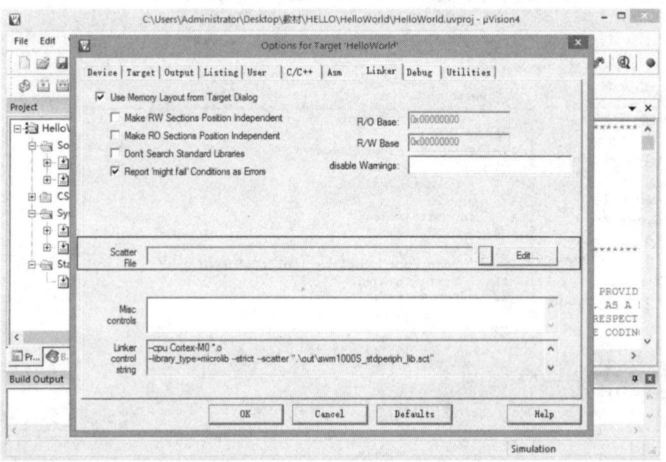

图 8-14 连接文件设置

表 8-1 链接器对话框各选项的功能描述

对话框选项	功能描述
Make RW Section Position Independent	设置独立的 RW 存储区域
Make RO Section Position Independent	设置独立的 RO 存储区域
Don't Search Standard Libraries	不搜索标准库文件
Report "might fail" Conditions as Errors	编译时将可能的失败当作错误报告
Scatter File	添加链接文件
Misc controls	使用 Misc 控制框指定链接器需要的命令，这些命令没有单独的对话框控制
Linker control string	显示当前链接器的命令行

8.1.2　编译工程

1. 编译工程及创建 HEX 文件

一般来说，在新建一个应用程序的时候，Options-Target 页中所有的工具和属性都要配置。单击 Build Target 工具栏按钮将编译所有的源文件，链接应用程序。当编译有语法错误的应用程序时，Keil µVision 将在 Output Window-Build 窗口中显示错误和警告信息。单击这些信息行，Keil µVision 将会定位到相应的源代码处，如图 8-15 所示，显示变量“i”未定义。

根据编译输出时的错误提示，对程序进行检查、修改，如果出现多个错误，则可逐个进行修改，修改完成后进行保存，然后再次进行编译。如果源文件编译成功(没有错误出现)，产生应用程序以后就可开始调试了，然后创建可下载到 EPROM 或软件仿真器中运行的十六进制文件。

当 Options for Target-Output 页中的 Create HEX file 复选框被选中后，Keil µVision 每次编译后都会生成十六进制文件。

修改工程中已存在的代码或向工程中添加代码后，单击 Build Target 工具栏按钮仅编译已修改过或新建的源文件，产生可执行的文件。Keil µVision 有一个文件的依赖列表，它记录了每一个源文件所包含的头文件。甚至工具选项都保存在文件依赖列表中，所以只有在需要的时候 Keil µVision 才会重新编译这些源文件。

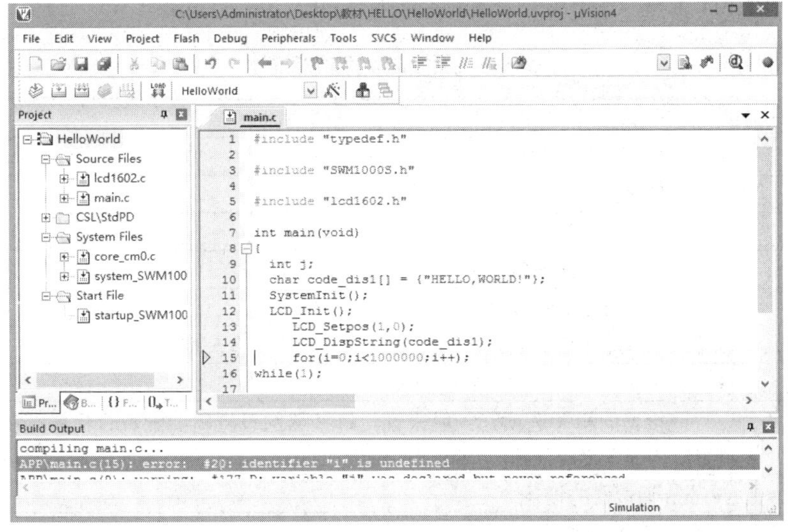

图 8-15　编译结果输出窗口

2. 工程目标和文件组

通过使用不同的工程目标(Project Target)，Keil µVision 可以使单个工程生成几个不同的程序。开发者可能需要一个目标(Target)作为测试，另一个目标作为应用程序的发布版。在同一个工程文件中，每一个目标都具有各自的工具设置。

文件组(File Group)可以将工程中相关的文件组织在一起。这样有利于将一组文件组织到一个功能块中或区分一个开发团队中的工程师。在以前的一些例程中，已经以文件组的形式将 CPU 相关文件同其他源文件隔离开。在 Keil μVision 中，使用这种技术很容易管理具有几百个文件的工程。

在 Project-Targets,Groups,Files 对话框中可以创建工程目标和文件组。在以前的一些例程中，已经使用了这个对话框添加系统配置文件。

Project Workspace 窗口显示了所有的组和相关文件。这个窗口中的文件以在窗口中的排列顺序进行编译和链接。可以通过拖放的方式移动文件的位置，同时也可以单击目标和组改变它们的名字。在该窗口中右击，在弹出的快捷菜单中可以进行如下操作。

(1) 设置工具选项。

(2) 删除文件或组。

(3) 将文件添加到组中。

(4) 打开文件。

在 Project Workspace-Files 页中，不同的图标显示了文件和组的不同属性。

需要注意的是，在工程的不同目标(Target)中，不同的图标给出了工具设置的快速提示。这些图标反映了当前所选目标的属性。例如，如果对目标文件或文件夹设置了特殊的属性，当目标被选中时图标上就会显示圆点。

3. 工程选项页描述

在 Project - Options 对话框中(或单击魔术棒)可以设置所有的工具选项。所有的选项都保存在 Keil μVision 工程文件中，工程选项页描述如表 8-2 所示。

表 8-2　工程选项页功能描述

选 项 页	功能描述
Device	从 μVision 的设备数据库中选择设备
Target	为应用程序指定硬件环境
Output	定义工具链的输出文件
Listing	指定工具链产生的所有列表文件
User	编译前、后对用户程序的操作处理
C/C++	设置 C/C++编译器的工具选项，如代码优化和变量分配
ASM	设置汇编器的工具选项，如宏处理
Linker	设置链接器的相关选项。一般来说，链接器的设置需要配置目标系统的存储分配。设置链接器定义存储器类型和段的位置
Debug	μVision 调试器的设置
Utilities	配置 Flash 编程实用工具

注意： C/C++编译器、Asm 和链接器对话框的标签随实际选择的工具链的不同可能有所差异。

8.2　使用 μVision 调试器测试程序

程序编译通过后，并不能确保程序能正确地执行，应尽可能地减少程序错误或缺陷，在程序下载到 ARM 前，可使用 μVision 调试器对编译程序进行测试。

8.2.1　配置调试参数

1. 加载 Flash 库文件

使用 μVision 的调试模式及用户接口，可以对程序进行测试。由于在 Keil MDK 库中没有 SWM1000S 的 Flash 库文件，为了进行调试及后续的下载，需要先将 SWM1000S.FLM 文件复制到 Keil 软件安装目录\Keil\ARM\Flash 文件夹下。然后单击 keil 软件魔术棒图标，切换到 Utilities 选项卡，如图 8-16、图 8-17 所示，再单击 Settings 按钮，然后单击 Add 按钮，选择 SW1000s 16kB Flash 选项，单击 Add 按钮，再单击 OK 按钮，即可完成 Flash 库文件的加载(或者在后面用其他的方法)。

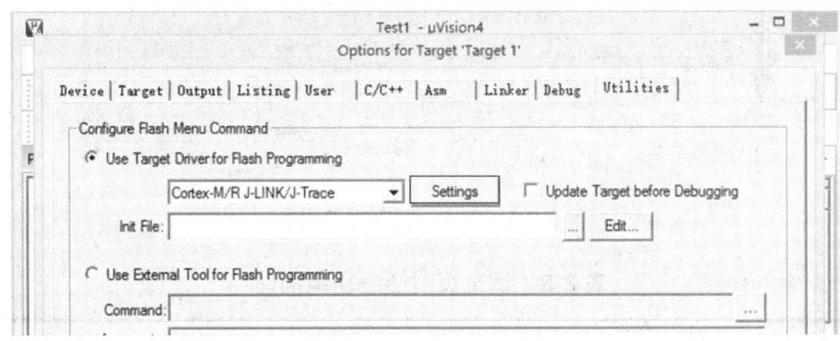

图 8-16　加载芯片库文件

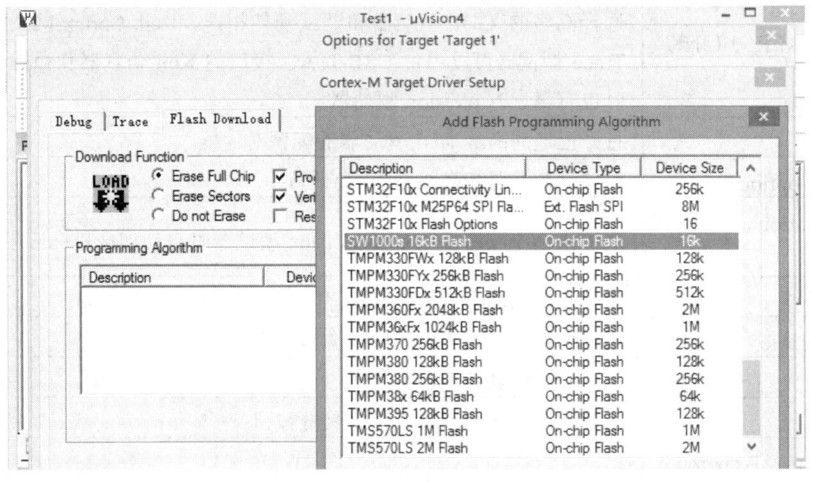

图 8-17　加载芯片 Flash 库文件

2. 设置调试选项

μVision 调试器可以测试用 GNU 或 ARM ADS/RealView 工具链开发的应用程序。μVision 调试器提供了两种操作模式，这两种模式可以在 Options for Target -Debug (魔术棒)对话框中进行选择。切换到 Debug 选项卡，左侧的 Use Simulator 选项，为纯软件仿真，单击右侧的 Use 下拉列表框的下拉按钮，从中选择仿真调试器，即为需要连接开发板等开发套件来进行硬件仿真，一般选择 Cortex-M/R J-LINK/J-Trace 选项，如图 8-18 所示。调试页参数说明如表 8-3 所示。单击 Settings 按钮，进行参数修改，如图 8-19 所示。

需要注意的是，由于在 Keil μVision 库中没有 SWM1000S 的库，所以该芯片不支持纯软件仿真调试，即仿真调试时必须通过 U-Link 或 J-Link 连接开发板进行，即选择 J-LINK / J-Trace Cortex 模式。

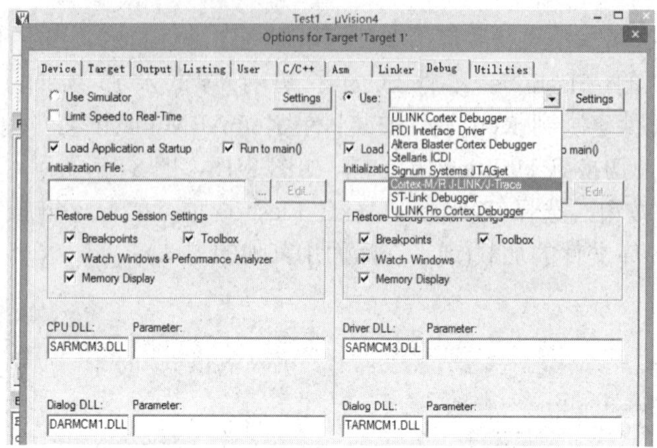

图 8-18 Debug 选项卡设置

表 8-3 调试页对话框功能描述

选　项	功能描述
Use Simulator	选择 μVision 的软件仿真器作为调试工具
Use Cortex-M/R J-LINK/ J-Trace	选择高级的 GDI 驱动器和调试硬件相连。Keil Cortex-M/R J-LINK /J-Trace 调试器可以用带 USB-JTAG 接口的 Keil 仿真器和目标板相连。同时也有第三方 μVision 驱动器
Settings	打开已选的高级 GDI 驱动器的配置对话框
Other dialog options	对软件仿真器和高级 GDI 会话可用
Load Application at Startup	选中该选项以后，在启动 μVision 调试器时自动加载目标应用程序
Run to main ()	当启动调试器时开始执行程序，直到 main()函数处停止
Initialization File	调试程序时作为命令行输入的指定文件
Breakpoints	从前一个调试会话中恢复断点设置
Toolbox	从前一个调试会话中恢复工具框按钮
Watch Windows & Performance Analyzer	从前一个调试会话中恢复观察点和性能分析仪的设置
Memory Display	从前一个调试会话中恢复内存显示设置
CPU DLL、Driver DLL、Parameter	配置内部 μVision 调试 DLL。这些设置来源于设备数据库。用户能修改 DLL 或 DLL 的参数

在打开的对话框中进行如下设置：将 Port 端口改为 SW。如果 MCU 处于正常工作并且 JINK 与 MCU 连接正确，会显示出 IDCODE 值，如图 8-20 所示。

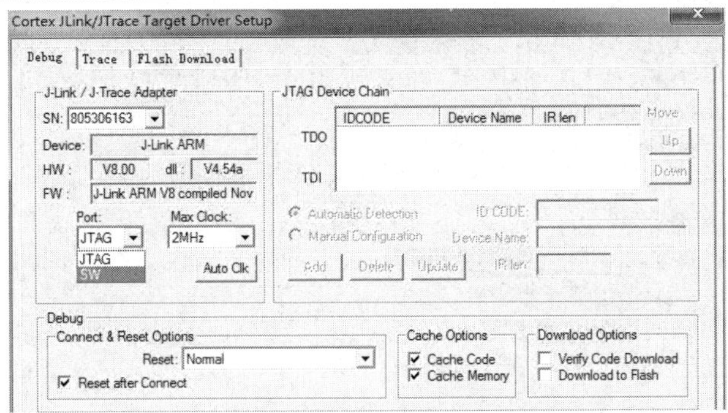

图 8-19　修改调试端口

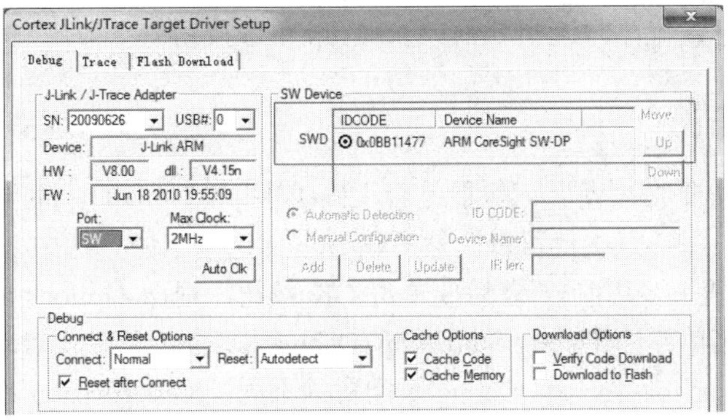

图 8-20　IDCODE 值

然后切换到 Flash Download 选项卡，单击 Add 按钮添加 Flash 库文件(同图 8-16、图 8-17 的步骤)，并对 RAM for Algorithm 参数进行修改，如图 8-21 所示。接着再切换到 Utilities 选项卡，选中 Use Target Driver for Flash Programming 单选按钮，从下面的下拉列表框中选择 J-LINK / J-Trace Cortex 选项，如图 8-22 所示，单击 OK 按钮。这样就设置完成了，然后就可以在线调试和下载程序了。

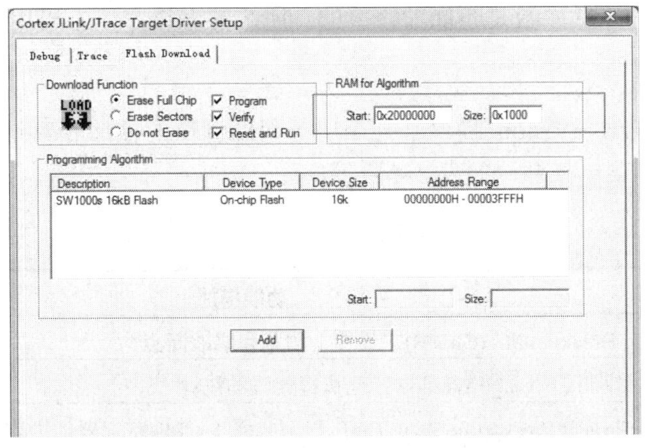

图 8-21　修改 RAM for Algorithm 参数

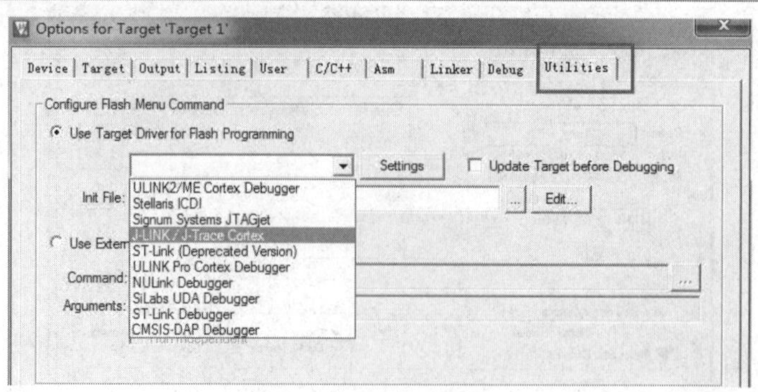

图 8-22　调试选项设置

注：芯片首次下载程序时选中 Erase Full Chip 单选按钮。

8.2.2　仿真调试

开始仿真前，需要先检查一下配置是否正确(如图 8-5 所示)，主要是检查芯片型号和晶振频率，其他一般保持默认就可以。然后在 Debug 选项卡中，选中 Use Simulator 单选按钮(纯软件仿真，一般很少用到)。之后便单击 OK 按钮，退出 Options for Target 对话框。仿真时，可以通过菜单栏的 Debug-Start/Stop Debug Session 菜单项启动 μVision 的仿真调试模式。根据 Options for Target- Debug 页配置的不同，Keil μVision 将加载应用程序、运行启动代码。Keil μVision 可以保存编辑窗口的布局以及恢复最后调试时的窗口布局。

需要注意的是，由于在 Keil μVision 库中没有 SWM1000S 的库，所以该芯片不支持纯软件仿真调试，即仿真调试时必须通过 U-Link 或者 J-Link 连接开发板进行。

在调试的时候，大多数编辑器的功能都是可用的。例如，可以使用查找命令来纠正程序错误。应用程序的源代码文本在同一窗口中显示。μVision 的调试模式和编辑模式有如下不同。

(1) 调试菜单和调试命令是可用的。调试窗口将在以后讨论。

(2) 工程结构和工具参数是不能被修改的。所有的编译命令不可用。

1. 调试工具

在调试阶段，Keil μVision 提供了几个用于帮助调试的窗口和对话框。它们可以通过工具按钮和 μVision 菜单打开，如表 8-4 所示。

表 8-4　常用调试工具

工具图标	功能描述
	Debug Breakpoint... (Ctrl+B)：设置、浏览和修改断点
CODE	View Code Coverage Window：已执行代码的统计
	View Project Workspace Regs Tab：显示或修改 CPU 寄存器的内容
	View Disassembly Window：混合源代码的汇编指令和运行轨迹记录
	View Logic Analyzer Window：变量或 IO 值改变的图形化显示
	View Memory Window：查看和修改内存的值

续表

工具图标	功能描述
	View Output Window Debug Tab：输入调试命令、表达式或调用调试函数
	View Performance Analyzer Window：程序执行的时间统计
	View Serial Window 1 - 3：串行输入/输出的终端窗口
	View Toolbox：用户可配置的按钮，用于快速执行命令
	View Watch & Call Stack Window：显示和修改变量值，列出函数间调用的情况

2. 执行应用程序仿真

可用以下几种方法来执行应用程序。

(1) 使用调试菜单和调试命令。

(2) 在编辑器或反汇编窗口上右击鼠标，在弹出的快捷菜单中选择 Run till Cursor line 菜单项。

(3) 在 Output Window – Command 页中使用 Go, Ostep, Pstep 和 Tstep 命令。

开始执行仿真后，在软件界面上出现一个工具条，即 Debug 工具条，如图 8-23 所示。Debug 工具条各主要按钮的功能介绍如表 8-5 所示。

图 8-23　Debug 工具条

表 8-5　Debug 工具条各主要按钮的功能介绍

图标	含　义	功能描述
	复位	其功能等同于硬件上的复位按钮。相当于实现了一次硬复位。按下该按钮后，代码从头开始执行
	执行到断点处	该按钮用来快速执行到断点处。有时并不需要观看每步是怎样执行的，而是想快速地执行到程序的某个地方看结果，这个按钮就可以实现这样的功能，前提是在查看的地方设置了断点
	挂起	此按钮在程序一直执行的时候会变得有效。通过按该按钮，就可以使程序停止下来，进入单步调试状态
	执行进去	该按钮用来实现执行到某个函数里面去的功能，在没有函数的情况下等同于执行过去按钮
	执行过去	在碰到有函数的地方，通过该按钮就可以单步执行过这个函数，而不进入这个函数单步执行
	执行出去	当进入函数单步调试的时候，有可能不必再执行该函数剩余的部分了，通过该按钮就可以一步执行完剩余函数部分，并跳出函数，回到函数被调用的位置
	执行到光标处	该按钮可以迅速使程序运行到光标处，类似执行到断点处按钮的功能，但是断点可以有多个，而光标只可以有一个

续表

图标	含 义	功能描述
	下条指令	显示下一条指令
	汇编窗口	通过该按钮可以查看汇编代码
	观察变量窗口	按下该按钮会弹出一个显示变量的窗口，在里面可以查看各种变量值
	串口打印窗口	按下该按钮会弹出一个窗口，用来显示串口打印出来的内容
	内存查看窗口	按下该按钮会弹出一个窗口，可以在里面输入要查看的内存地址，观察这一片内存的变化情况
	全部调试	所有工程文件均调试一次
	性能分析窗口	按下该按钮会弹出一个观察各个函数执行时间和所占百分比的窗口，用来分析函数的性能
	逻辑分析窗口	按下该按钮会弹出一个逻辑分析窗口，通过 SETUP 按钮新建一些 IO 口，就可以观察这些 IO 口的电平变化情况

如果程序停止执行，Keil µVision 将打开一个显示源代码文本的编辑窗口或在反汇编窗口中显示相应的 MCU 指令。下一个可执行的语句被标记为黄色箭头。例如图 8-15 所示的 Hello World 工程文件，(修改成 STM32 的芯片后)仿真并利用串口打印出“HELLO，WORLD！”，如图 8-24 所示。仿真过程中，需要单击 serial windows 按钮，打开 USART1 观察窗口，以便于查看仿真输出结果。同时，在寄存器栏中，根据每一步调试的情况，可以观察寄存器的使用状况及寄存器内的参数变化。另外，在程序第 13 行设置了一个断点，当单击运执行到断点处时，程序将立刻运行到断点处停止，并在 USART1 上显示出了 HELLO,WORLD。

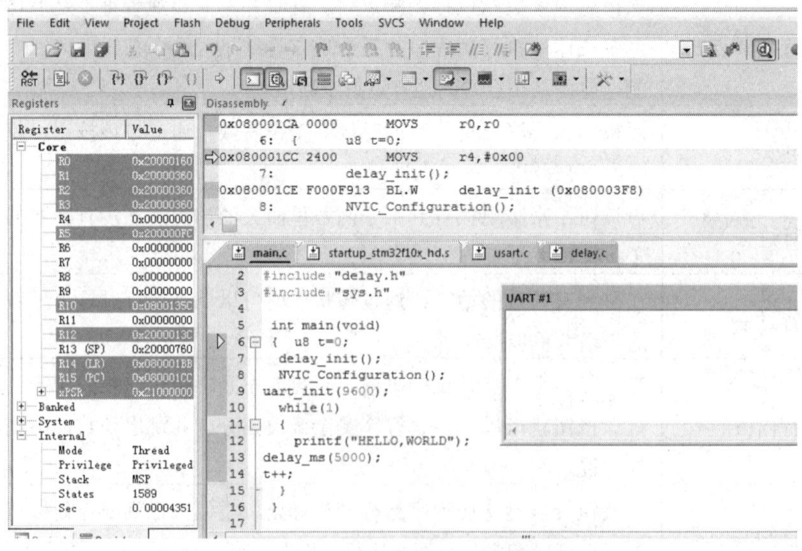

图 8-24 Hello World 仿真调试

```
x00000000    #include "delay.h"
x00000000    #include "sys.h"
x08001360
x00000000     int main(void)
x00000400    {  u8 t=0;
x20000760      delay_init();
x08001275      NVIC_Configuration();
x080001E6    uart_init(9600);
x61000000      while(1)
               {
hread            printf("HELLO,WORLD
rivileged    delay_ms(5000);
SP           t++;
27933          }
.01152051     }
```

UART #1

HELLO,WORLD

图 8-24　Hello World 仿真调试(续)

连接 SWM1000S 开发板后，硬件仿真的情况如图 8-25 所示。

图 8-25　Hello World 仿真调试

3. IO 端口寄存器

Keil μVision 为每一个 IO 端口定义了一个 VTREG 寄存器，注意不要将这些寄存器和每一个端口的外设寄存器(如 PIOA_OSR)混淆。外设寄存器能被片内 MCU 存储空间访问。VTREGs 代表引脚上的信号。

使用 Keil μVision 可以很容易仿真外部硬件的输入。如果有一个脉冲到达端口的引脚，可以使用信号函数仿真这个信号。例如，下面的信号函数在端口 A 的 0 号引脚上输入 1000 Hz 的方波。

```
signal void one_thou_hz (void) {
while (1) { /* repeat forever */
PORTA |= 1; /* set PORTA bit 0 */
swatch (0.0005); /* delay for .0005 secs */
PORTA &= ~1; /* clear PORTA bit 0 */
swatch (0.0005); /* delay for .0005 secs */
} /* repeat */
}
```

下面的命令用于运行这个信号函数。

```
one_thou_hz ()
```

相对于端口引脚的外部输出来说，仿真外部硬件稍微复杂一点，需要两步来完成：第一，写一个 Keil μVision 用户或信号函数实现描述的操作；第二，创建一个调用用户函数的断点。

假设用户使用输出引脚(端口 A 的 0 号引脚)点亮或熄灭 LED。下面的信号函数使用 PORT2 VTREG 寄存器检测 MCU 的输出，同时在命令窗口中显示信息。

```
signal void check_pA0 (void) {
if (PORTA & 1)) { /* Test PORTA bit 0 */
   printf ("LED is ON\n"); } /* 1? LED is ON */
else { /* 0? LED is OFF */
   printf ("LED is OFF\n"):
}
}
```

用户必须在向 PORT1 寄存器中写入数据的代码处添加一个断点。下面的命令行用于在 PORT2 寄存器中所有写入数据的代码处增加断点。

```
BS WRITE PORT2, 1, "check_p20 ()"
```

现在，无论什么时候目标程序向 PORT2 寄存器中写入数据时，check_P20 函数将打印当前的 LED 状态。

4. 串口

片上串口由 S0TIME、S0IN、S0OUT 控制。S0IN、S0OUT 代表 CPU 的输入/输出流。S0TIME 用于指定串口时序是系统默认的(当 STIME = 0)还是指定的波特率(当 SxTIME = 1)。当 S0TIME 为 1 时，在串行窗口中显示的数据是以指定的波特率输出的。当 S0TIME 为 0 时，在串行窗口中显示的数据是以更快的速率输出的。

仿真串行输入像仿真数字输入一样容易。假设有一个以指定数据周期(1 秒)输入的外部串行设备，可以创建如下信号函数向 MCU 的串口提供数据。

```
signal void serial_input (void) {
while (1) { /* repeat forever */
twatch (CLOCK); /* Delay for 1 second */
S0IN = 'A'; /* Send first character */
twatch (CLOCK / 900); /* Delay for 1 character time */
/* 900 is good for 9600 baud */
S0IN = 'B'; /* Send next character */
twatch (CLOCK / 900);
S0IN = 'C'; /* Send final character */
} /* repeat */
}
```

当这个信号函数运行时，每延迟 1 秒向串行输入口输入‘A’, ‘B’, 和‘C’。

同理，串行输出的仿真方式也一样，即像以前描述的那样使用用户或信号函数和写入访问断点。

本 章 小 结

本章首先介绍了利用 Keil μVision 创建 ARM 嵌入式工程的基础，通过创建一个“Hello，World”的工程，一步一步介绍包括创建工程文件、选择芯片类型、添加设备支持及配置参数等，重点介绍了如何使用魔术棒快捷工具来配置 Option 选项中的各选项卡，如何加载设置 SWM1000S 芯片的库文件及设置调试选项，仿真调试工具，并给出了仿真结果，最后简单介绍了 IO 端口寄存器及串口的设置。

习　　题

(1) 利用 Keil μVision 创建一个新的工程有哪些步骤？

(2) 如何加载 SWM1000S 的 FLASH 库文件？

(3) 如何在新的工程中添加已有的源程序？

(4) 如何在工程文件中创建组？

(5) 参考 Hello World 程序，创建一个.C 文件，打印自己的英文名字。

(6) 仿真调试习题(5)创建的.C 程序，并调出调试窗口，观察调试结果。

第 9 章　SWM1000S 开发板介绍

学习重点

重点学习 SWM1000S 开发板的硬件资源，利用开发板开发常用的基本模块程序，学习利用开发板来开展温湿度测量程序、PM2.5 测量程序、步进电机驱动控制程序、超声波测距程序的应用开发。

学习目标

- 能熟练掌握 SWM1000S 开发板的硬件资源以及常用的输入/输出、ADC 等模块程序的设计开发。
- 能熟练掌握温湿度、步进电机驱动控制、超声波测距及避障等应用程序的开发。

本章主要介绍 SWM1000S 硬件仿真开发板的主要功能、硬件电路组成、基本例程介绍，为后面各种软件功能的仿真调试奠定基础。

9.1　开发板资源

本教材配套的 SWM1000S 学习开发板，开放全部硬件，并配套各种常用的传感器采集、显示输出、控制输出等模块程序供初学者学习，同时也可以在开发工程项目时直接应用，可大大提高开发者的项目开发效率。

9.1.1　开发板资源介绍

SWM1000S 仿真开发板如图 9-1 所示，它可以实现按键输入、数码管输出、LCD 输出、IO 端口输出(LED)、ADC 数据采样、PWM 控制输出等多种常见的输入/输出控制。开发板的主要硬件资源如表 9-1 所示，开发板实验的常规设置方法如下。

图 9-1　SWM1000S 仿真开发板

表 9-1　SWM1000S 开发板硬件资源

名　称	数　量	名　称	数　量
4 位数码管	1	实时时钟模块	有
8×8 点阵 LED	1	Flash 模块	有
1602 液晶显示模块	1	E^2PROM	有
ADC 实验电位器	1	PL2303 模块	有
按键	16	JTAG 接口	1
无源蜂鸣器	1	USB 接口	1
跳线帽	8	DB9 接口	1

1. 跳线设置

(1) 标号 W1 上的跳线帽在 ISP 下载的时候需要插上，其他情况下断开。

(2) 标号 W2 上的跳线帽用来接通 LCD 液晶的背光电源。

(3) 标号 J3～J10 用于切换单片机引脚控制对象。

(4) 控制数码管时需要用跳线帽连接 D 引脚与 SEG 引脚。

(5) 控制蜂鸣器时需要用跳线帽连接 D 引脚与 PWM0 引脚。

(6) 控制 LED 灯时需要用跳线帽连接 D 引脚与 LED 引脚。

(7) 控制 LED 点阵时需要用跳线帽连接 D 引脚与 COM 引脚。

2. 电位器设置

(1) 标号 RV1 的电位器用来做 ADC 实验的模拟输入，输入电压范围为 0～3.3V。

(2) 标号 RV2 的电位器用于调节 LCD 液晶屏幕的对比度。

3. 程序下载方式

可以用 J-Link 进行程序下载，也可以通过 USB 接口进行 ISP 下载。

4. 编程方式

编程时可以使用函数库，也可以直接操作寄存器。

需要注意的是，开发板使用 USB 供电，使用板子前需要安装 J-Link 与 PL2303 驱动程序，并设置好 Keil C 开发软件。

9.1.2　硬件电路介绍

SWM1000S 硬件开发板电路原理如图 9-2 所示，主要元器件参数如表 9-2 所示，各功能模块的详细介绍如下(详细的设计图纸资料请读者到 https://pan.baidu.com/s/1bkiQU 下载，或者扫描右侧二维码自行下载)。

1. 矩阵键盘模块

SWM1000S 开发板矩阵键盘电路如图 9-3 所示，采用 4×4 矩阵 16 键形式，上拉电阻 R37～R40 的阻值为 4.7 kΩ。按键参数、方向控制及按键动作等(长按、短按)由用户根据需要编程时定义。

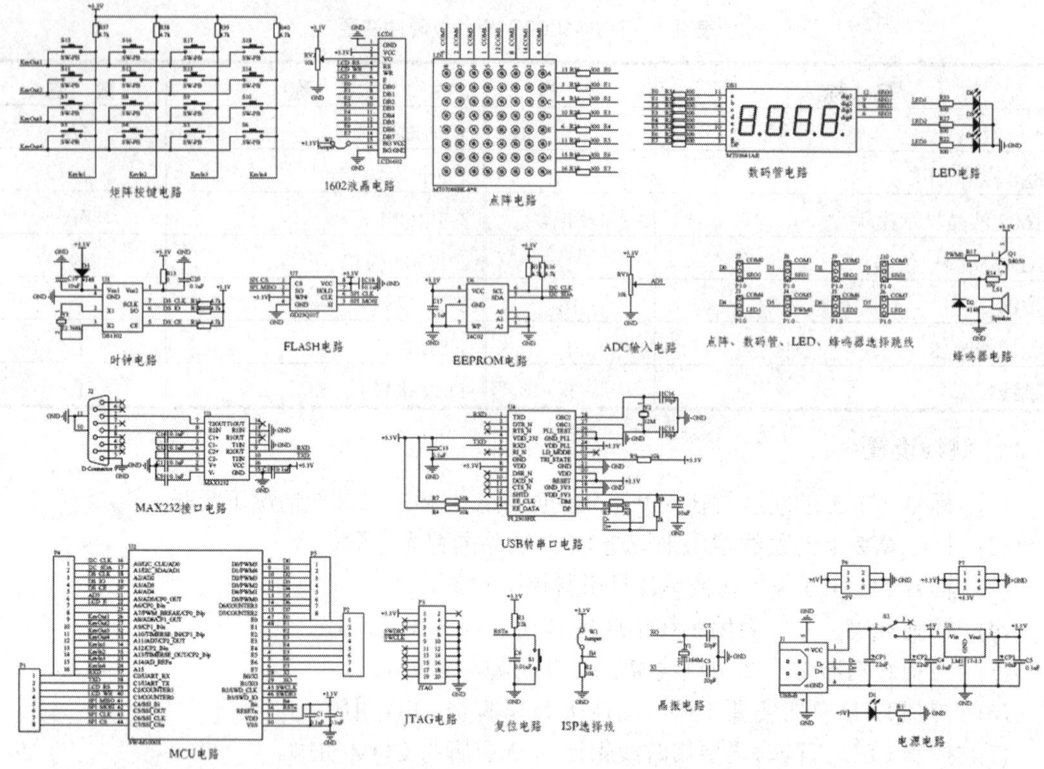

图 9-2　SWM1000S 开发板电路原理图

表 9-2　SWM1000S 开发板主要元器件参数

参数描述	元器件标号	管脚封装
0.1μF	C1、C2、C4、C5、C9-C14、C17、C18、C20	0805C
0.01μF	C6	0805C
10μF	C8、C19	0805C
10μF	CP3	1206C_A3216
22μF	CP1、CP2	1206C_A3216
20pF	C3、C7	0805C
30pF	C15、C16	0805C
LED	D2、D3	1206D
P1.0	J3-J10	HDR1X3
JTAG	P3	JTAG-20
MHDR1X16	P4	HDR1X16
+5V	P6	HDR2X3
+3.3V	P7	HDR2X3
SW-PB	S1、S3- S18	SW-PB
SW-SPDT	S2	SW-SPDT-3-2
PL2303HX	U4	SSOP28-SW
DS1302	U5	SO8-M
LM1117-3.3	U1	SOT223

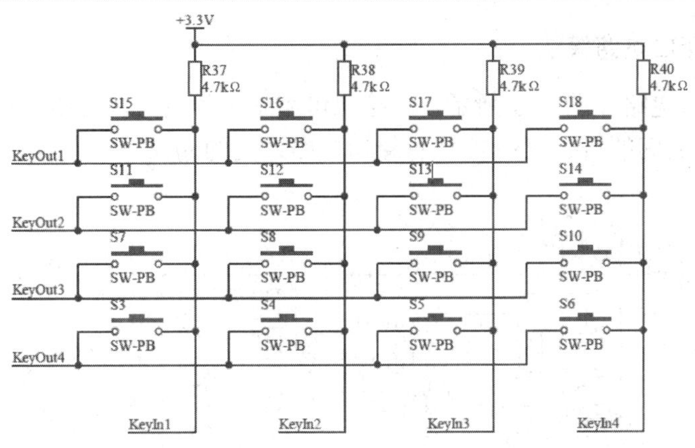

图 9-3　4×4 矩阵键盘电路

2. 液晶显示模块

液晶显示模块采用 1602LCD 标准模块，该模块也是开发板上的可拆卸模块，可根据需要使用。如一般在温度控制、电机 PWM 控制、液体浓度与成分检测等应用开发中需要多个参数显示时，用来显示字符、温度、速度、浓度等。有关 1602LCD 液晶模块的引脚、参数、内部 DDRAM 说明等请参考相关资料。注意在使用开发板时请勿在上电情况下用手去碰触 LCD，以防静电损坏 LCD 屏。

3. 点阵电路与数码管模块

SWM1000S 开发板 LED 点阵电路由 8×8 个 LED 组成，可以用来进行 IO 端口操作，数字、字符模拟编程等。

数码管电路由 4 位 7 段数码管组成的，可以用来进行数字、时间和字符模拟等的显示。

4. 时钟电路与蜂鸣电路模块

时钟电路如图 9-4 所示，蜂鸣器电路如图 9-5 所示。时钟电路用来产生控制 MCU 工作的时序周期信号，可以说，没有时钟电路，任何单片机、CPU 都无法工作。蜂鸣器电路主要用于报警、定义各种故障状态等，如在扫地机器人中当电池电压低时进行报警，提示需要对电池充电等。

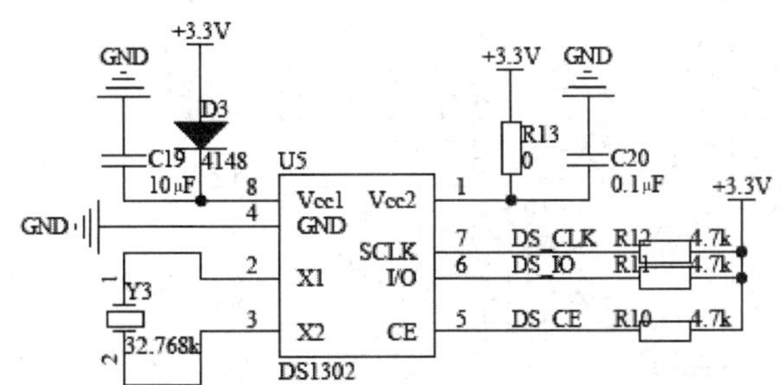

图 9-4　时钟电路

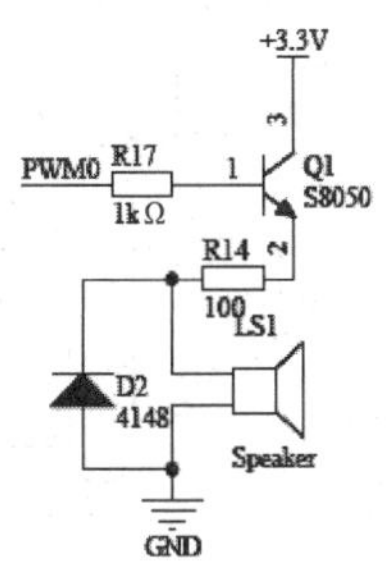

图 9-5　蜂鸣器电路

5. MAX232 接口电路模块

MAX232 接口电路如图 9-6 所示，该接口可用于单片机与单片机、单片机与外设、单片机与 PC 机串口之间的符合 RS232 串行接口电路之间的通信。

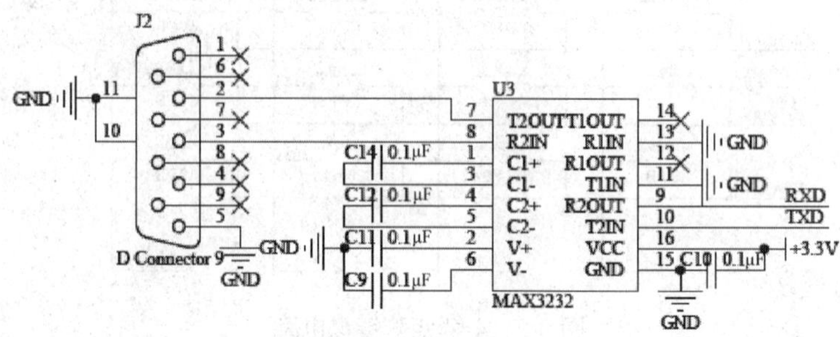

图 9-6　MAX232 接口电路

6. LED 电路模块

LED 电路模块由 3 个不同颜色的 LED 灯组成，主要用于应用程序执行时的各种状态(如报警、工作)指示。

7. ADC 输入电路模块

ADC 输入电路模块利用一个电位器进行分压，来实现 A/D 采样转换时的输入模拟，将该电位器拿掉后，可以外接模拟传感器信号，并对其进行采样，如温度测试、压力测试等。

8. USB 转串口电路模块

USB 转串口电路如图 9-7 所示。USB 转串口模块用于实现计算机 USB 接口到通用串口之间的转换，为没有串口的计算机提供快速的通道，而且，使用 USB 转串口设备等于将传统的串口设备变成了即插即用的 USB 设备，支持热插拔，即插即用，传输速度快。USB 转串口模块，可以被视为一个 USB 2.0 协议的转换器，它可将计算机的 USB 2.0 接口转换为一个透明的并行总线，就像单片机总线一样，从而几天之内就可以完成 USB 2.0 产品的设计。

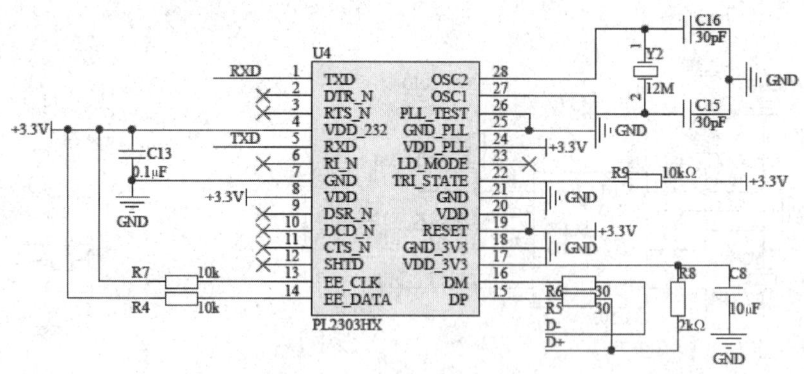

图 9-7　USB 转串口电路

9. JTAG 电路模块

JTAG 电路模块主要用于仿真器与开发板连接，用于应用开发仿真调试、程序下载等。

10. MCU 电路模块

MCU 电路模块如图 9-8 所示，它与各种外围电路及接口电路连接，协助实现程序仿真调试。

11. 其他电路模块

开发板其他电路原理图请自行扫描二维码下载，相关的编程操作将在后面逐渐介绍。

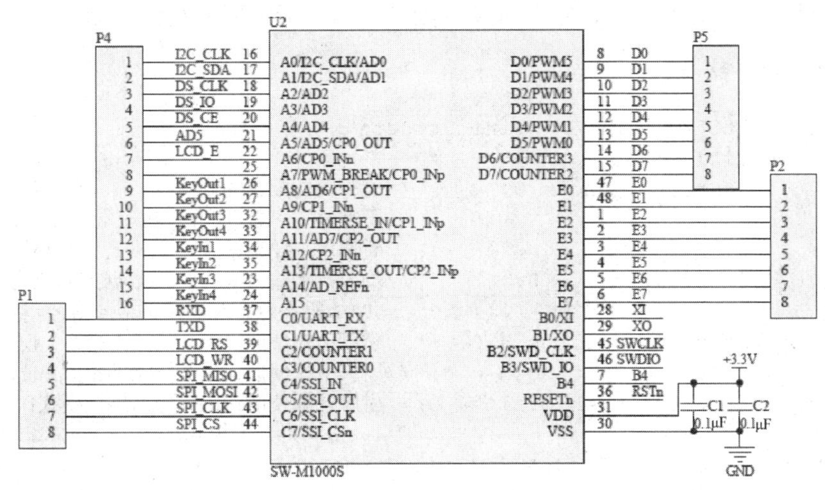

图 9-8　MCU 电路模块

9.2　基础程序设计

本节将重点介绍利用 SWM1000S 开发板来开发常用的输入/输出、通信传输、显示输出、控制输出等模块程序，为以后的工程项目程序开发奠定基础。

9.2.1　基础功能分类

任何一个大型的工程应用程序，都是由一些小的应用程序组合实现的。在日常生活应用中，常见的产品如洗衣机、空调、电饭锅、交通信号灯等，其主要功能可以分解如下。

(1) 键盘输入模块：由于嵌入式系统的特殊性，按键相对较少，一般通过键盘设置各种应用的功能、输入参数(如数字、字母等)。

(2) 信号输入模块：采集环境温度、湿度、浓度、压力、速度、电压等多种信号，并与设定值比较，实现温度、浓度、压力、速度等的测量及控制，一般通过 ADC 转换或 IO 端口实现信号的采集输入。

(3) 控制输出模块：用于电机 PWM 调速控制，电机正反转控制，继电器控制输出等，一般通过 PWM 输出模块、IO 端口操作。

(4) 通信传输模块：通信模块用于与其他单片机或上位 PC 的通信、程序下载等，常见的如 RS232 模块等。

(5) 指示显示模块：用于状态指示、运行参数显示、故障指示等，一般通过 IO 端口输出，并通过数码管、LED 灯、蜂鸣器、显示设备等实现。

9.2.2 基础程序设计

1. 键盘输入程序设计

按键输入示例程序的功能是，当按下开发板上接在 GPIOA0 上的按键时，接在 GPIOC2 上的 LED 灯亮；放开按键，则 LED 灯灭。根据该例程，还可以定义该按键的其他含义，如键盘输入时的数字、字符以及功能定义等。示例程序及说明如下。

```
int main(void)
{
    GPIO_InitStructure GPIO_initStruct;
    SystemInit( );
    GPIO_initStruct.func = 0;           //引脚功能配置为GPIO，0：相应端口作为
                                          正常GPIO端口；1：相应端口作为外部中
                                          断输入，详见第4章数据寄存器描述
    GPIO_initStruct.dir = 0;            //输入，接输入KEY，当数据方向位为0时，
                                          GPIO配置为输入，详见第4章
    GPIO_initStruct.pull_up = 0;        //引脚上拉使能：0不使能上拉；1使能上拉
    GPIO_initStruct.pull_down = 0;      //引脚下拉使能：0不使能下拉；1使能下拉
    GPIO_initStruct.open_drain = 0;     //引脚开漏使能：0引脚为推挽模式；
                                        //1：引脚为开漏模式
    GPIO_Init(GPIOA,PIN_0,&GPIO_initStruct);    //GPIOA.0初始化为输入引脚，
                                                  有上拉、无下拉、非开漏
    GPIO_initStruct.func = 0;           //引脚功能为GPIO
    GPIO_initStruct.dir = 1;            //输出，接LED，当数据方向位设为1时，
                                          GPIO配置为输出，详见第4章
    GPIO_initStruct.pull_up = 0;
    GPIO_initStruct.pull_down = 0;
    GPIO_initStruct.open_drain = 0;
    GPIO_Init(GPIOC,PIN_2,&GPIO_initStruct);    //GPIOC.2初始化为输出引脚，
                                                  无上拉、无下拉、非开漏
    while(1==1)
    {
        if(GPIO_GetBit(GPIOA,PIN_0) == 0) //当按键被按下时(读取引脚电平参数状态)
        {
            GPIO_SetBit(GPIOC,PIN_2);   //将指定引脚电平置高(设置引脚输出)，
                                          LED灯亮
        }
        else
        {
            GPIO_ClrBit(GPIOC,PIN_2);         //将指定引脚电平置低，LED灯灭
        }
    }
}
```

需要注意的是，上面的代码 GPIOC.2 初始化为输出引脚，用户实际并不想设置关于“上拉、下拉、开漏”等相关信息，但是在调用 GPIO_Init 设定引脚模式前必须对 GPIO_initStruct 变量的 pull_up、pull_down、open_drain 三个成员变量正确赋值，否则在 GPIO_initStruct 为局部变量的情况下就无法保证这三个成员的取值情况，万一此时 open_drain 取值为“1”，那么此输出引脚就无法输出高电平了。

对于其他外设如 SPI、UART、TIMR 等的初始化也是同样的要求，必须对所有的初始化结构体成员变量正确赋值。

2. ADC 采样转换程序设计

在嵌入式应用开发中，有时输入量是模拟传感器输出的电压信号，这就需要用到 AD 采样电路，将模拟量信号转换成数字量信号后接入 MCU。例如，在机器人中对电池电量的监测，无论是充电过程还是放电过程，都需要连续不断地对电池电压进行采样：在充电过程中，如果检测到电池电压过低，则需要控制充电回路使用小电流充电，以充分激活电池内材料的活性；如果检测到电池电压在正常待充电范围内，则控制充电回路使用大电流进行充电，以减少充电时间；如果检测到电池电压接近充满电时，则又需要控制充电回路采用小电流充电；同样，当电池处于放电状态时，如果电池电压过低，则需要及时切断放电回路，对电池进行保护，以避免电池过放电而损坏。在 ADC 采样转换示例程序中，利用电位器分压产生模拟电平，分压输出接在 SWM1000S 的 GPIOA2 引脚上，当旋动电位器改变分压阻值时，引起 GPIOA2 引脚上的电平变化，通过 ADC 采样转换后读取引脚电平，并将转换结果通过串口打印出来，这样一直不断地进行转换并打印。其示例程序如下。

```
int main(void)
{
    GPIO_InitStructure GPIO_initStruct;
    UART_InitStructure UART_initStruct;
    ADC_InitStructure  ADC_initStruct;
    SystemInit( );
    GPIO_initStruct.func = 1;                        //引脚功能为UART
    GPIO_initStruct.pull_up = 0;
    GPIO_initStruct.pull_down = 0;
    GPIO_initStruct.open_drain = 0;
    GPIO_Init(GPIOC,PIN_0,&GPIO_initStruct);         //PC.0 => UART.RX
    GPIO_Init(GPIOC,PIN_1,&GPIO_initStruct);         //PC.0 => UART.TX
    UART_initStruct.data_len = 3;                    //8 位数据位
    UART_initStruct.stop_len = 0;                    //1 位停止位
    UART_initStruct.parity = 0;                      //无校验
    UART_initStruct.baudrate = 57600;                //波特率为 57600
    UART_initStruct.rxfifo = 0;                      //不使用接收 FIFO
    UART_initStruct.RBR_IE = 0;                      //RBR 接收到数据中断不使能
    UART_initStruct.THR_IE = 0;                      //THR 为空中断不使能
    UART_initStruct.LSR_IE = 0;                      //UART 出现错误(帧错误、校验错误、
                                                       溢出错误)中断不使能

    UART_Init(UART,&UART_initStruct);
    GPIO_initStruct.func = 2;                        //引脚功能为 ADC 功能
    GPIO_initStruct.pull_up = 0;
```

```
    GPIO_initStruct.pull_down = 0;
    GPIO_initStruct.open_drain = 0;
    GPIO_Init(GPIOA,PIN_2,&GPIO_initStruct);   //PA.2 => ADC.CH2
    ADC_initStruct.mode = 0;                   //单通道单次转换模式
    ADC_initStruct.clk_div = 8;
    ADC_initStruct.channel = ADC_CH2;          //转换通道选择 ADC_CH2,
                                                 在 GPIOA2 引脚上
    ADC_initStruct.INT_EOCEn = 1;              //使能转换结束中断
    ADC_initStruct.use_cmp = 0;                //不使用转换结果比较功能
    ADC_Init(ADC,&ADC_initStruct);           //设置 ADC
    ADC_Open(ADC);                           //使能 ADC
    ADC_Start(ADC);                          //启动 ADC,开始转换
    while(1==1)
    {

    }
}

void ADC_Handler(void)
{
    ui32 i;
    ADC->STAT.EOC = 1;                       //写 1 清除中断
    printf("Result: %d\n",ADC_Read(ADC,ADC_CH2));
    for(i=0;i<1000000;i++);
    ADC_Start(ADC);                          //再次启动,不断得到结果并打印
}
```

3. UART 通信程序设计

功能说明：首先通过串口打印“Hello World!”；然后等待上位机发送，并将接收到的上位机发送内容原封不动地发送回上位机。示例程序如下。

```
#include "typedef.h"
#include "SWM1000S.h"
int main(void)
{
    GPIO_InitStructure GPIO_initStruct;
    UART_InitStructure UART_initStruct;
    SystemInit();
    GPIO_initStruct.func = 1;                  //引脚功能为 UART
    GPIO_initStruct.pull_up = 0;
    GPIO_initStruct.pull_down = 0;
    GPIO_initStruct.open_drain = 0;
    GPIO_Init(GPIOC,PIN_0,&GPIO_initStruct);   //PC.0 => UART.RX
    GPIO_Init(GPIOC,PIN_1,&GPIO_initStruct);   //PC.1 => UART.TX

    UART_initStruct.data_len = 3;              //8 位数据位
    UART_initStruct.stop_len = 0;              //1 位停止位
    UART_initStruct.parity = 0;                //无校验
```

```
    UART_initStruct.baudrate = 57600;             //波特率为 57600
    UART_initStruct.rxfifo = 0;                   //不使用接收 FIFO
    UART_initStruct.RBR_IE = 0;                   //RBR 接收到数据中断不使能
    UART_initStruct.THR_IE = 0;                   //THR 为空中断不使能
    UART_initStruct.LSR_IE = 0;                   //UART 出现错误(帧错误、校验错
                                                    误、溢出错误)中断不使能

    UART_Init(UART,&UART_initStruct);
    printf("HelloWorld! %c%c%c%c%c%c%c%c%c%c%c%c!\n",83,121,110,119,10
5,116,46,99,111,109,46,99,110);
    while(1==1)
    {
        while(UART_IsDataAvailable(UART) == 0);
        UART_WriteByte(UART,UART_ReadByte(UART));
    }
}
```

4. PWM 程序设计

电机控制是嵌入式系统最常见的应用。利用 PWM 波对电机实现调速控制，如电动自行车、机器人速度控制等。功能说明：在 PD3 上产生频率为 100 Hz、占空比为 25%的方波，在 PD2 上产生频率为 100 Hz、占空比为 75%的方波的例程如下。

```
#include "typedef.h"
#include "SWM1000S.h"
int main(void)
{
    GPIO_InitStructure GPIO_initStruct;
    PWM_InitStructure  PWM_initStruct;
    SystemInit();
    GPIO_initStruct.func = 0;                     //引脚功能为 GPIO
    GPIO_initStruct.dir = 1;                      //输出，接 LED
    GPIO_initStruct.pull_up = 0;
    GPIO_initStruct.pull_down = 0;
    GPIO_initStruct.open_drain = 0;
    GPIO_Init(GPIOA,PIN_2,&GPIO_initStruct);      //GPIOA.2 初始化为输出引脚，
                                                  无上拉、无下拉、非开漏

    GPIO_SetBit(GPIOA,PIN_2);
    GPIO_initStruct.func = 1;                     //引脚功能为数字外设功能
    GPIO_initStruct.pull_up = 0;
    GPIO_initStruct.pull_down = 0;
    GPIO_initStruct.open_drain = 0;
    GPIO_Init(GPIOD,PIN_3,&GPIO_initStruct);      //GPIOD3 => PWM1_A
    GPIO_Init(GPIOD,PIN_2,&GPIO_initStruct);      //GPIOD2 => PWM1_B
    PWM_initStruct.clk_div = 10;                  //F_PWM = 22M/10 = 2.2M

                                                  //宽度为 4 位，最大为 14
    PWM_initStruct.mode = 0;                      //A 路和 B 路独立输出
```

```
    PWM_initStruct.align = 0;                    //左对齐输出
    PWM_initStruct.cycleA = 10000;               //2.2M/10000 = 220Hz

    PWM_initStruct.hdutyA =  2500;               //2500/10000 = 25%
    PWM_initStruct.cycleB = 10000;
    PWM_initStruct.hdutyB =  7500;               //7500/10000 = 75%
    PWM_initStruct.IntHEndAEn = 0;
    PWM_initStruct.IntNCycleAEn = 0;
    PWM_initStruct.IntHEndBEn = 0;
    PWM_initStruct.IntNCycleBEn = 0;
    PWM_Init(PWM1,&PWM_initStruct);
    PWM_Open(PWM1,1,1);
    PWM_Start(PWM1,1,1);
    while(1==1)
    {


    }
}
```

9.3 扩展功能程序设计

通常来说，开发板不会集成工程中所需要的所有功能，如果开发人员想使用额外功能，就需要通过 IO 端口以及其他功能外设来对开发板进行功能扩展，可以通过购买相应的功能模组并与开发板进行连接，来实现功能上的扩展。

下面将为读者介绍使用 SWM1000S 开发板来实现工程中常用的扩展功能模块的程序设计，其中包括：DHT-11 温湿度测量模块、DS18B20 温度传感器、夏普 GP2Y1010AU0F 环境 PM2.5 测量模块、E18-D80NK 漫反射式避障传感器、ULN2003 步进电机驱动器和 HC-SR04 超声波传感器。

9.3.1 DHT-11 温湿度测量程序设计

DHT-11 数字温湿度传感器是一款含有已校准数字信号输出的温湿度复合传感器，它应用专用的数字模块采集技术和温湿度传感技术，确保产品具有极高的可靠性和卓越的长期稳定性。传感器包括一个电阻式感湿元件和一个 NTC 测温元件，并与一个高性能 8 位单片机相连接。因此该产品具有品质卓越、超快响应、抗干扰能力强、性价比极高等优点。每个 DHT-11 传感器都在极为精确的湿度校验室中进行校准。校准系数以程序的形式存在 OTP 内存中，传感器内部在检测信号的处理过程中要调用这些校准系数。单线制串行接口，使系统集成变得简易快捷。超小的体积、极低的功耗，使其成为该类应用中，在苛刻应用场合的最佳选择。此传感器在电器、汽车以及气象站上应用广泛。

DHT-11 温湿度传感器内部电路原理图如图 9-9 所示。

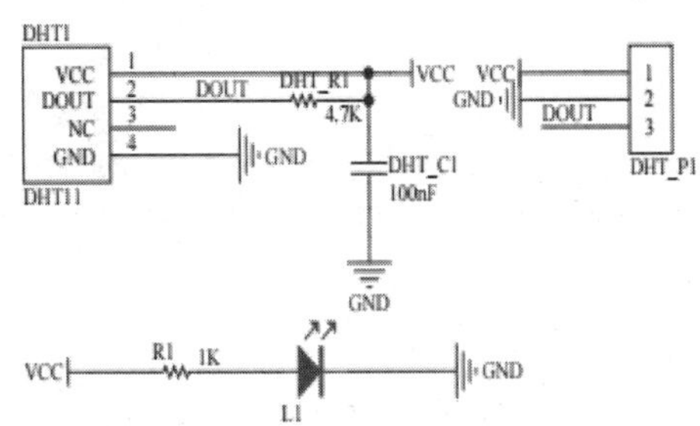

图 9-9 DHT-11 传感器内部电路原理图

使用时，将传感器的 VCC 连接到开发板的 3.3 V 电源接口，GND 连接到开发板的 GND 接口，DOUT 连接到开发板的 PA1 接口。完成硬件连接后，就可以开始烧录程序，观察实验效果了。

由于 SWM1000S 没有该传感器的驱动程序，所以需要自己进行开发，DHT-11 数字温湿度传感器驱动程序如下，读者可以参考。

```
#include "dht11.h"
void DHT11_IO_OUT()
{
    GPIO_InitStructure GPIO_initStruct;
    GPIO_initStruct.func = 0;
    GPIO_initStruct.dir = 1;
    GPIO_initStruct.pull_up = 0;
    GPIO_initStruct.pull_down = 0;
    GPIO_initStruct.open_drain = 0;
    GPIO_Init(GPIOA,PIN_1, &GPIO_initStruct);
}
void DHT11_IO_IN()
{
    GPIO_InitStructure GPIO_initStruct;
    GPIO_initStruct.func = 0;
    GPIO_initStruct.dir = 0;
    GPIO_initStruct.pull_up = 0;
    GPIO_initStruct.pull_down = 0;
    GPIO_initStruct.open_drain = 0;

    GPIO_Init(GPIOA,PIN_1, &GPIO_initStruct);
}
void DHT11_Rst(void)
{
    DHT11_IO_OUT();
  GPIO_ClrBit(GPIOA,PIN_1);
  Delay_ms(20);
  GPIO_SetBit(GPIOA,PIN_1);
    Delay_us(30);
}
```

```
ui08 DHT11_Check(void)
{
    ui08 retry=0;
    DHT11_IO_IN();
    while (GPIO_GetBit(GPIOA,PIN_1)&&retry<100)
    {
        retry++;
        Delay_us(1);
    };
    if(retry>=100)
        return 1;
    else
        retry=0;
    while (!GPIO_GetBit(GPIOA,PIN_1)&&retry<100)
    {
        retry++;
        Delay_us(1);
    };
    if(retry>=100)
        return 1;
    return 0;
}

ui08 DHT11_Read_Bit(void)
{
    ui08 retry=0;
    while(GPIO_GetBit(GPIOA,PIN_1)&&retry<100)
    {
        retry++;
        Delay_us(1);
    }
    retry=0;
    while(!GPIO_GetBit(GPIOA,PIN_1)&&retry<100)
    {
        retry++;
        Delay_us(1);
    }
    Delay_us(40);
    if(GPIO_GetBit(GPIOA,PIN_1))
        return 1;
    else
        return 0;
}

ui08 DHT11_Read_Byte(void)
{
    ui08 i,dat;
    dat=0;
    for (i=0;i<8;i++)
```

```
    {
        dat<<=1;
    dat|=DHT11_Read_Bit();
    }
    return dat;
}

ui08 DHT11_Read_Data(ui08 *temperature,ui08 *humidity)
{
    ui08 buf[5];
    ui08 i;
    DHT11_Rst();
    if(DHT11_Check()==0)
    {
        for(i=0;i<5;i++)
        {
            buf[i]=DHT11_Read_Byte();
        }
        if((buf[0]+buf[1]+buf[2]+buf[3])==buf[4])
        {
            *humidity=buf[0];
            *temperature=buf[2];
        }
    }
    else
        return 1;
    return 0;
}

ui08 DHT11_Init(void)
{
    GPIO_InitStructure  GPIO_initStruct;

    GPIO_initStruct.func = 0;
    GPIO_initStruct.dir = 1;
    GPIO_initStruct.pull_up = 0;
    GPIO_initStruct.pull_down = 0;
    GPIO_initStruct.open_drain = 0;
    GPIO_Init(GPIOA,PIN_1, &GPIO_initStruct);
    GPIO_SetBit(GPIOA,PIN_1);

    DHT11_Rst();
    return DHT11_Check();
}
```

当使用该传感器进行数据采集时，在 main.c 主文件的 main()中使用此模块的功能。程序代码如下。

```
while(DHT11_Init());
```

首先对传感器进行初始化，并将初始化的 init 函数放入 while 循环中，在主线程中产生阻塞。当初始化成功后，便开始正常的使用操作，否则需要重新进行初始化。

```
DHT11_Read_Data(&temperature,&humidity);
```

利用此语句将传感器获取的温度数值和湿度数值赋值给先前定义的 temperature 和 humidity 变量中。至此，此传感器的数据读取完毕。通过数码管观察温湿度的实验结果如图 9-10 所示。

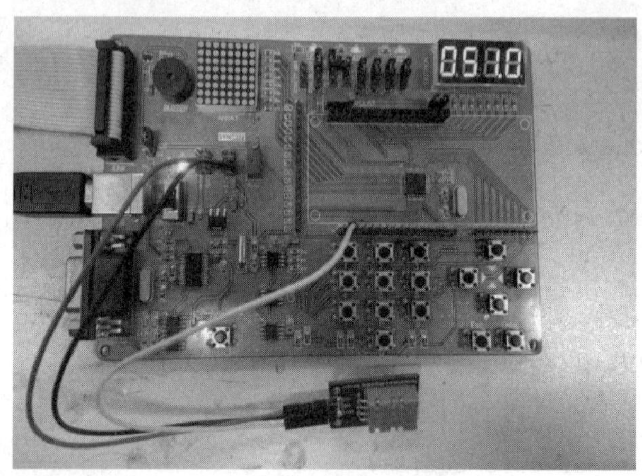

图 9-10　温湿度传感器

9.3.2　DS18B20 温度传感器测量程序设计

上一小节讲解了 DHT-11 温湿度传感器，虽然 DHT-11 在测量湿度的同时，兼具测量温度的功能，但是 DHT-11 的温度测量精度并不能达到要求，所以要启用测量精度更高和测量范围更大的模块。

DS18B20 数字温度传感器接线方便，封装后可应用于多种场合，如管道式、螺纹式、磁铁吸附式、不锈钢封装式，型号多种多样，有 LTM8877、LTM8874 等，主要根据应用场合的不同而改变其外观。封装后的 DS18B20 可用于电缆沟测温、高炉水循环测温、锅炉测温、机房测温、农业大棚测温、洁净室测温、弹药库测温等各种非极限温度场合；耐磨耐碰，体积小，使用方便，封装形式多样，适用于各种狭小空间设备数字测温和控制领域；测温范围为-55～+125 ℃，固有测温误差 1 ℃；支持多点组网功能，多个 DS18B20 可以并联在唯一的三线上，最多能并联 8 个，实现多点测温；如果数量过多，会使供电电源电压过低，从而造成信号传输的不稳定。传感器内部原理图如图 9-11 所示。

使用时，将传感器的 VCC 连接到开发板的 3.3 V 电源接口，GND 连接到开发板的 GND 接口，DQ 连接到开发板的 PA0 接口。完成硬件连接后，就可以开始烧录程序，观察实验效果了。

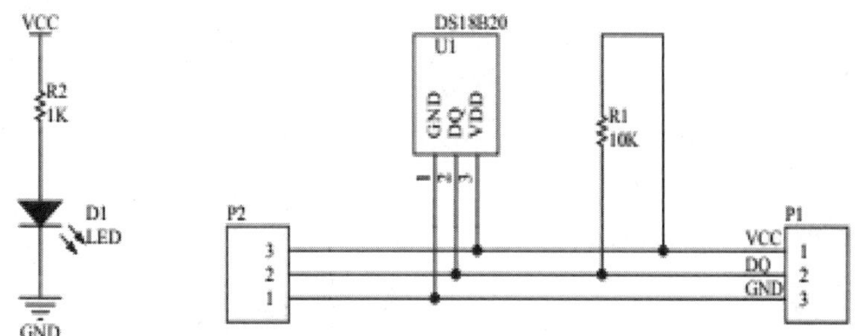

图 9-11　DS18B20 原理图

编写的传感器驱动程序如下，读者可以参考或自行开发。

```
#include "ds18b20.h"
#include "delay.h"
#include "SWM1000S.h"

void DS18B20_IO_OUT(){
    GPIO_InitStructure GPIO_initStruct;

    GPIO_initStruct.func = 0;
    GPIO_initStruct.dir = 1;
    GPIO_initStruct.pull_up = 0;
    GPIO_initStruct.pull_down = 0;
    GPIO_initStruct.open_drain = 0;

    GPIO_Init(GPIOA,PIN_0, &GPIO_initStruct);
}

void DS18B20_IO_IN(void)
{
    GPIOA->u32DIR &= ~(1);
}
void DS18B20_Rst(void)
{
    DS18B20_IO_OUT();
   DS18B20_DQ_OUT(0);
   Delay_us(750);
DS18B20_DQ_OUT(1);
    Delay_us(15);     //15US
}
ui08 DS18B20_Check(void)
{
    ui08 retry=0;
    DS18B20_IO_IN();
   while (DS18B20_DQ_IN&&retry<200)
    {
        retry++;
        Delay_us(1);
    };
    if(retry>=200)return 1;
    else retry=0;
   while (!DS18B20_DQ_IN&&retry<240)
```

```
    {
        retry++;
        Delay_us(1);
    }
    if(retry>=240)return 1;
    return 0;
}
ui08 DS18B20_Read_Bit(void)
{
    ui08 data;
    DS18B20_IO_OUT();
    DS18B20_DQ_OUT(0);
    Delay_us(2);
    DS18B20_DQ_OUT(1);
    DS18B20_IO_IN();
    Delay_us(12);
    if(DS18B20_DQ_IN)data=1;
    else data=0;
    Delay_us(50);
    return data;
}
ui08 DS18B20_Read_Byte(void)    // read one byte
{
    ui08 i,j,dat;
    dat=0;
    for (i=1;i<=8;i++)
    {
        j=DS18B20_Read_Bit();
        dat=(j<<7)|(dat>>1);
    }
    return dat;
}
void DS18B20_Write_Byte(ui08 dat)
{
    ui08 j;
    ui08 testb;
    DS18B20_IO_OUT();
    for (j=1;j<=8;j++)
    {
        testb=dat&0x01;
        dat=dat>>1;
        if (testb)
        {
            DS18B20_DQ_OUT(0);// Write 1
            Delay_us(2);
            DS18B20_DQ_OUT(1);
            Delay_us(60);
        }
        else
        {
            DS18B20_DQ_OUT(0);// Write 0
            Delay_us(60);
            DS18B20_DQ_OUT(1);
            Delay_us(2);
        }
```

```
    }
}
void DS18B20_Start(void)// ds1820 start convert
{
    DS18B20_Rst();
    DS18B20_Check();
    DS18B20_Write_Byte(0xcc);// skip rom
    DS18B20_Write_Byte(0x44);// convert
}

ui08 DS18B20_Init(void)
{
    GPIO_InitStructure GPIO_initStruct;
    GPIO_initStruct.func = 0;
    GPIO_initStruct.dir = 1;
    GPIO_initStruct.pull_up = 0;
    GPIO_initStruct.pull_down = 1;
    GPIO_initStruct.open_drain = 0;
    GPIO_Init(GPIOA,PIN_0,&GPIO_initStruct);


    /* Deselect the PA0 Select high */
    GPIO_SetBit(GPIOA,PIN_0);
    DS18B20_Rst();
    return DS18B20_Check();
}
short DS18B20_Get_Temp(void)
{
    ui08 temp;
    ui08 TL,TH;
    short tem;
    DS18B20_Start ();    DS18B20_Rst();
    DS18B20_Check();
    DS18B20_Write_Byte(0xcc);
    DS18B20_Write_Byte(0xbe);
    TL=DS18B20_Read_Byte();
    TH=DS18B20_Read_Byte();

    if(TH>7)
    {
        TH=~TH;
        TL=~TL;
        temp=0;
    }else temp=1;
    tem=TH;
    tem<<=8;
    tem+=TL;
    tem=(float)tem*0.625;
    if(temp)return tem;
    else return -tem;
}
```

使用时，需要在 main.c 主文件的 main()中使用此模块的功能。

```
while(DS18B20_Init());
```

首先对传感器进行初始化，并将初始化的 init 函数放入 while 循环中，在主线程中产生阻塞。当初始化成功后，便可以开始正常的使用操作，否则需要重新进行初始化。

```
tmp = DS18B20_Get_Temp();
```

利用 DS18B20_Get_Temp()函数将传感器测量的数值赋值到先前定义的 tmp 变量中。至此，此传感器的数据读取完毕。

最后，烧录程序到开发版，观察实验结果，如图 9-12 所示。

图 9-12　温度传感器

9.3.3　夏普 GP2Y1010AU0F 环境 PM2.5 测量程序设计

该模块是以夏普 GP2Y1010AU0F 为核心的灰尘传感器。传感器内部的红外二极管，可以输出一个与灰尘浓度呈线性关系的电压值，通过该电压值即可计算出空气中的灰尘和烟尘含量，从而实现空气中微粒子浓度 PM2.5 的检测。传感器输出电压与灰尘浓度关系在 0～0.5 mg/m^3 范围内呈线性关系，如图 9-14 所示。

传感器内部电路原理图如图 9-14 所示。

传感器控制原理可分为四个步骤。

(1) 通过设置模块 LED-1 引脚为高电平，从而打开传感器内部红外二极管。

(2) 等待 0.28 ms，从外部控制其采样模块 AOUT 引脚的电压值。因为传感器内部红外二极管在开启 0.28 ms 之后，输出波形才达到稳定，如图 9-15 所示。

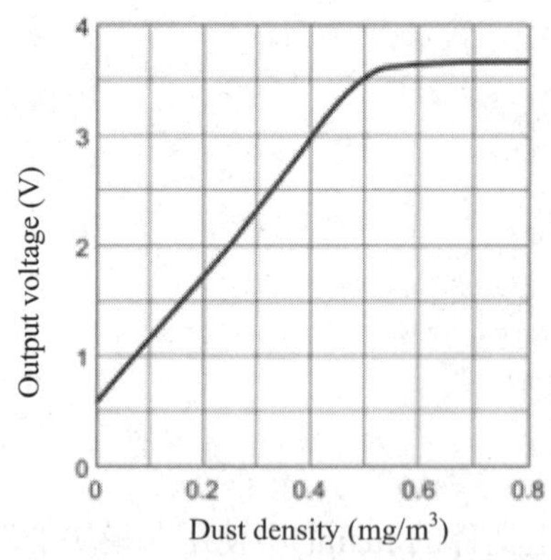

图 9-13　PM2.5 传感器 GP2Y1010AU0F 输出特性曲线

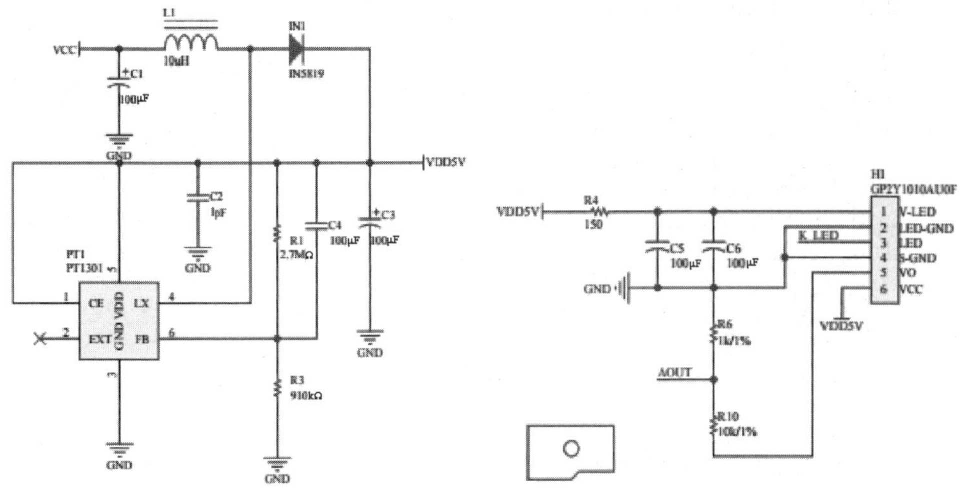

图 9-14　GP2Y1010AU0F 内部电路原理图

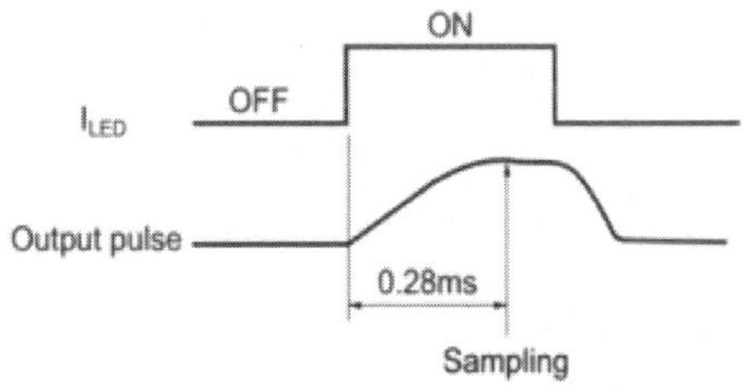

图 9-15　LED-1 与红外二极管输出波形的关系

(3) 采样持续 0.04 ms 之后，再设置 LED-1 引脚为低电平，从而关闭内部红外二极管。

(4) 根据电压与浓度关系即可计算出当前空气中的灰尘浓度。

使用时，将传感器的 VCC 连接到开发板的 3.3 V 电源接口，GND 连接到开发板的 GND 接口。由于此模块要使用 ADC 进行电压的转换，并且使用的是通道二，所以，AOUT 连接到开发板的 PA2 接口，LED-1 连接到 PA4 接口。完成硬件连接后，就可以开始烧录程序，观察实验效果了。

该传感器模块的驱动程序如下，读者也可以自行编写。

```
#include "duster.h"
#include "SWM1000S.h"

#define NO_DUST_VOLTAGE 500

void _GP2Y_HardInit(void)
{
  ADC_InitStructure ADC_initStruct;
  GPIO_InitStructure GPIO_initStruct;
     GPIO_initStruct.func = 2;
     GPIO_initStruct.pull_up = 0;
     GPIO_initStruct.pull_down = 0;
     GPIO_initStruct.open_drain = 0;
```

```
    GPIO_Init(GPIOA,PIN_2,&GPIO_initStruct);

    GPIO_initStruct.func = 0;
    GPIO_initStruct.dir = 1;
    GPIO_initStruct.pull_up = 0;
    GPIO_initStruct.pull_down = 0;
    GPIO_initStruct.open_drain = 0;
    GPIO_Init(GPIOA,PIN_4, &GPIO_initStruct);
    GPIO_ClrBit(GPIOA, PIN_4);

    ADC_initStruct.mode = 0;
    ADC_initStruct.clk_div = 8;
    ADC_initStruct.channel = ADC_CH2;
    ADC_initStruct.INT_EOCEn = 1;
    ADC_initStruct.use_cmp = 0;
    ADC_Init(ADC,&ADC_initStruct);

 ADC_Open(ADC);
}

void _GP2Y_Wait(void)
{
    Delay_us(300);
}

void _GP2Y_GetADCValue(void)
{
    GPIO_SetBit(GPIOA, PIN_4);
    _GP2Y_Wait();
ADC_Start(ADC);
}

float _GP2Y_ADCValue2Voltage(ui32 Value)
{
    float Temp;

    Temp = (3300 / 4096.0) * Value * 11;

    return Temp;
}

float _GP2Y_DataProcess(float Voltage)
{
    if(Voltage >= NO_DUST_VOLTAGE)
    {
        Voltage -= NO_DUST_VOLTAGE;

        return (Voltage * 0.16);
    }
    else
        return 0;
}
```

```
int _filter(int m)
{
  static int flag_first = 0, _buff[10], sum;
  const int _buff_max = 10;
  int i;

  if(flag_first == 0)
  {
    flag_first = 1;

    for(i = 0, sum = 0; i < _buff_max; i++)
    {
      _buff[i] = m;
      sum += _buff[i];
    }
    return m;
  }
  else
  {
    sum -= _buff[0];
    for(i = 0; i < (_buff_max - 1); i++)
    {
      _buff[i] = _buff[i + 1];
    }
    _buff[9] = m;
    sum += _buff[9];

    i = sum / 10.0;
    return i;
  }
}

void GP2Y_Init(void)
{
    _GP2Y_HardInit();
}

float GP2Y_GetDensity(void)
{
    float Voltage;

    //Voltage = _GP2Y_ADCValue2Voltage(_GP2Y_GetADCValue());

    //Voltage = _GP2Y_DataProcess(Voltage);

    return Voltage;
}
```

驱动程序编写完成后，当需要由该传感器实现 PM2.5 值测试时，需要在 main.c 主文件的 main()中使用此模块的功能。

首先调用 GP2Y_Init()函数对传感器模块进行初始化，初始化完成后，再调用_GP2Y_GetADCValue()函数获取 ADC 转换的电压值。当 ADC 转化完毕之后，会产生一个中断函数，对转化的电压值进行换算，计算出空气中的粉尘浓度。中断函数如下。

```
void ADC_Handler(void)
{
    ui32 i,vol;
    GPIO_ClrBit(GPIOA, PIN_4);

    filter = (ADC_Read(ADC,ADC_CH2));
    Voltage = _GP2Y_ADCValue2Voltage(filter);
    Voltages = _GP2Y_DataProcess(Voltage);
    Delay_ms(50);

    ADC->STAT.EOC = 1;

    if(1){

        code_dis2[6]  = Voltages/1000   + '0';
  code_dis2[7] = Voltages/100%10 + '0';
  code_dis2[8] = Voltages/10%10  + '0';
   code_dis2[10] = Voltages%10    + '0';
        LCD_Setpos(2,0);
        LCD_DispString(code_dis2);
  for(i=0;i<1000;i++);
    }
    GPIO_SetBit(GPIOA, PIN_4);
    _GP2Y_Wait();
    ADC_Start(ADC);
}
```

使用该传感器对当前空气中的粉尘浓度进行检测，结果如图 9-16 所示。

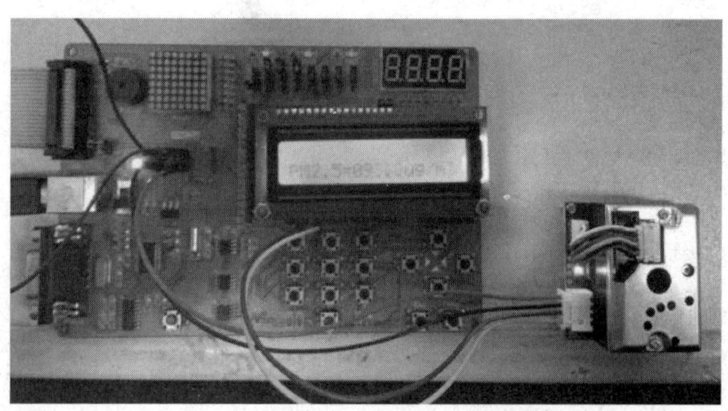

图 9-16　粉尘浓度

9.3.4　E18-D80NK 漫反射式避障传感器程序设计

E18-D80NK-N 是 E18-D80NK 的升级版，改动部分主要是内部电路板和外部连线。传感器外部接线，在末端增加了杜邦头，方便用户使用。

E18-D80NK-N 是一种集发射与接收于一体的光电传感器，发射光经过调制后发出，接收头对反射光进行解调输出，有效地避免了可见光的干扰。透镜的使用，也使得这款传感器最远可以检测 80cm 的距离。

检测障碍物的距离可以根据要求通过尾部的电位器旋钮进行调节。

该传感器具有探测距离远、受可见光干扰小、价格便宜、易于装配、使用方便等特点，可以广泛应用于机器人避障、流水线计件等众多场合。

使用时，将传感器的 VCC 连接到开发板的 3.3 V 电源接口，GND 连接到开发板的 GND 接口，数据线连接到开发板的 PD5 接口。完成硬件连接后，就可以开始烧录程序，观察实验效果了。

此模块内部原理图如图 9-17 所示，其中上面的为发射器，下面的为接收器。

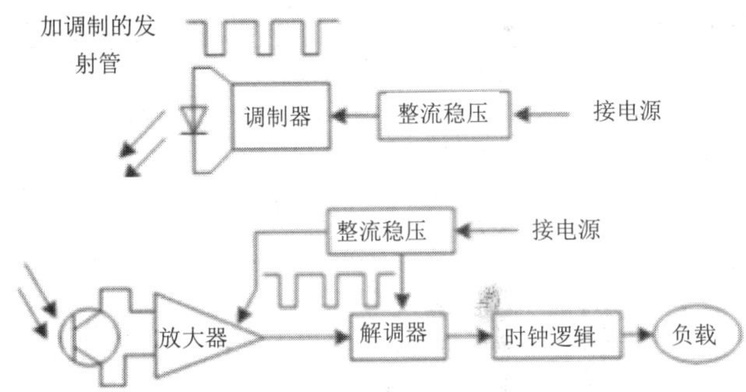

图 9-17　传感器内部原理图

此模块原理较为简单，输出为数字量输出，不需要时序配置和电压转换，只需检测信号输入线的高低电平即可。当检测到障碍物时，传感器内部的 LED 灯便会亮。读者可以自行开发相关程序。

9.3.5　ULN2003 步进电机驱动程序设计

该模块是以德州仪器 ULN2003 为核心的步进电机驱动器。ULN2003 是高耐压、大电流达林顿阵列，由七个 NPN 达林顿管组成。ULN2003 的每一对达林顿管都串联一个 2.7 kΩ的基极电阻，在 5V 的工作电压下，它能与 TTL 和 CMOS 电路直接相连，可以直接处理原先需要标准逻辑缓冲器来处理的数据。ULN2003 的工作电压高，工作电流大，灌电流可达 500 mA，并且能够在关态时承受 50 V 的电压，输出还可以在高负载电流并行运行。模块原理图如图 9-18 所示。

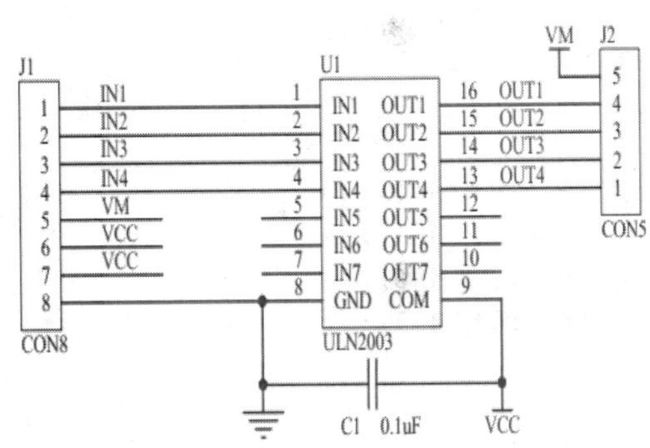

图 9-18　电机驱动器原理图

将模块的 VCC 连接到开发板的 5 V 电源接口，GND 连接到开发板的 GND 接口，同时把四根数据线依次连接到 D4、D5、D6、D7 上，电机的接线依次连接到 OUT1、OUT2、OUT3、OUT4 上，如果接线连反，电机则不会转动。接线完毕后，可烧入程序观察电机的转动情况。

电机的驱动程序如下。

```
#include "typedef.h"
#include "SWM1000S.h"

#include "gpio.h"
#include "led.h"

void GPIO_Ini(){
    GPIO_InitStructure GPIO_initStruct;

    GPIO_initStruct.func = 0;
    GPIO_initStruct.dir = 1;
    GPIO_initStruct.pull_up = 0;
    GPIO_initStruct.pull_down = 0;
    GPIO_initStruct.open_drain = 0;

    GPIO_Init(GPIOD,PIN_4, &GPIO_initStruct);
    GPIO_Init(GPIOD,PIN_5, &GPIO_initStruct);
    GPIO_Init(GPIOD,PIN_6, &GPIO_initStruct);
    GPIO_Init(GPIOD,PIN_7, &GPIO_initStruct);
}

void motor(){
        GPIO_SetBit(GPIOD,PIN_4);
        GPIO_ClrBit(GPIOD,PIN_5);
        GPIO_ClrBit(GPIOD,PIN_6);
        GPIO_ClrBit(GPIOD,PIN_7);
        delay(10);

        GPIO_ClrBit(GPIOD,PIN_4);
        GPIO_SetBit(GPIOD,PIN_5);
        GPIO_ClrBit(GPIOD,PIN_6);
        GPIO_ClrBit(GPIOD,PIN_7);
        delay(10);

        GPIO_ClrBit(GPIOD,PIN_4);
        GPIO_ClrBit(GPIOD,PIN_5);
        GPIO_SetBit(GPIOD,PIN_6);
        GPIO_ClrBit(GPIOD,PIN_7);
        delay(10);

        GPIO_ClrBit(GPIOD,PIN_4);
        GPIO_ClrBit(GPIOD,PIN_5);
```

```
        GPIO_ClrBit(GPIOD,PIN_6);
        GPIO_SetBit(GPIOD,PIN_7);
        delay(10);
}

void motor2(){
        GPIO_ClrBit(GPIOD,PIN_4);
        GPIO_ClrBit(GPIOD,PIN_5);
        GPIO_ClrBit(GPIOD,PIN_6);
        GPIO_SetBit(GPIOD,PIN_7);
        delay(5);

        GPIO_ClrBit(GPIOD,PIN_4);
        GPIO_ClrBit(GPIOD,PIN_5);
        GPIO_SetBit(GPIOD,PIN_6);
        GPIO_ClrBit(GPIOD,PIN_7);
        delay(5);

        GPIO_ClrBit(GPIOD,PIN_4);
        GPIO_SetBit(GPIOD,PIN_5);
        GPIO_ClrBit(GPIOD,PIN_6);
        GPIO_ClrBit(GPIOD,PIN_7);
        delay(5);

        GPIO_SetBit(GPIOD,PIN_4);
        GPIO_ClrBit(GPIOD,PIN_5);
        GPIO_ClrBit(GPIOD,PIN_6);
        GPIO_ClrBit(GPIOD,PIN_7);
        delay(5);
}
```

该模块与步进电机及 SWM1000S 开发板的连接安装如图 9-19 所示。

图 9-19　电机驱动模块

9.3.6　HC-SR04 超声波传感器程序设计

HC-SR04 超声波传感器模块可提供 2～400cm 的非接触式距离感测功能，测距精度可高达 3 mm。模块包括超声波发射器、接收器与控制电路，如图 9-20 所示，其工作原理如下。

图 9-20　超声波模块

(1) 采用 IO 口 TRIG 触发测距，给最少 10 μs 的高电平信号。

(2) 模块自动发送 8 个 40 kHz 的方波，自动检测是否有信号返回。

(3) 有信号返回，通过 IO 口 ECHO 输出一个高电平，高电平持续时间就是超声波从发射到返回的时间。

在使用前，要确认连线正确。VCC 供 5 V 电源，GND 为地线，TRIG 是触发控制信号输入，ECHO 是回响信号输出。

HC-SR04 超声波测距模块的驱动程序如下。

```
#include "HCSR04.h"
void hcsr04_init()
{
    GPIO_InitStructure GPIO_initStruct;

    GPIO_initStruct.func = 0;
    GPIO_initStruct.pull_up = 0;
    GPIO_initStruct.pull_down = 0;
    GPIO_initStruct.open_drain = 0;
    GPIO_initStruct.dir = 0;
    GPIO_Init(GPIOA,PIN_9,&GPIO_initStruct);

    GPIO_initStruct.func = 0;
    GPIO_initStruct.pull_up = 0;
    GPIO_initStruct.pull_down = 0;
    GPIO_initStruct.open_drain = 0;
    GPIO_initStruct.dir = 1;
    GPIO_Init(GPIOA,PIN_8,&GPIO_initStruct);
    GPIO_ClrBit(GPIOA,PIN_8);
}
```

```
float getDistance()
{
    ui08 i;
    ui32 j=0;
    float distance;

    {
        GPIO_SetBit(GPIOA,PIN_8);
        Delay_ms(10);
        GPIO_ClrBit(GPIOA,PIN_8);
        while(!GPIO_GetBit(GPIOA,PIN_9));
        while(GPIO_GetBit(GPIOA,PIN_9))
        {
            Delay_us(10);
            j++;
        }
//      distance=340/2*j*10;
        Delay_ms(60);
    }
//  return distance/1000000;
    return j;
}
```

超声波模块与开发板的连接及实验结果如图 9-21 所示。

图 9-21　超声波模块与开发板的连接

本 章 小 结

本章首先介绍了 SWM1000S 开发板的基本资源、硬件电路以及各硬件功能模块；然后通过常见的应用实例，介绍了 SWM1000S 芯片的程序开发基本过程，以及功能扩展例程，为后续的大型产品应用程序开发奠定基础。

习　　题

(1) 简述 SWM1000S 开发板的跳线设置。

(2) 简述 SWM1000S 开发板的主要功能模块。

(3) 一般的控制程序都有哪些常见的功能模块？

(4) 设计程序，并利用开发板来实现一个频率为 50 Hz、占空比为 20%的方波信号，并利用示波器进行测量。

(5) 设计程序，并利用开发板、温度传感器来实现温度测量与电机控制，且当温度超过 30 ℃时，控制步进电机转动，且温度越高，电机转动速度越快，当温度低于 30 ℃时，电机停止转动。

(6) 设计程序，并利用开发板、超声波传感器来实现电机控制。当障碍物距离超声波传感器≥100 mm 时，电机正传；当障碍物距离超声波传感器<100 mm 时，电机反转。

第 10 章　SWM1000S 应用开发实例

学习重点

学习利用 SWM1000S 芯片，开展温度节点采集、智能 LED 灯、无刷直流电机驱动控制等实际产品应用项目的软硬件设计开发。

学习目标

掌握日常生活中常见应用产品的设计开发。

在正式介绍机器人大型工程开发前，开发者已经通过第 9 章的基本模块程序设计开发有了一定的基础，本章先介绍如何使用 SWM1000S 微控制器设计目前广泛使用的温度采集节点、智能 LED 灯，以及正在兴起的无刷直流电机 BLDCM 的驱动，实现紧凑、高速和低成本电机控制等小型项目，使开发者从简单到复杂，逐步提高开发能力，建立起信心。

10.1　温度采集节点设计

温度监测和采集在环境试验、科学研究、工业生产等领域都有广泛的应用，特别是在化工过程、建材、机械、食品、石油等工业中，具有举足轻重的作用。

10.1.1　功能介绍

温度采集节点是将 NTC 温度传感器通过主控芯片进行模数转换，在节点上显示温度，并通过 RS485 通信，把温度数据发送至上位机进行分析处理。节点本身可以作为独立的温度采集系统，可在节点上完成温度信号的采集和转换、温度数据的存储以及温度数据的显示。节点的设计具有价格低廉、精度高、微型化、抗干扰能力强、易扩展等一系列优点。

10.1.2　系统结构设计

每个温度采集节点连接有 NTC 热敏电阻，利用了 NTC 热敏电阻的物理特性，将环境温度的变化转化为电压信号的变化，通过 SWM1000S 片内的 ADC 模块进行模数转换。每个节点带有 4 位数码管进行本地温度显示，同时也可以通过 RS485 通信，把温度信息传送到远程的控制主机上，实现对远程温度的监控和测量。

采集的节点温度的测量精度，在 0～50 度范围内可达 0.5 度的精度，在全量程范围内可达 1 度的精度。NTC 模块的元件参数，需要特别的选择，如 R17 分压电阻，需要采用高精度、低温漂的电阻，NTC 也需要采用 1%精度。ADC 的参考源，采用 SWM1000S 内部的参考源，如对温度精度要求更高，可采用外部参考源，或采用独立的 ADC 转换芯片。SWM1000S 片机 12 位的 ADC，有效位在 10 位以上，已经满足本项目的需要。批量采购生产的 NTC 阻值的一致性问题，节点温度的标定和校准，是项目的关键和难点。

温度采集节点的功能结构如图 10-1 所示。

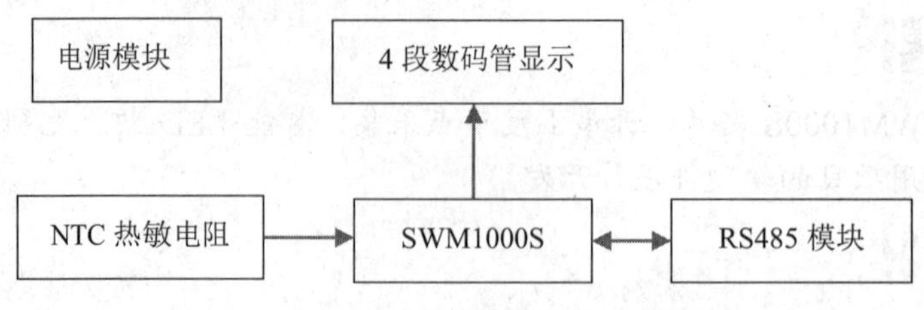

图 10-1　温度采集节点原理图

整个温度采集监控系统的结构如图 10-2 所示。

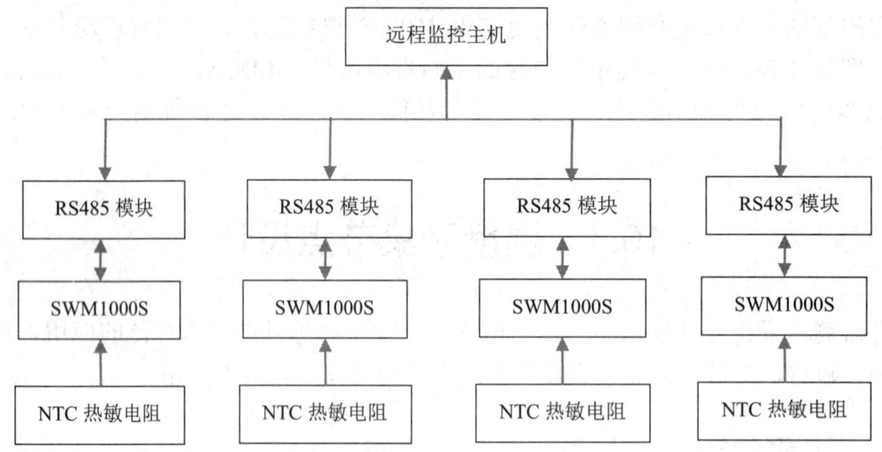

图 10-2　温度采集系统原理图

RS485 是一种流行的连接方式，组网简单方便，只需两根数据线：发送和接收都是 A 和 B。由于 RS485 的收与发是共用两根线，所以不能同时收和发(半双工)。RS485 标准采用平衡式发送、差分式接收的数据收发器来驱动总线。根据规定，标准 RS485 接口的输入阻抗为≥12 kΩ，相应的标准驱动节点数为 32 个，如 MAX485。为适应更多节点的通信场合，有些芯片的输入阻抗设计成 1/2 负载(≥24 kΩ)、1/4 负载(≥48 kΩ)甚至 1/8 负载(≥96 kΩ)，相应的节点数可增加到 64 个、128 个和 256 个。RS485 最大的通信距离约 1 km 以上，最大传输速率为 10 Mbps，传输速率与传输距离成反比。

10.1.3　电路原理设计

温度采集节点的电路设计是以 SWM1000S 处理器为核心，NTC 温度传感器为基础，4 位显示数码管为辅助，电源模块以及 RS485 通信模块等组成，还配套有调试模块，方便在开发设计初期，简单地实现温度采集节点与 PC 通过串口调试和测试。整体电路原理如图 10-3 所示。

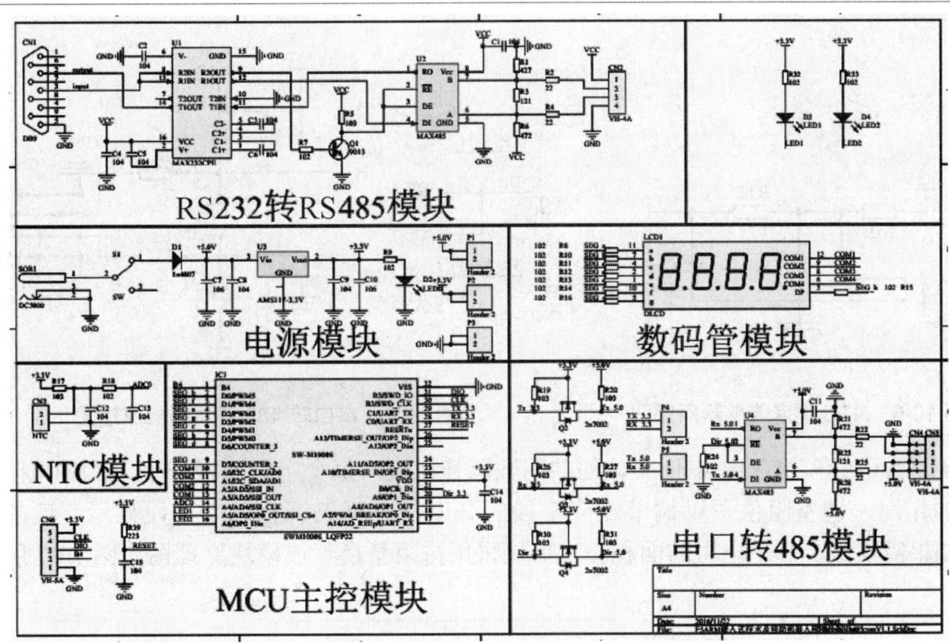

图 10-3　温度采集节点电路原理图

(1) MCU 主控模块：SWM1000S 的最小系统，采用内部 RC 振荡器，阻容上电复位，需要连接的 IO 口比较多，采用 LQFP32 封装，也方便后继的电路功能扩展。采用只需要 2 根线的 SWD 串行总线调试接口，节约 PCB 板的空间。该模块原理图如图 10-4 所示。

(2) NTC 模块：NTC 热敏电阻，是指负温度系数热敏电阻，阻值会随温度的升高而降低。10K 是指标称阻值(25 ℃)是 10 kΩ。采用 1%精度低温漂电阻的 R17，阻值为 10K 分压电阻，1%精度的 NTC 与 R17 电阻对 3.3 V 电源分压后，通过 R18 连接到 SWM1000S 的 ADC4 通道，进行数模转换。NTC 温度传感器原理图如图 10-5 所示。

(3) 串口转 485 模块：MCU 采用的是 3.3 V 电源，MAX485 是 5.0 V 电源，需要做 3.3 V/5.0 V 的电平转换，由 Q2、Q3、Q4 等实现。如果直接采用工作在 3.3 V 的 MAX3485 芯片，则电平转换电路部分可以省略，简化电路，节约成本。该模块通信原理如图 10-6 所示。

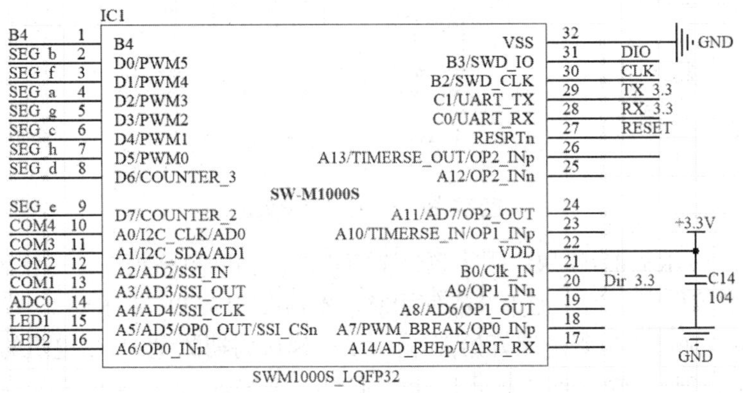

图 10-4　MCU 主控模块原理图

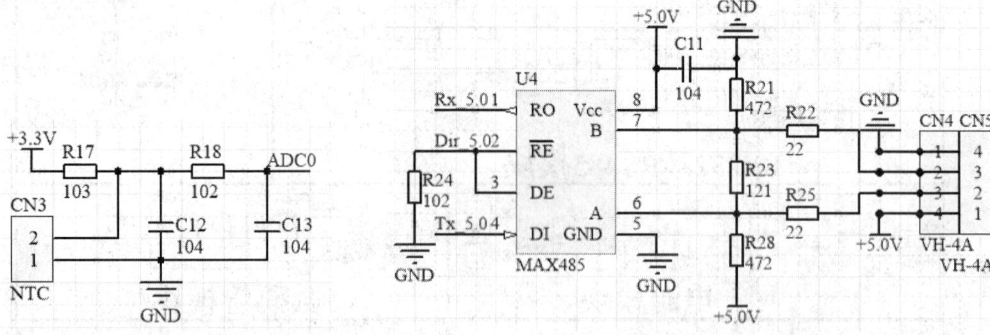

图 10-5　NTC 温度传感器原理图　　　　图 10-6　串口转 485 模块通信原理图

(4) 数码管模块：由 4 位一体的共阴数码管组成，每个字段连接一个 1kΩ的电阻，起限流的作用，调整阻值可以调节相应字段的亮度，也可以调整各个字段显示亮度的一致性。如果需要减少 8 个电阻的面积，也可以采用排阻替换。该模块原理图如图 10-7 所示。

图 10-7　数码管模块原理图

(5) 电源模块：主要由线性稳压器 AMS1117-3.3、二极管 D1 和输入/输出滤波电容组成。D1 是防接反二极管，同时通过 D1 的 PN 结产生的压降，减少 AMS1117-3.3V 的压差应力。AMS1117 最小饱和压降，典型的压差为 1.1 V，最大为 1.3 V。D2 是普通的发光二极管，R9 是 D2 的限流电阻，只是显示电源，D2 和 R9 可以省略，电源模块原理图如图 10-8 所示。

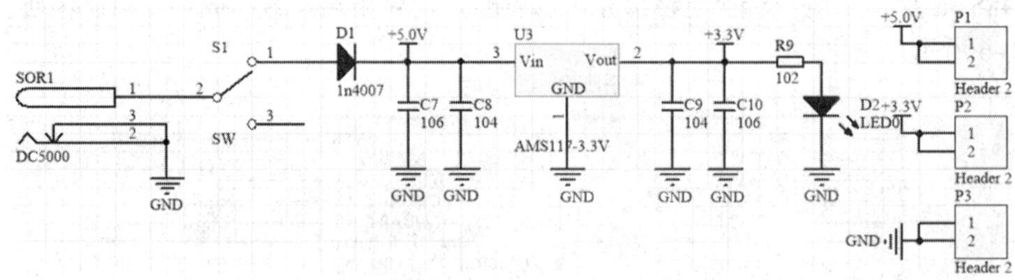

图 10-8　电源模块原理图

(6) RS232 转 RS485 模块：用于调试节点电路的辅助电路模块，方便节点电路与 PC 通过串口调试通信程序。当作为单节点使用时，不需要 RS232 转 RS485 模块。节点电路接上 NTC 探头，加电后节点电路开始工作，ADC 模块周期测量 NTC 电阻的端电压，通过 SWM1000S 的处理后，输出到 4 位数码管上显示，当作简单的电子温度计使用。该模块原理图如图 10-9 所示。

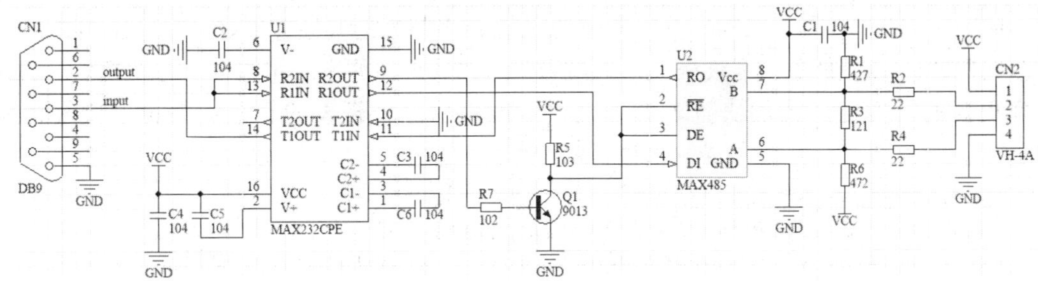

图 10-9　RS232 转 RS485 模块原理图

10.1.4　程序设计

节点功能的实现是由硬件电路配合软件来实现的。以 SWM1000S 为核心的节点电路，通过对 NTC 热敏电阻端电压的采集，通过 SWM1000S 内部的 12 位 ADC 转换模块，将连续变化的电压信号，转换为 12 位的数字信号。SWM1000S 的 ADC 采用逐次逼近型，由 8 输入通道输入，1 MSPS 转换速率。一般 NTC 热敏电阻线性度并不是很好，需要通过分段函数拟合，或者查表计算阻值与温度的对应关系。再通过标定和校准后，转换为摄氏温度输出，在 4 位的数码管显示，或者储存记录。也可以通过 RS485 通信，等待主机的查询，向上位机输出节点的温度数据。

NTC 热敏电阻的参数，通过厂家提供的数据手册，项目中采用 10kΩ的 NTC 热敏电阻，相应的温度-阻值对应表如表 10-1 所示，程序开发时需要事先测量并做好温度-阻值常数表。

表 10-1　NTC 热敏电阻温度-阻值参数对应表

阻值	3891	3883	3875	3865	3854	3842	3829	3815	3801	3786
温度	-40	-39	-38	-37	-36	-35	-34	-33	-32	-31
阻值	3771	3755	3738	3721	3704	3686	3667	3648	3628	3608
温度	-30	-29	-28	-27	-26	-25	-24	-23	-22	-21
阻值	3587	3565	3543	3520	3496	3472	3447	3421	3394	3367
温度	-20	-19	-18	-17	-16	-15	-14	-13	-12	-11
阻值	3338	3309	3279	3249	3218	3186	3153	3120	3086	3053
温度	-10	-9	-8	-7	-6	-5	-4	-3	-2	-1
阻值	3018	2983	2948	2912	2877	2841	2805	2769	2733	2697
温度	0	1	2	3	4	5	6	7	8	9
阻值	2661	2657	2640	2613	2578	2537	2491	2441	2393	2342
温度	10	11	12	13	14	15	16	17	18	19
阻值	2290	2239	2190	2140	2093	2048	2003	1960	1919	1879
温度	20	21	22	23	24	25	26	27	28	29
阻值	1840	1802	1765	1729	1694	1659	1625	1591	1558	1525
温度	30	31	32	33	34	35	36	37	38	39
阻值	1492	1460	1428	1396	1365	1333	1302	1272	1242	1213
温度	40	41	42	43	44	45	46	47	48	49
阻值	1184	1155	1126	1098	1070	1042	1015	987	959	931
温度	50	51	52	53	54	55	56	57	58	59
阻值	902	890	875	858	840	821	801	781	760	740
温度	60	61	62	63	64	65	66	67	68	69

由表 10-1 可以看出，NTC 热敏电阻的阻值-温度特性的线性并不好。在每 1 度之间，近似地把每 1 度之间看成线性关系，通过查表和曲线近似的方法相结合，可以计算得到分辨率更高的温度值。为加快查表的速度，一般采用二分查表的算法，具体的查询程序如下。

```
#define TempratureMax  ( 70)   // 最大温度值
#define TempratureMin  (-40)   // 最小温度值
float calculate_temprature(uint32_t ntcres_val)
{
        uint32_t ntctmp_min = NTCTEMPMIN , ntctmp_max = NTCTEMPMAX,k;
        static uint32_t ntctmp_mid = 0;
        float temp;
        while( (ntcres_val >= ntc_table[ntctmp_max]) )
        {
            ntctmp_mid = (ntctmp_min + ntctmp_max) /2;
            if( ntcres_val >= ntc_table[ntctmp_mid])
                ntctmp_max = ntctmp_mid;
            else
                ntctmp_min = ntctmp_mid;
        }
        k = ntc_table[ntctmp_min] - ntc_table[ntctmp_max];
        temp = ntctmp_min + (float)((ntc_table[ntctmp_min] -
ntcres_val)/k) + TEMPOFFSET;
        return temp;
}
```

在具体项目的程序设计中，还需要判断 NTC 的在线状态，包括开路和短路状态，是通过采集的 NTC 电阻的压降来判别。正常状态下，NTC 电阻的阻值落在 ntc_table 的最大和最小之间，当不落在这个区间时，即可判断 NTC 电阻传感器出现故障，需要进行相应的故障处理。判断 NTC 在线状态的程序如下。

```
if(adc_avg > 4000)       // NTC 开路
        status_flag = 2;
else if(adc_avg < 200 )          // NTC 短路
        status_flag = 1;
else                     // NTC 正常
        status_flag = 0;
```

节点的主要功能，按一定的周期，每 50 ms 对节点温度进行采集，等效于对 NTC 电阻的压降的测量。节点温度采集的基本流程图如 10-10 所示。

对应的程序代码如下。

```
if(g_50msflag = = 1 )   // 50ms 采集一次 ADC 值
{
        adc_avg = read_adc4();
        temprature_process(&y0,adc_avg);
 // 更新显示的温度值
       if(y0 >= (hwuart.temprature_max * 10))
            temprature_max_count++;
        else
        {
temprature_max_count = 0;
            if(config_b4_flag == 1)
```

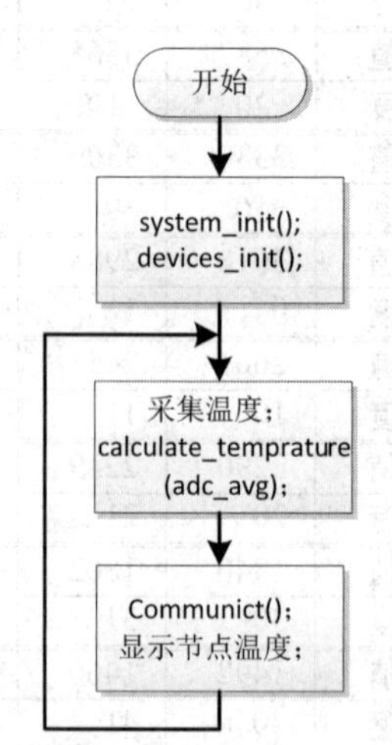

图 10-10　节点温度采集流程图

```
            buzz_close();
        }
        if(y0 <= (hwuart.temprature_min * 10) )
            temprature_min_count++;
        else
        {
            temprature_min_count = 0;
            if(config_b4_flag == 1)
            buzz_close();
}
        g_50msflag = 0;
}
if((hwuart.u8revflag.open == 1) && (g_2msflag == 1)) // 开启数码管显示
{
        hwuart.u8revflag.close = 0;
        display(y0,status_flag);  // 显示函数
g_2msflag = 0;
}
if(hwuart.u8revflag.close == 1) // 关闭数码管显示
{
    clrdisplay(); // 清屏
    hwuart.u8revflag.close = 2;
    hwuart.u8revflag.open = 0;
}
```

RS485 的通信功能，由 communict()函数实现，参考的伪码如下。

```
void communict(int temprature, uint32_t status)
{
    if(hwuart.u8sendflag.addr == 1) // 发送 8 个数据
        {
            if(send_numcount < 8)
            …
}
        else if(hwuart.u8sendflag.wd == 1) // 发送 11 个数据
        {
if(send_numcount < 11)
…
}
        …
        if(hwuart.u8revflag.addr == 1)  // 修改基地址
        {
            __disable_irq();
            u32addr[0] = model_addr;
            u32addr[1] = 0xFFFFFFFF;
            IAP_FlashErase(ADDR_FLASH_SettingArg);
            IAP_FlashWrite(ADDR_FLASH_SettingArg, u32addr, 1);
            u32addr[1] = IAP_FlashRead(ADDR_FLASH_SettingArg);
            __enable_irq();
            hwuart.u8revflag.addr = 0;
            if(model_addr == u32addr[1])
            {
                en_max485send();
                u8senddata[0] = 0x55;  // 帧头
                u8senddata[1] = 0x08;  // 数据长度
                u8senddata[2] = (model_addr >> 24)&0xFF;
```

```
                u8senddata[3] = (model_addr >> 16)&0xFF;
                u8senddata[4] = (model_addr >>  8)&0xFF;
                u8senddata[5] = (model_addr      )&0xFF;
                u8senddata[6] = 0xA5;
                …
            }
        }
        if(hwuart.u8revflag.wd == 1)
        {
            en_max485send();
            hwuart.u8revflag.wd = 0;
            temprature = temprature/10;
            u32addr[1] = temprature + 1000;  // 将温度值 + 100°，传输数据全
                                                部以整数来传输计算
            u8senddata[0] = 0x55;  // 帧头
            u8senddata[1] = 0x0B;  // 数据长度
            u8senddata[2] = 0x01;  // 识别码
            u8senddata[3] = (model_addr >> 24)&0xFF;
            u8senddata[4] = (model_addr >> 16)&0xFF;
            u8senddata[5] = (model_addr >>  8)&0xFF;
            u8senddata[6] = (model_addr      )&0xFF;
            switch(status)
            {
                case 0:  // 正常
                    u8senddata[7] = (u32addr[1] >>  8)&0xFF;
                    u8senddata[8] = (u32addr[1]      )&0xFF;
                    break;
                case 1: // 短路
                    u8senddata[7] = 0x00;
                    u8senddata[8] = 0x00;
                    break;
                case 2: // 开路
                    u8senddata[7] = 0xFF;
                    u8senddata[8] = 0xFF;
                    break;
                default :
                    status = 0;
                    u8senddata[7] = (u32addr[1] >>  8)&0xFF;
                    u8senddata[8] = (u32addr[1]      )&0xFF;
                    break;
            }
        …
    }
```

10.2 智能 LED 灯控制系统设计

随着云计算、物联网、新交互技术的发展，大量的新奇智能设备已经走入我们的日常生活中，并改变着我们的生活习惯。智能 LED 灯具有环保、节能、寿命长、体积小，应用灵活，连续调光、Wi-Fi 控制等特点。随着智能照明、情调照明等市场需求的增长，必将推动智能 LED 照明的发展。

10.2.1　功能介绍

智能 LED 灯可以根据需要来设定特定的照明效果，无处不在的 Wi-Fi，通过智能手机提供智能控制渠道，实现灯光的软启动、定时开关、闹钟功能、远程控制，甚至可以用音乐控制，亮度随着音量的变化而变化等多种功能和控制方式。在不同的时间和空间，可以选择不同亮度和颜色、不同的照明模式，营造不同的室内智能照明效果，满足个性化的照明环境需求。

10.2.2　系统结构设计

智能 LED 灯主要由外壳、灯珠、AC-DC 电源模块、SWM1000S 控制器和 Wi-Fi 的模块组成。其功能框图如图 10-11 所示。

LED 灯珠采用 3025 白色 LED 灯珠和 5050RGB 灯珠。白色 LED 灯珠和 RGB 灯珠的组合，可以产生不同亮度和不同颜色的光源出来。LED 的调光是通过 SWM1000S 的 PWM 模块，控制各自独立的对 4 路 LED 通过的电流，达到调节亮度的目的。

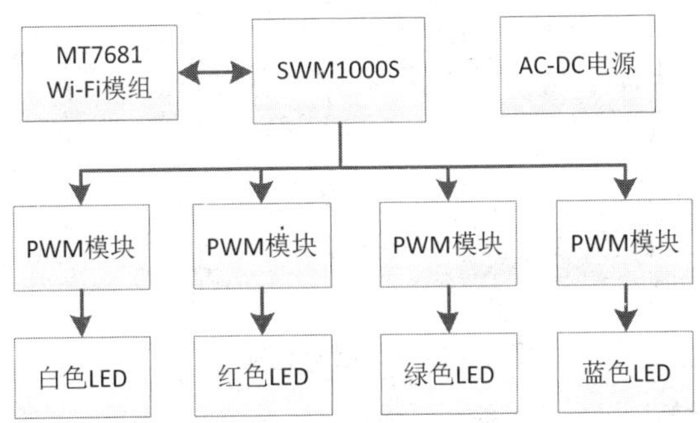

图 10-11　智能灯功能框图

AC-DC 模块，采用士兰微的 SD8585S 集成电路。SD8585S 是内置高压 MOS 管功率开关的原边控制开关电源(PSR)，采用 PFM 调制技术，提供精确的恒压/恒流(VC/CC)控制环路，具有非常高的稳定性和平均效率。本项目的电源模块，无须光耦，省去次级反馈控制、环路补偿，精简电路、降低项目成本。

MT7681 模块，是联发科一款高度集成的 Wi-Fi 的 SoC(片上系统)的单芯片，支持 IEEE802.11b/g/n 单数据流。只需要简单的配置，对 MCU 而言，只把它当成普通串口，便可以透传使用。该模块具有低成本、低功耗、高性价比。

SWM1000S 控制器通过内置的 PWM 模块，连接 N-MOS 管的栅极，控制通过 N-MOS 控制 D-S 的电流的时间，从而实现 LED 调光的目的。

10.2.3　电路原理设计

智能灯电路包括整体控制系统电路设计和灯板电路设计两部分，灯板电路原理如图 10-12 所示。

P1～P5 是 RGB 灯珠，通过 5 片串联起来。白色的 LED 灯珠是通过 5 串 3 并组成。

Q5～Q8 和外围的电阻组成是 LED 的过流保护电路。以其中一路介绍如下：在正常工作的情况下，R10 与 P1～P5 串联，通过 P1～P5 的电流也通过 R10，当通过的电流低于 110 mA 时，R10 两端的压降低于 0.6V，Q6 截止，Q2 正常工作；由于某种问题，当通过 P1～P5 的电流超过 110 mA 时，通过 R10 的电流也超过 110 mA 时，R10 两端的电压高于 0.6V 时，Q6 导通，Q2 的 G 极给 Q6 导通到地，Q2 截止，通过 P1～P5 的电流通过切断，从而保护了 LED。当电流恢复至正常时，Q6 恢复截止，Q2 正常工作。

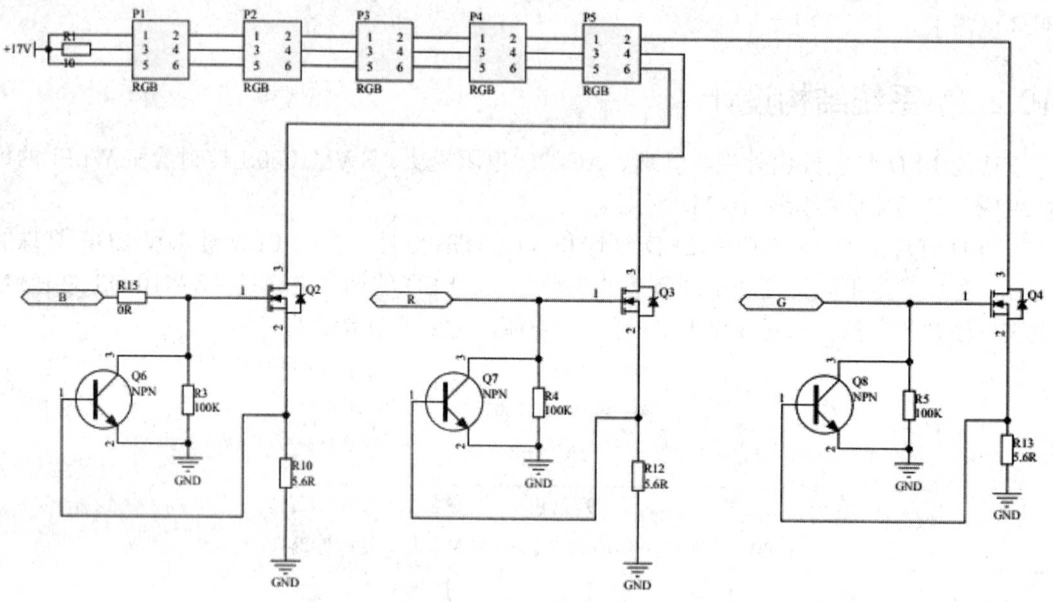

图 10-12　灯板电路原理图

AC-DC 电源电路原理设计如图 10-13 所示。

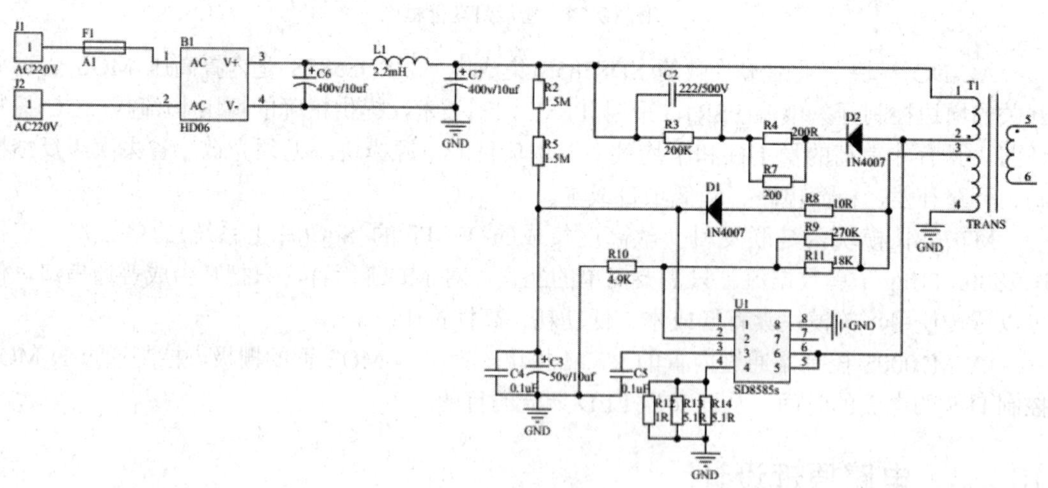

图 10-13　AC-DC 电路原理图

电路参考士兰微 SD8585S 的数据手册，SD8585S 应用说明书_0.6。其中 R9、R10 和 R11 决定输出电压，R12、R13 和 R14 决定输出电流的大小。高频变压器的设计参数按手册计算。

Wi-Fi 模块的电路原理设计如图 10-14 所示。联发科技创意实验室的网站是 http://home.labs.mediatek.com/，对 MT7681 有详细的介绍和设计参考，读者可到网站自行下载。

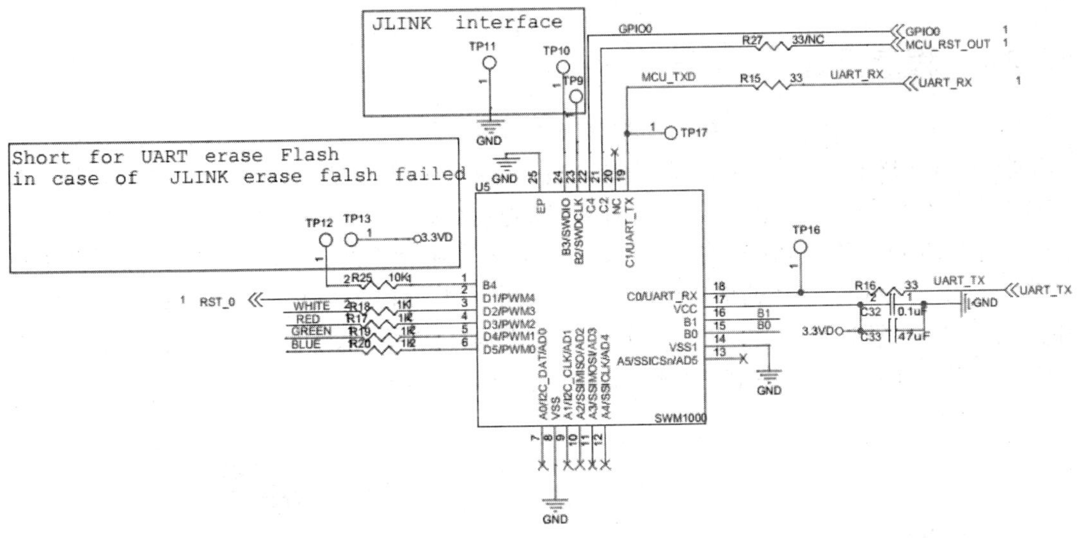

图 10-14　Wi-Fi 模块电路原理

主控电路采用 SWM1000S 单片机实现，为减少 LED 灯的体积，SWM1000S 采用 QFN24 封装，电路如图 10-15 所示。

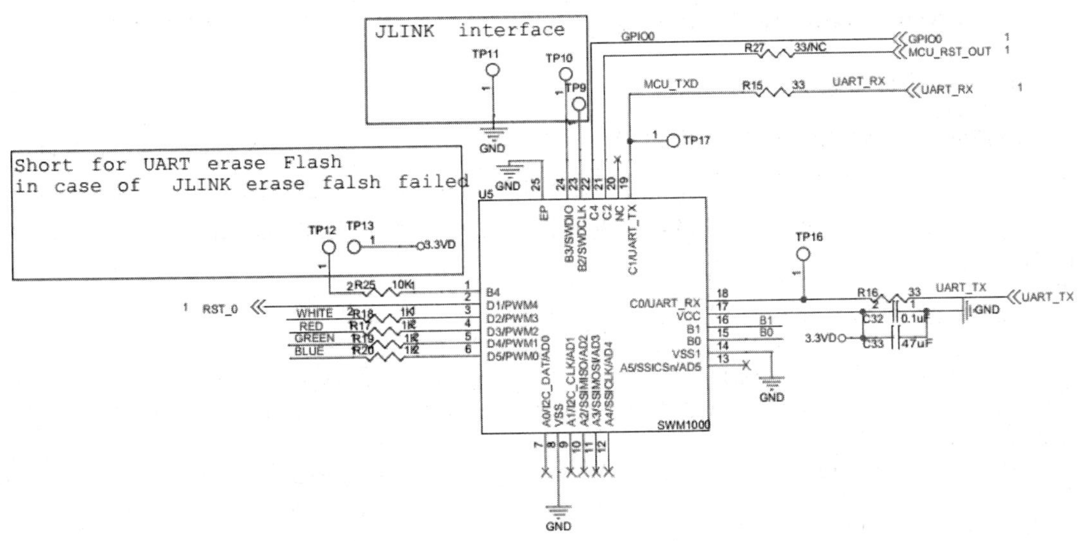

图 10-15　智能灯主控电路原理图

SWM1000S 具有 6 路的 PWM 输出，本项目只用到其中的 4 路，分别连接到 RED、GREEN、BLUE 和 WHITE 的 LED 相应的 N-MOS 管的 G 极。通过单片机输出的 PWM 信号，实现 RGB 和 W 的调光控制。

智能灯的工作分两种复位：上电复位和软件复位。上电复位是灯泡接上电源即能工作，如普通的家用电器一样，上电即可工作。软件复位是给灯泡内的 Wi-Fi 模块恢复到出厂默认状态的复位。因智能灯没有预留任何的按键，当智能灯需要软件复位时，通过给智能灯快速连续上电三次，即可恢复到出厂的默认设置。

10.2.4 程序设计

智能 LED 灯的软件部分由三个独立模块组成。移动端 APP 开发设计，包括安卓和 IOS 平台；Wi-Fi 模块的软件开发和设计，包括远程云端的设计；微处理器 SWM1000S 对 LED 控制部分的程序开发和设计。三者的连接关系如图 10-16 所示。

远程云端和移动端 APP 的开发与设计，在本书中将不做介绍，重点程序设计集中在 SWM1000S 与 Wi-Fi 模块的串口通信的命令解析，SWM1000S 通过 PWM 模块控制 RGB 和白色 LED 的调光算法上，以及作为个性化功能的照明场景模式设定和球泡灯的闹钟功能上。通信和连接关系如图 10-17 所示，主要包括以下内容。

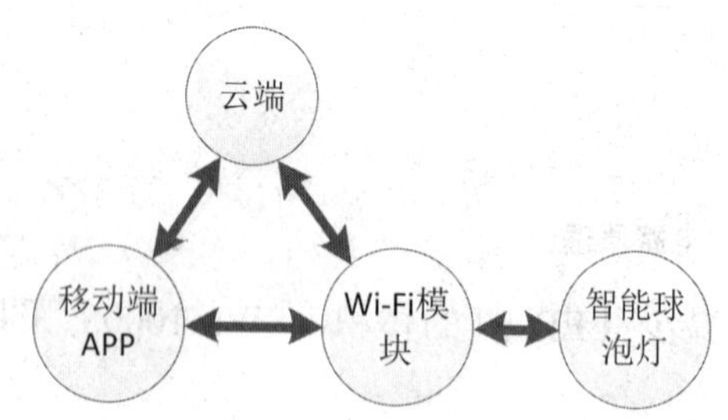

图 10-16　智能灯控制功能框图

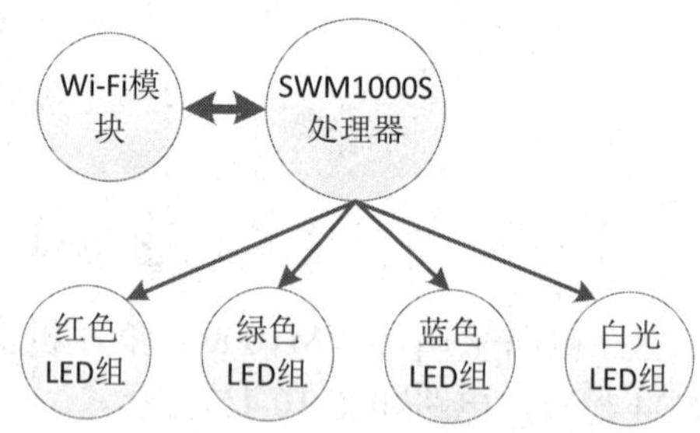

图 10-17　智能灯连接框图

1. AT 指令的解析

MT7681 与 SWM1000S 的串口通信，采用 AT 指令。AT 指令是以“AT”为首，“\n”字符为结束的字符串。下面的程序是 SMW1000S 解析是数据还是 AT 指令的示例。串口接收的数据，需要一个缓冲区，数据的长度由 UART_RxBuf_Length 变量确定，程序代码如下。

```
if (UART_RxBuf_Length)  //缓冲区有数据
{
    if (UART_RxBuf_Index >= UART_RxBuf_Length) //写位置>=读位置
        temp = UART_RxBuf[UART_RxBuf_Index - UART_RxBuf_Length];//
    else
            temp=UART_RxBuf[UART_RXBUF_SIZE+UART_RxBuf_Index-
                                                ART_RxBuf_Length];
            UART_RxBuf_Length--;

if (temp == 'A') //if((temp == 'A')&&( match_at != 3))
        {
            match_at = 1;
            continue;
```

```
        }
        if ((temp == 'T') && (match_at == 1))
        {
            match_at = 2;
            continue;
    }
    if ((temp == '#') && (match_at == 2))
    {
        match_at = 3;
            i = 0;
            continue;
        }
        if (match_at == 3) //接收AT指令
        {
            if (temp != '\n')
            {
                cmd_buf[i++] = temp;
                if (i >= 30)
                {
                    i = 0;
                    match_at = 0;
                }
            }
            else
            {
                memset(cmd, '0',sizeof(cmd));
                strcpy(cmd, cmd_buf);
                match_at = 0;
                Parse_Cmd(cmd, &ColorInfo);
            }
        }
}
```

Parse_Cmd()函数负责解析具体的 AT 指令。它有两个形参：char *cmd 和 struct color_led *ColorInfo。struct color_led *的结构如下。

```
struct color_led
{
    unsigned char mode;  //0:RGB, 1:Warn white >=2:Preset
    unsigned char power; //0:off, 1:on
        unsigned char mode_power;
        struct color rbg;
    unsigned char white; //range:000-255
        struct timer_def alarm[6]; //support up to 6 alarm setting
    unsigned char reset_flag;
    union {
        CustomModeDef custom;
        FunctionsModeDef functions;
    }
```

智能灯用的控制指令存储于 command[]数组中，定义如下。

```
char command[][6] = {"Color ", "White ", "Setfun", "Status", "Devtyp",
"Custom", "Getime", "Setime", "Getmac", "Music ", "Setpwr", "Setalm",
"Getalm", "Delalm"}。
```

Parse_Cmd()函数体的内容如下。

```
void Parse_Cmd(char *cmd, struct color_led *ColorInfo )
{
    unsigned char temp;
    char temp_char[4] ={0}, time_string[9] = {0};
    unsigned int temp_year;
        uint32_t i,j;

        for (i = 0; i < 14; i++)
        {
            if (strncmp(command[i], cmd, 6) == 0)
            {
                switch (i)
                {
                    case 0:
                    {
                    //UART_PutString("Color command\n");
                    //R  B  G  ON/OFF(1/0)
                    //Color xxxxxxxxxx
                    TIMR1->CTRL.EN = 0;
                    //1.get Red color
                    ColorInfo->rbg.red=(cmd[6]-0x30)*100+
                                         cmd[7]-0x30)*10+(cmd[8]-0x30);
                    //2.get Blue color
                    ColorInfo->rbg.blue=(cmd[9]-0x30)*100+
                                         cmd[10]-0x30)*10+(cmd[11]-0x30);
                    //3.get Green color
                    ColorInfo->rbg.green=(cmd[12]-0x30)*100+
                                          cmd[13]-0x30)*10+(cmd[14]-0x30);
                    //4. set mode for internal use
                    ColorInfo->mode = 0;
                    is_fun_mode = 0;
                    //5. get on/off value
                    ColorInfo->power = (cmd[15] - 0x30);
                    UpdatePWM(ColorInfo);
                    wait_count = 1;
                    TIMR1->CTRL.EN = 1;
                    break;
                    }

                    case 1://control Warn White LEDs
                    {
                    //UART_PutString("White command\n");
//  lum ON/OFF(1/0)
                    //White xxx x
```

```
                    TIMR1->CTRL.EN = 0;
                    ColorInfo->white=(cmd[6]-0x30)*100+
                     cmd[7]-0x30)*10+(cmd[8]-0x30); //set mode for
internal use
                    ColorInfo->mode = 1;
                    is_fun_mode = 0;
                    //get on/off value
                    ColorInfo->power = (cmd[9] - 0x30);
                    UpdatePWM(ColorInfo);
                    wait_count = 1;
                    TIMR1->CTRL.EN = 1;
                    break;
                    }

                    case 2://Setfun
                    {
                        …
                        break;
                    }
                    …
```

2. 闹钟(定时)功能

闹钟功能是智能 LED 球泡灯的特色。球泡灯本身并没有发声的元件，也不会发出任何的声音。这里的闹钟是定时到某个时间，LED 会按用户的设定，以一定的模式关闭 LED 或者给 LED 灯上电，给用户以时间提示。闹钟时间的设置，是通过移动端 APP 发出 Setalm 的 AT 指令设定，闹钟时间的设定保存在 SWM1000S 片内的 Flash 里。

闹钟时间的结构体如下。

```
typedef struct timer_def
{
        unsigned char hour;
        unsigned char minute;
        unsigned char day_of_week;
        unsigned char on_off;
        unsigned char mode;
        unsigned char valid;
        union {
            struct color rbg;
            unsigned char white;
            FunctionsDef functions;
    }alarm_data;
};
```

本项目规划可设置 6 组闹钟信息，设置指令如下。

```
struct timer_def alarm[6];
```

设置闹钟的 AT 指令如下。

```
{
    TIMR1->CTRL.EN = 0;      //关闭定时器
```

```
    temp = cmd[7]-0x30;
    if((cmd[17]-0x30) == 0)
    {
            ColorInfo->alarm[temp].alarm_data.rbg.red = (cmd[8]-0x30)*100
+
(cmd[9]-0x30)*10 + (cmd[10]-0x30);
            ColorInfo->alarm[temp].alarm_data.rbg.green = (cmd[11]-
0x30)*100 +
   (cmd[12]-0x30)*10 + (cmd[13]-0x30);
            ColorInfo->alarm[temp].alarm_data.rbg.blue = (cmd[14]-
0x30)*100 +
   (cmd[15]-0x30)*10 + (cmd[16]-0x30);
    }
        if((cmd[17]-0x30) == 1)
        {
            ColorInfo->alarm[temp].alarm_data.white = (cmd[8]-0x30)*100 +
   (cmd[9]-0x30)*10 + (cmd[10]-0x30);
        }

    if((cmd[17]-0x30) == 2)
    {
        ColorInfo->alarm[temp].alarm_data.functions.preset_number =
(cmd[8]-0x30)*100 + (cmd[9]-0x30)*10 + (cmd[10]-0x30);
            ColorInfo->alarm[temp].alarm_data.functions.preset_speed =
(cmd[11]-0x30)*100
+ (cmd[12]-0x30)*10 + (cmd[13]-0x30);
    }

        ColorInfo->alarm[temp].mode = cmd[17]-0x30;
        ColorInfo->alarm[temp].hour = (cmd[18]-0x30)*10 + cmd[19]-0x30;
       ColorInfo->alarm[temp].minute = (cmd[20]-0x30)*10 + cmd[21]-0x30;
        ColorInfo->alarm[temp].day_of_week = ((cmd[22]-0x30)*100) +
(cmd[23]-0x30)*10 +
(cmd[24]-0x30);
        ColorInfo->alarm[temp].on_off = cmd[25]-0x30;
        ColorInfo->alarm[temp].valid = 1;
        TIMR1->CTRL.EN = 1;     //启动定时器
        wait_count = 1;
        break;
}
```

在上面的程序中，通信传送的数据是 ASCII 码，当传送阿拉伯数字时，需要进行转换，每条语句的-0x30 便是进行 ASCII 码到阿拉伯数字的转换。例如：数字 0 在 ASCII 码表里对应着 0x30，数字 1 对应着 0x31，数字 9 对应着 0x39。

3. 检测和判断软件复位

软件复位是指 MT7681 模块的配置信息恢复到出厂的配置状态。MT7681 模块需要记忆保存工作在 AP 模式还是 STA 模式，以及在 STA 模式下连接 AP 的信息。这些信息保存在 MT7681 模块的 FLASH 里，掉电后信息不会丢失。这些配置信息的更改需要 SWM1000S 通过 AT 指令来进行。而智能灯体上并没有任何的按键或者开关，这种情况就需要在智能灯上电瞬间做逻辑的检测和处理。

当给智能灯上电后，读取 SWM1000S 内部 Flash 的配置信息，修改 reset_flag++，如果智能灯上电连续工作超过 8 秒，则复位 reset+flag 的值，程序代码码如下。

```
void GetValueFromEEPROM(struct color_led *ColorInfo )
{
    IAP_ReadFlashData(FLASH_BASE2, (si32 *)ColorInfo, sizeof(struct
color_led));
        if ((ColorInfo->reset_flag == 0xFF) || (ColorInfo->reset_flag ==
0))
        {
            ColorInfo->reset_flag = 1;
            IAP_WriteFlashData(FLASH_BASE2, (si32 *) ColorInfo,
sizeof(struct color_led),
  IAP_PNUM2);
            Delay(10000);
            return;
        }

        switch (ColorInfo->reset_flag)
        {
            case 1:
            {
                ColorInfo->reset_flag = 2;
                IAP_WriteFlashData(FLASH_BASE2, (si32 *) ColorInfo,
  sizeof(struct color_led), IAP_PNUM2);
                Delay(10000);
                break;
            }

            case 2:
            {
                ColorInfo->reset_flag = 3;
                IAP_WriteFlashData(FLASH_BASE2, (si32 *) ColorInfo,
 sizeof(struct color_led), IAP_PNUM2);
                Delay(10000);
                break;
            }
        }
}
```

当连续快速地给球泡灯上电三次，使 reset_flag=3 之后，第四次上电工作超过 8 秒后，SWM1000S 将通过串口给 MT7681 发送软件恢复到出厂状态的 AT 指令。

```
if (erase_count > 800)
{
    if (ColorInfo.reset_flag == 3)
```

```
        {
            UART_PutString("AT#FLASH -s0x18001 -v1\n");//切换到AP模式
            Delay(1000000);
            UART_PutString("AT#Reboot\n");                //重启MT8761模块
            ColorInfo.mode = 1; //warn white LED mode
        }

ColorInfo.reset_flag = 0;
        IAP_WriteFlashData(FLASH_BASE2, (si32 *) &ColorInfo,
sizeof(struct color_led),
IAP_PNUM2);
    erase_count = 0;
}
```

只有当智能灯恢复到出厂的 AP 状态后，手机才可以通过 Wi-Fi 连接到球泡灯的 AP 上，通过手机端的 APP，可以实现对球泡灯的控制和配置。

10.3　无刷直流电机驱动设计

无刷直流电机(Brushless Direct Current Motor，BLDCM)是现代电子技术、电机技术和控制理论相结合的产物，以电子换向器取代了机械换向器，克服了有刷直流电机的先天性缺陷，既有直流电动机结构简单、维护方便的优点，又有交流电动机无励磁损耗、运行效率高及调速性能良好等优点，在家电、机器人、运动控制等方面得到了广泛应用。

10.3.1　工作原理

无刷直流电机是在有刷直流电机的基础上发展起来的，电机内部发生的电磁转换过程与有刷直流电机类似。普通的无刷直流电机采用三相拓扑结构，通过逆变器功率开关管按一定的顺序导通关断，任意时刻只有两相同时导通，而另一相被关断，使电机定子电枢绕组中产生按某一电角度不断步进的旋转磁场，从而推动转子旋转。为了高效地驱动无刷直流电机，需要通过霍尔传感器准确地检测转子的位置，在精确的时刻换相产生的扭矩才是最大化。

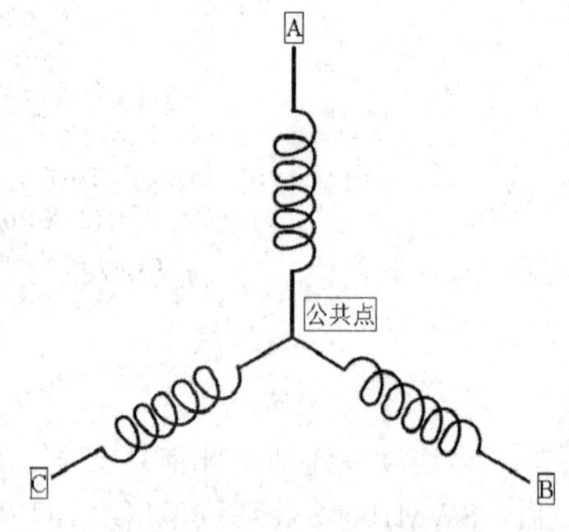

图 10-18　电机星形连接示意图

比较简单的是三相两极无刷直流电机，有 3 个绕组，通常被称为 U 相、V 相、W 相。在电机里，绕组的数量越多，它的旋转步幅角就越小，扭矩波动也就越小。无刷直流电机的转子永磁体的极是成对设计(极对数)。对于有多对极的电机来说，一个电气旋转周期不等于一个机械旋转周期。有两对极的电机，它的每个机械周期等于两个电气周期。定子绕组的连接方式，通常按图 10-18 所示的星形方式连接。整个电机引出 A、B、C 三根线。当它们之间两两通电时，有 6 种情况，分别是 AB、AC、BC、BA、CA、CB。当换相顺序的 6 个状态全部被执行，并不断重复，电机将会旋转起来。6 个状态的换相序列代表了一个完整的电气周期。

10.3.2 系统结构设计

无刷直流电机可分为有霍尔传感器和无霍尔传感器，这里只介绍有霍尔传感器的。有霍尔传感器的直流无刷电机一般安装有 3 个霍尔传感器，间隔 60° 或者 120° 。霍尔传感器安装在靠近转子的位置，当磁极靠近霍尔传感器时，霍尔传感器将转变为导通状态，当磁极远离霍尔传感器时，霍尔传感器将翻转为截止状态。三个霍尔传感器安装位置间隔 120° ，则霍尔传感器的输出波形相差 120° ；如果安装的位置相隔 60° ，则输出的波形相差 60° ，如图 10-19 所示。

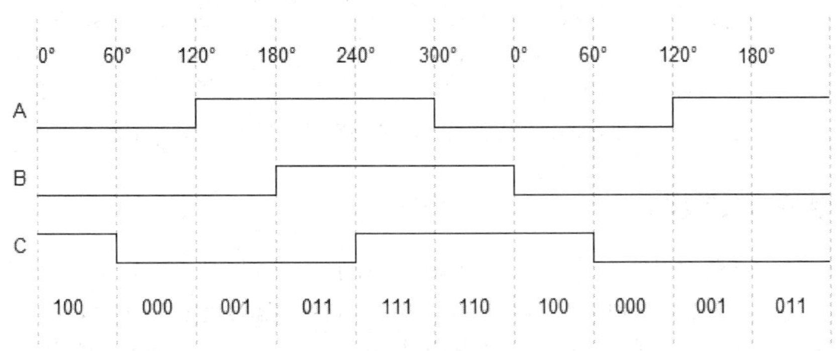

图 10-19 直流无刷电机的霍尔传感器信号输出

将霍尔传感器输出的电平信号输入给 SWM1000S 处理后，通过 6 路 PWM 输出到半桥驱动的专用芯片输入端，控制 6 个功率管的导通或截止，同时也控制换相。为简化设计和提高驱动的可靠性，功率管的驱动采用意法半导体专用的半桥驱动器 L6388，L6388 的功能原理如图 10-20 所示。

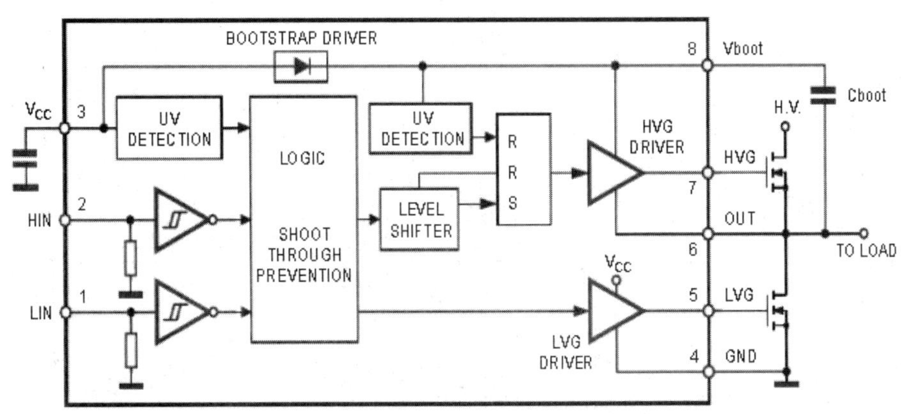

图 10-20 半桥驱动器 L6388 功能模块

L6388 半桥驱动器与功率管、电机的连接如图 10-21 所示。

为了改变无刷直流电机的转速，必须在绕组上输入不同的电压。利用 PWM 技术的特性，通过控制 PWM 不同的占空比，则 6 个功率管的导通和截止的时间比发生改变，相应绕组上的平均电压发生改变，从而控制电机的转速。根据转速的设置要求，在 6 个功率管上输入相应占空比的 PWM 信号，从而控制电机的转速。

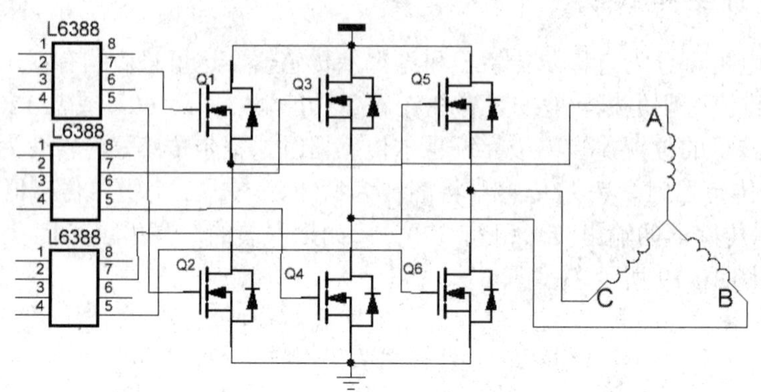

图 10-21　半桥驱动器 L6388 与 MOS 管及电机连接示意图

10.3.3　电路原理设计

无刷直流电机的驱动电路原理设计如图 10-22 所示。

其中 R19 是母线电流采样电阻，阻值为 0.01Ω。母线电流通过 R19 后，产生的压降通过 LMV324 进行放大，输出幅度足够的电压信号，输入 SWM1000S 的 ADC 模块，进行处理。当在某一段时间内，采集的 R19 的电压值超过某一阈值，关闭或者减少 PWM 的占空比。其主要作用是过流保护，防止过流造成的功率管损坏。

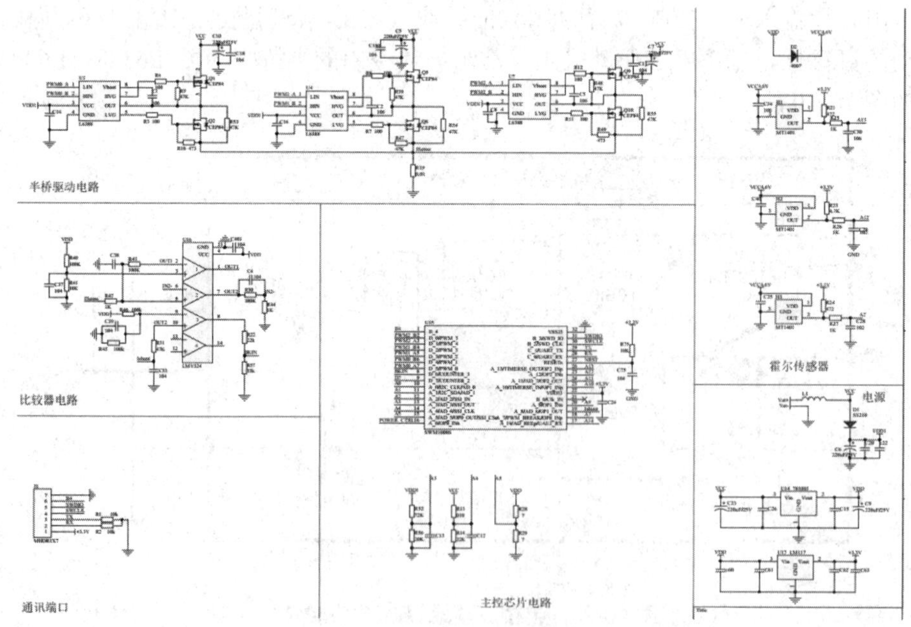

图 10-22　无刷直流电机驱动原理图

开关型霍尔传感器 MT1401，是集电极开路电压输出，在输出端需要接上拉电阻，才能输出高电平。霍尔传感器的输出，通过上拉后，连接到 SMW1000S 具有中断功能的 A 口中，提供精确换相时刻的依据。直流无刷电机何时换相只与转子的位置有关，与转速无关。

10.3.4　程序设计

BLCDM 控制系统上电后，首先对 SWM1000S 硬件系统进行初始化，包括 PWM 模块、配置 GPIO 中断、换相控制函数、ADC 模块等。

PWM 模块的初始化如下。

```
GPIO_initStruct.func = 1;                        //引脚功能为数字外设功能
        GPIO_initStruct.pull_up = 0;
        GPIO_initStruct.pull_down = 0;
        GPIO_initStruct.open_drain = 0;

        GPIO_Init(GPIOD,PIN_5,&GPIO_initStruct);   //GPIOD5 => PWM0_A
        GPIO_Init(GPIOD,PIN_4,&GPIO_initStruct);   //GPIOD4 => PWM0_B
        GPIO_Init(GPIOD,PIN_3,&GPIO_initStruct);   //GPIOD3 => PWM1_A
        GPIO_Init(GPIOD,PIN_2,&GPIO_initStruct);   //GPIOD2 => PWM1_B
        GPIO_Init(GPIOD,PIN_1,&GPIO_initStruct);   //GPIOD1 => PWM2_A
        GPIO_Init(GPIOD,PIN_0,&GPIO_initStruct);   //GPIOD0 => PWM2_B

        PWM_initStruct.clk_div = 1;   //F_PWM = 22M/2= 2.2M 宽度为4位，最大14
        PWM_initStruct.mode = 1;                   //互补输出

        PWM_initStruct.align = 1;                  //左对齐输出
        PWM_initStruct.cycleA = 1100;              //22M/1100=20K
        PWM_initStruct.cycleB = 1100;
        PWM_initStruct.IntHEndAEn = 0;
        PWM_initStruct.IntNCycleAEn = 0;
        PWM_initStruct.IntHEndBEn = 0;
        PWM_initStruct.IntNCycleBEn = 0;

        PWM_initStruct.deadzoneB=22;
        PWM_initStruct.deadzoneA=22;
        PWM_Init(PWM0,&PWM_initStruct);
        PWM_Init(PWM1,&PWM_initStruct);
        PWM_Init(PWM2,&PWM_initStruct);

        PWM_Open(PWM0,1,1);
        PWM_Open(PWM1,1,1);
        PWM_Open(PWM2,1,1);
```

GPIO 的初始化配置，以及相应的霍尔传感器输入脚的中断配置示例如下。

```
GPIO_initStruct.func = 0;                        //引脚功能为GPIO
        GPIO_initStruct.dir = 0;                   //输入 接KEY
```

```
        GPIO_initStruct.pull_up = 0;
        GPIO_initStruct.pull_down = 0;
        GPIO_initStruct.open_drain = 0;
        GPIO_Init(GPIOA,PIN_2,&GPIO_initStruct);//GPIOA.2 初始化为输入引脚，
                                                    无上拉、无下拉、非开漏
        GPIO_Init(GPIOA,PIN_12,&GPIO_initStruct);
GPIO_Init(GPIOA,PIN_13,&GPIO_initStruct);

        EXTI_Init(EXTIA,PIN_2, 1,1);    //配置 GPIOA.0 引脚为上升沿触发中断
        EXTI_Init(EXTIA,PIN_12,1,1);
        EXTI_Init(EXTIA,PIN_13,1,1);
```

电子换相控制函数程序如下。

```
void Bldc_Commutate(uint32_t step,uint32_t PWM)
{
    switch(step)
        {
            case 1 : //BA   001
            PWM_SetHDutyA(PWM1,PWM);
            PWM_SetHDutyA(PWM0,  0);
            PWM_Start(PWM0,1,1);
            PWM_Start(PWM1,1,1);
            PWM_Start(PWM2,0,0);
            break;

            case 2 :  //AC    010
            PWM_SetHDutyA(PWM0,PWM);
            PWM_SetHDutyA(PWM2,  0);
            PWM_Start(PWM0,1,1);
            PWM_Start(PWM2,1,1);
            PWM_Start(PWM1,0,0);
            break;

            case 3 ://BC    011
            PWM_SetHDutyA(PWM1,PWM);
            PWM_SetHDutyA(PWM2,  0);
            PWM_Start(PWM1,1,1);
            PWM_Start(PWM2,1,1);
            PWM_Start(PWM0,0,0);
            break;

            case 4 ://CB  100
            PWM_SetHDutyA(PWM2,PWM);
            PWM_SetHDutyA(PWM1,  0);
            PWM_Start(PWM1,1,1);
            PWM_Start(PWM2,1,1);
            PWM_Start(PWM0,0,0);
            break;

            case 5 ://CA   101
            PWM_SetHDutyA(PWM2,PWM);
            PWM_SetHDutyA(PWM0,  0);
```

```
                PWM_Start(PWM0,1,1);
                PWM_Start(PWM2,1,1);
                PWM_Start(PWM1,0,0);
                break;

                case 6 : //AB    110
                PWM_SetHDutyA(PWM0,PWM);
                PWM_SetHDutyA(PWM1,  0);
                PWM_Start(PWM0,1,1);
                PWM_Start(PWM1,1,1);
                PWM_Start(PWM2,0,0);
                break;

                default:
                PWM_Start(PWM1,0,0);
                PWM_Start(PWM2,0,0);
                PWM_Start(PWM0,0,0);
                break;
            }
    }
```

本 章 小 结

本章介绍了 SWM1000S 芯片在温度采集网络节点、智能灯以及无刷直流电机驱动控制方面的应用案例，为后续的大型项目产品应用程序开发奠定基础。如需要详细的电路设计原理图，请加入 QQ 技术交流群进行文档下载。

习　　题

(1) 结合教材配套的机器人综合实验平台(需要单独购买)，完成机器人跑马灯显示程序设计。

(2) 结合教材配套的机器人综合实验平台(需要单独购买)，完成机器人行走电机控制程序设计。

(3) 结合教材配套的机器人综合实验平台(需要单独购买)，完成机器人行走避障程序设计。

(4) 参考温度节点采集设计，利用 SWM1000S 设计一个温度采集与水位控制系统，实现如下控制：采集水箱温度，当低于 40 ℃时，控制继电器导通，对水进行加热，当温度超过 80 ℃时，控制继电器断开。此外，当水位低于 A 刻度线时，控制电机启动往水箱内注水，当达到 B 刻度线时，停止往水箱内注水，A、B 刻度线的参数可自行设定。要求设计出电路原理图，编写相应的软件程序。

(5) 参考智能灯设计，利用 SWM1000S 设计一个智能路灯控制系统，利用光电传感器来采集光照强度，当外界光照强度低到一定程度时，自动启动路灯，当外界光照强度高于一定程度时，自动控制路灯熄灭。

第 11 章　智能扫地机器人开发实例

学习重点

重点学习 T271 扫地吸尘机器人和 610D 扫地吸尘机器人的功能规划、硬件设计、软件开发。

学习目标

掌握复杂的嵌入式机器人系统应用的设计开发基本流程、基本方法以及软硬件基本功能模块设计方法。

本章先介绍湖南格兰博公司研发生产销售的简单型 T271 智能扫地吸尘机器人的开发过程，再介绍带自主回充等高级功能的 610D 智能扫地机器人的开发过程。通过介绍，让读者了解从产品功能规划、软硬件设计开发，再到功能测试的过程，为开发各种大型嵌入式系统应用奠定基础。

11.1　扫地机器人(T271)开发

格兰博公司的 T271 智能扫地吸尘机器人(见图 11-1)是一款面向刚入职场而无暇清理房间的年轻人的入门级产品，采用一键式开机启动，同时配置红外遥控，可控制机器人前后左右运动及切换各种清扫模式，其外观配色以青春靓丽、绿色环保为主色调。它除了基本的扫地吸尘及拖地功能外，还具有室内温度测试、语音播报以及遥控等功能(详细的功能介绍请参考相关的产品介绍)。

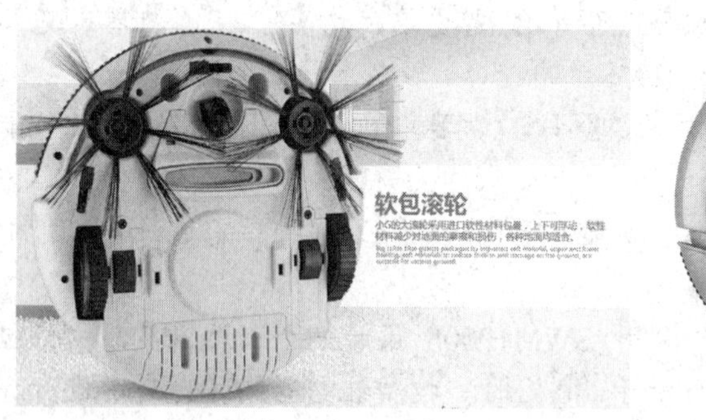

图 11-1　T271 智能扫地吸尘机器人

11.1.1　机器人(T271)硬件设计

1. 硬件功能规划

T271 智能扫地吸尘机器人共有 5 个电机，其中 2 个行走电机，驱动机器人行走及转向，需要进行 PWM 调速控制；2 个扫刷电机，驱动扫刷的启停，不需要调速控制；1 个大功率风扇电机，不需要调速控制；前挡避障传感器 1 个，用于机器人自动避障控制；防跌落传感器 3 个，用于防止机器人从台阶面上跌落；热敏电阻 2 个，一个用于开机检测环境温度，另外一个用于检测充电过程中的电池温度(该热敏电阻已经集成在电池中，通过电极片引入电路)，以避免充电电流过大、温度过高而损坏电池；指示灯 2 个(红和绿)，用于运行、故障及充电等状态指示；开机启动键 1 个；遥控器 1 个；语音输出 1 个，用于报送温度及故障提醒。根据第 10 章中关于一般嵌入式系统的功能分类，该机器人除 MCU 主控硬件系统外，硬件电路需要实现的功能主要有电机驱动控制模块、传感器信号采集模块、报警指示模块及遥控输入模块等，具体规划如表 11-1 所示。

表 11-1　T271 主要硬件功能规划

功能分类		功能描述
电机驱动控制	行走控制	需要对 2 个电机进行 PWM 调速控制、正反转控制
	扫刷控制	需要对 2 个电机进行开关控制
	风扇控制	需要对 1 个电机进行开关控制
传感器信号采集	温度测量	开机后检测室内环境温度，充电时检测电池温度，采用热敏电阻，需 AD 转换与比较
	碰撞检测	机器人前挡碰撞检测，采用遮断式光电传感器
	跌落检测	防止机器人从台阶上跌落检测，采用反射式光电传感器
	电压检测	充、放电检测，利用 MCU 的 AD 转换及比较器
输入	红外遥控	接收遥控器信号(遥控器键盘)，主机接收头可视为传感器模块
报警指示	故障报警	各种故障的语音报警及蜂鸣器(非语音版采用)
	状态指示	工作状态及故障状态的指示灯及温度的语音播报系统

根据表 11-1 中的硬件功能规划，即可开展控制系统硬件电路设计。机器人的硬件控制原理框图如图 11-2 所示。

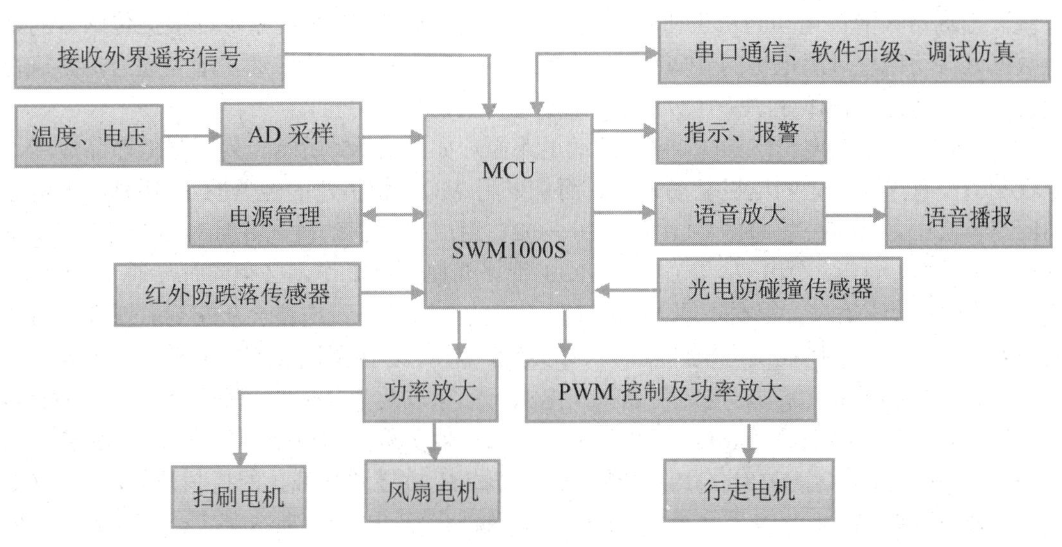

图 11-2　机器人控制系统框图

在开始设计时，首先需要考虑待机功耗的问题，这是设计过程中计算及电子元器件选型的重要依据。T271 设计待机电流为 20 mA，采用 1200 mAh 的电池，理论待机时长为 60h。其中各主要功能部分介绍如下。

2. 硬件功能介绍

T271 扫地吸尘机器人的部分硬件模块介绍分别如下，详细的电路原理图见附录 D。

1) 电机驱动控制模块(输出模块)

扫刷电机及风扇电机由于不需要调速控制，只需要进行通断启停控制即可，因此其控制电路简单，利用大功率 MOS 实现通断控制即可，控制电路分别如图 11-3 和图 11-4 所示。机器人在工作时，两个扫刷呈啮合转动，这可以通过调换一个电机的电极接线来实现，因此利用一个 MOS 管即可实现扫刷电机的启停控制。

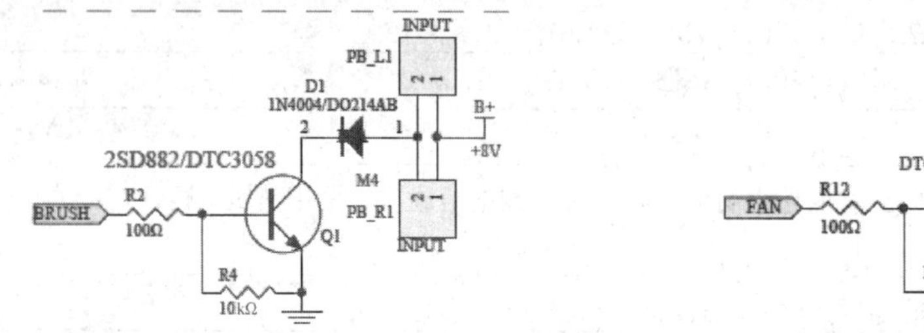

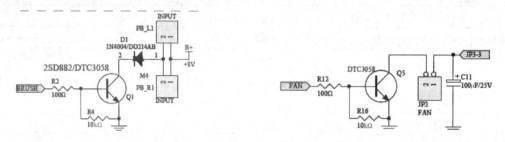

图 11-3　扫刷电机控制电路　　　　图 11-4　风扇电机控制电路

由于风扇电机工作时电流大、电感大，为了消除风扇电机启停时对电路的影响，需要在回路中并联一个大容量的电容，当风扇电机启动时，电容可以瞬间放电给电机供电，以避免因电机启动电流过大而拉低系统供电电压，导致系统故障；当风扇电机停止工作时，为避免反向电动势对元器件的损坏，利用大电容来进行储能，消除反向电动势的影响。此外，风扇电机采用 PWM 来进行控制，这样，可以控制风扇以一个比较适当的速度转动，从而可以降低噪声，并延长机器人的清扫工作时间。如果在机器人上增加灰尘识别传感器系统，当机器人清扫运动到灰尘比较多的区域时，机器人控制系统则可以根据传感器的采集数据，自动调整风扇电机的 PWM 控制参数，从而提高风扇的转速，增大吸力，并执行螺旋运动的重点清扫作业(注：T271 机型未配置灰尘识别传感器)。

机器人右侧行走电机(左电机相同)驱动电路原理如图 11-5 所示。为了降低产品成本，电机驱动没有采用常见的电机驱动模块，而是采用 MOS 管搭建的经典的 H 桥直流电机驱动回路。其中，MOS 管 Q15、Q16、Q20、Q21 组成电机驱动桥，并且对角线上的 MOS 管组成驱动对，Q18、Q19 为方向控制 MOS 管。要使电机工作，必须同时导通 H 桥对角线上的 MOS 管驱动对。根据不同 MOS 管驱动对的导通情况，电路会从左至右或者从右至左流经电机线圈，从而控制电机的转向。MOS 管 Q18、Q19 用来控制 H 桥上两个同侧的 MOS 不会同时导通，否则，电流将直接从电源正极穿过两个 MOS 管(例如 Q15、Q21)回到负极，此时，电路中除了 MOS 管外，没有任何其他负载，这就很容易烧毁 MOS 管，导致 H 桥失效。MOS 管 Q18、Q19 主要就是用来做 H 桥导通与截止的控制开关，且 MCU 的控制逻辑确保 Q18、Q19 要么两个 MOS 都同时截止(低电平)，要么其中一个导通，另外一个截止。例如，MCU 的 Right_F 端口(11)输出控制信号(高电平)，则对应的 Right_R 端口(10)无控制信号输出(低电平)，则 MOS 开关 Q19 导通，并控制 Q15、Q20 导通，电流经 MOS 管 Q15、电机“+”端、电机“−”端，MOS 管 Q20 流回电源负极，从而驱动电机转动。另外，控制开关 MOS 管接 MCU 的 PWM 控制输出端，通过调节控制 PWM 信号的占空比，即可实现对电机的调速控制。

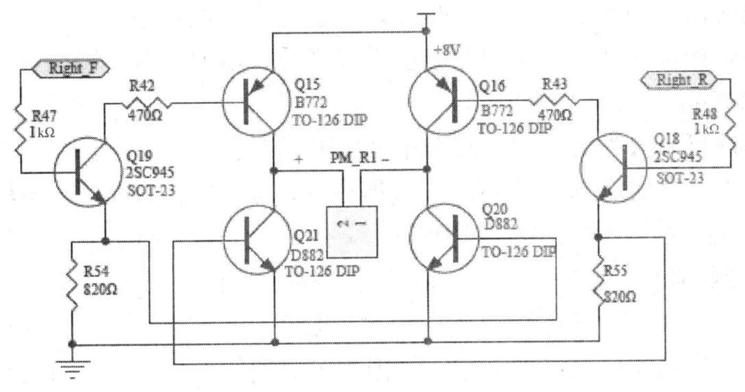

图 11-5　行走电机驱动控制原理图(右电机)

2)　电源管理模块

机器人采用 12 节镍氢可循环充电电池串联组成，标称电压为 14.4 V，充满电后约为 16.8～17.2 V。由于机器人 MCU 及其他芯片有多种供电电压，典型的有 5 V、3.3 V，此外，扫刷及行走电机均采用直流 8 V 电压供电，因此机器人硬件控制系统中需要各种电压转化模块，常见的方式是采用 DC-DC 电源转换模块，如图 11-6 所示。

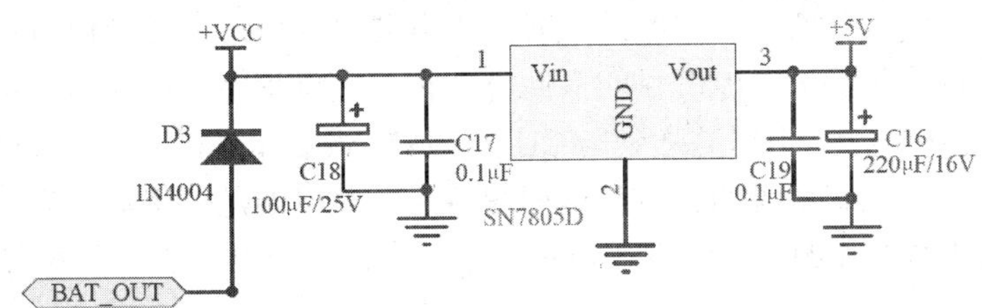

(a) DC-DC电源管理模块(5V输出)

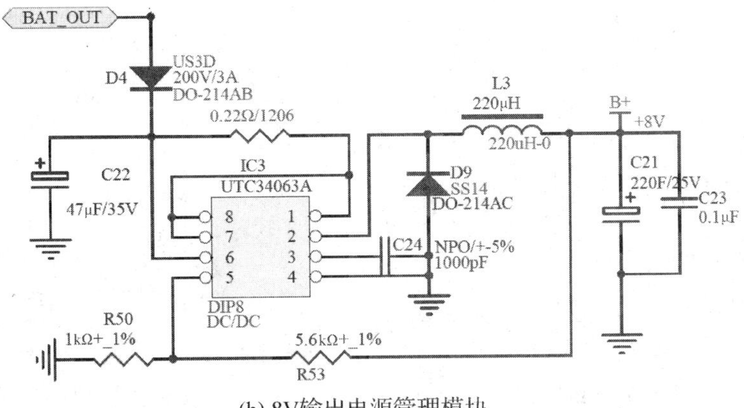

(b) 8V输出电源管理模块

图 11-6　电源模块

5 V 直流电源直接由电池电压(最高至 17.2V)通过 SN7805D 进行 DC-DC 转换后得到，3.3 V 直流电源则由 5 V 输出通过 LM117 进行 DC-DC 转换后得到。

行走电机及扫刷电机均由 8 V 直流输出供电，由于行走电机经常需要正反转(特别是在碰撞避障及沿墙行走模式时)，在电机正反转切换时，为避免产生的反向电动势损坏硬件电路，在稳压输出端需串联一个电感，同时并联大容量耐压电容。

电池充放电管理回路是电源管理的重要组成部分。电池充电管理回路如图 11-7 所示，放电管理回路如图 11-8 所示。

充电管理回路可以分为检测回路与充电回路两部分，检测回路的功能是检测 DC 适配充电电源接头有没有接入充电回路中。当充电 DC 接头接入机器人后，充电检测 Charger_CK(连接在 MCU 的第 16 引脚)将输入低电平信号给 MCU(三极管 Q12 导通)，控制系统再根据检测的电池电压情况，决定是否开始“使能”充电(即第二部分充电回路)。机器人在工作时，会实时检测电池电压，当关闭机器人的电源时，只要插上充电接头进行充电，机器人也会启动相应的控制程序。机器人检测到的电池电压信息经过 AD 采样送入 MCU(BAT_Volt 连接 MCU 的第 18 引脚)后，系统控制程序与充电管理程序设定的阈值相比较，如果电池现有(剩余)电量大于设定的充电阈值，则 MCU 的第 9 引脚 Charger_EN 端无信号输出[接充电管理回路，如图 11-7(b)所示]，即充电“使能”无效，机器人不执行充电任务；如果电池现有(剩余)电量小于设定的充电阈值，则 MCU 的第 9 引脚 Charger_EN 端输出低电平，充电回路中 Q22 截止，Q23 导通，机器人控制系统执行充电任务，即充电回路被“使能”。

除了机器人在充电时对电池进行检测以外，还需要对机器人工作时的供电电压以及电机驱动电压进行检测，当低于设定的阈值时，则需要停止风扇运转及电机运转，以避免电池过度放电，从而达到保护电池的目的。此外，在充电过程中，电池电压检测回路将实时检测电阻 R59(见图 11-9)的电压并送到 MCU 的 BAT_Volt 端进行 AD 采样转化比较，根据采样转化比较结果，控制系统的充电管理程序将决定对电池是采用涓流充电还是采用大电流充电，从而实现智能化的充电管理，保护电池并有效延长电池的使用寿命。

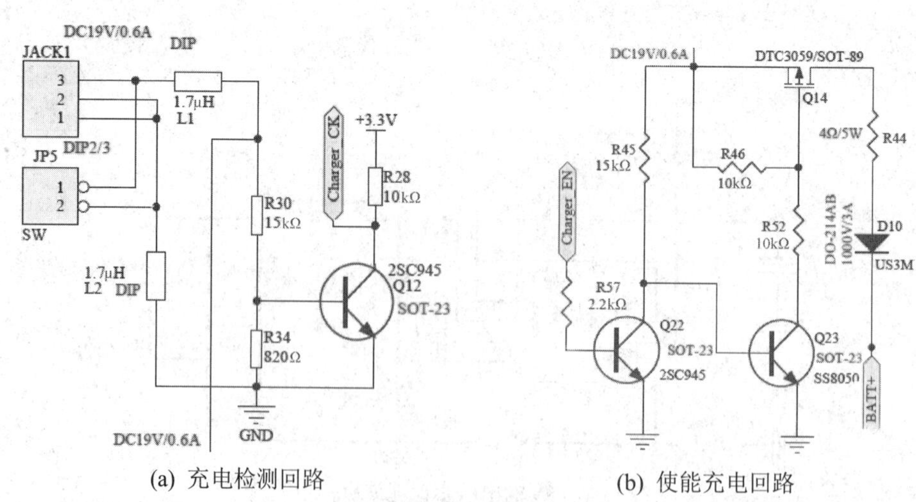

(a) 充电检测回路　　　　(b) 使能充电回路

图 11-7　充电管理回路

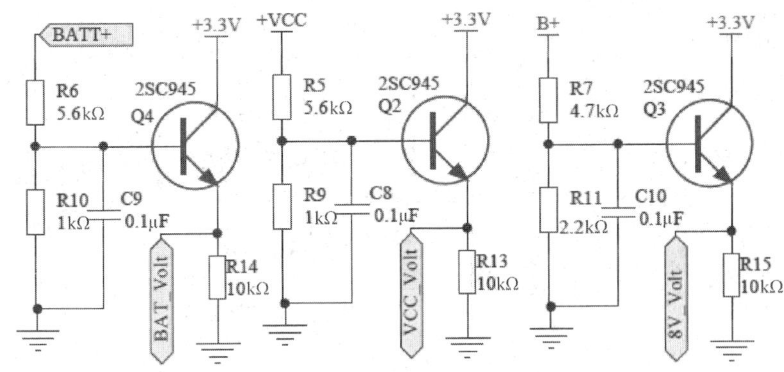

图 11-8　放电(检测)管理回路

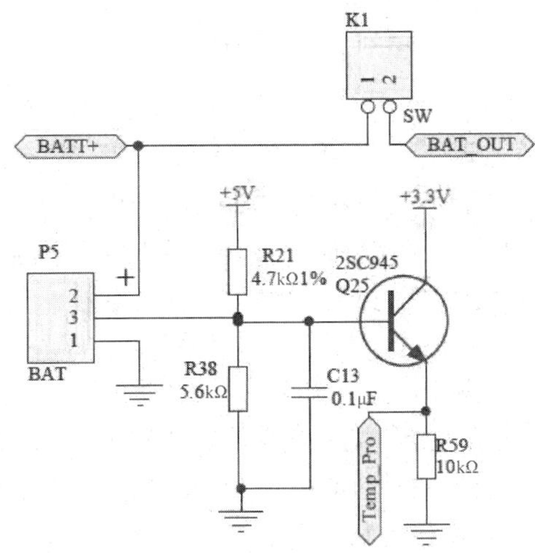

图 11-9　电池充电检测回路(用于比较)

3)　温度监测模块

T271 扫地机器人带有充电温度监测以及开机环境温度测量两种功能，如图 11-10 所示。在图 11-10 中，左边电路部分用于充电时对电池温度的检测，右边电路部分用于机器人开机启动后对环境温度的检测。热敏电阻在电池出厂时已经内置于电池中，采用正温度系数热敏电阻与普通电阻(R64)组成的分压电路。充电过程中，电池发热导致热敏电阻阻值发生变化(增大)，则分压电阻 R64 上分得的电压降低，即 MCU 采样端(AD3)上的电压降低。当电池充电持续发热达到一定温度时，分压电阻 R64 上的电压经 AD 采样转化后，低于控制算法程序设定的温度保护阈值，则 MCU 的第 9 引脚 Charger_EN 端停止输出低电平，充电“使能”无效，机器人停止给电池充电，电池进入自然冷却状态。当冷却到一定温度以下后，重新启动充电管理程序。

图 11-10 右边为环境温度检测电路，同样采用正温度系数的热敏电阻，接入负反馈放大电路。与充电温度检测回路不同的是，环境温度检测直接采样热敏电阻上的电压，根据热敏电阻温度-阻值对应表，以及设计的电路特性，可以计算出采样电压与温度的对应关系，从而可以建立相应的温度值数据库。机器人开机启动后，根据 AD 采样转换的电压值，再与数据库温度值进行比较，从而确定环境温度，最后以语音的形式播报出来。

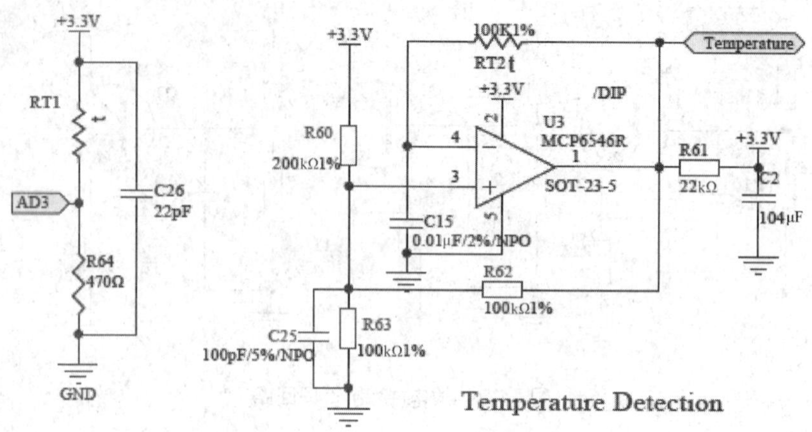

图 11-10 温度检测回路

4) 碰撞及防跌落检测模块

碰撞检测模块的功能是在机器人前进过程中检测是否遇到障碍物，当遇到障碍物并与之发生碰撞后，机器人执行后退—转弯—继续前进的动作。出于细分市场及成本的考虑，T271 扫地机器人没有设计红外免碰撞传感器系统，而是采用遮断式红外光电开关作为碰撞传感器。遮断片与机器人前挡面罩通过弹片机构连接安装在一起，当机器人与障碍物发生碰撞后，压下弹片，遮断片切断光电开关发射端与接收端的光通路，从而实现碰撞信号的检测。其硬件原理如图 11-11 所示。

在图 11-11 中，机器人运动过程中没有碰到障碍物时，光电开关 JK1 发射端发出的光信号直接被接收端接收，从而使+5 V 电源回路直接通过光电开关导通，由于二极管 D11 的钳位作用，三极管 Q17 的基极为低电平，三极管不导通，碰撞检测 MCU 输入端为 3.3 V 高电平；当机器人与其他物体发生碰撞后，由于光电开关 JK1 的光通路被切断，+5 V 电源通过 R49、D11 及 R56 导通形成回路，同时，R49、D11 及 R56 组成的分压电路使三极管 Q17 的基极输入高电平而导通，导致 MCU 输入端变成低电平，从而实现碰撞检测。

由于家庭地面环境复杂，往往有台阶面的存在(如复式住房)，机器人在室内执行清扫作业时，需要避免其从台阶面上跌落下来，因此需要设计防跌落检测模块，其电路原理图如图 11-12 所示。

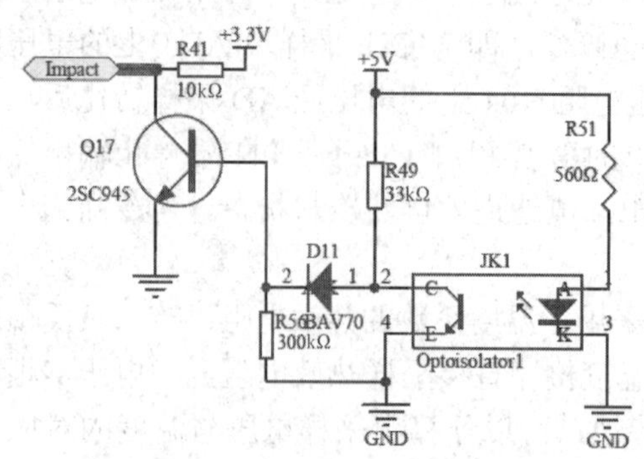

图 11-11 碰撞检测电路

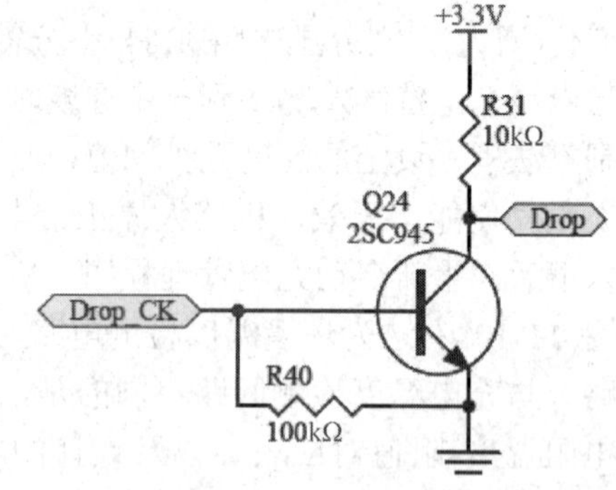

图 11-12 防跌落信号检测电路

防跌落传感器检测模块采用反射式红外传感器模块信号处理电路，如图 11-13 所示，分别由 3 组相同的红外模组串联而成。

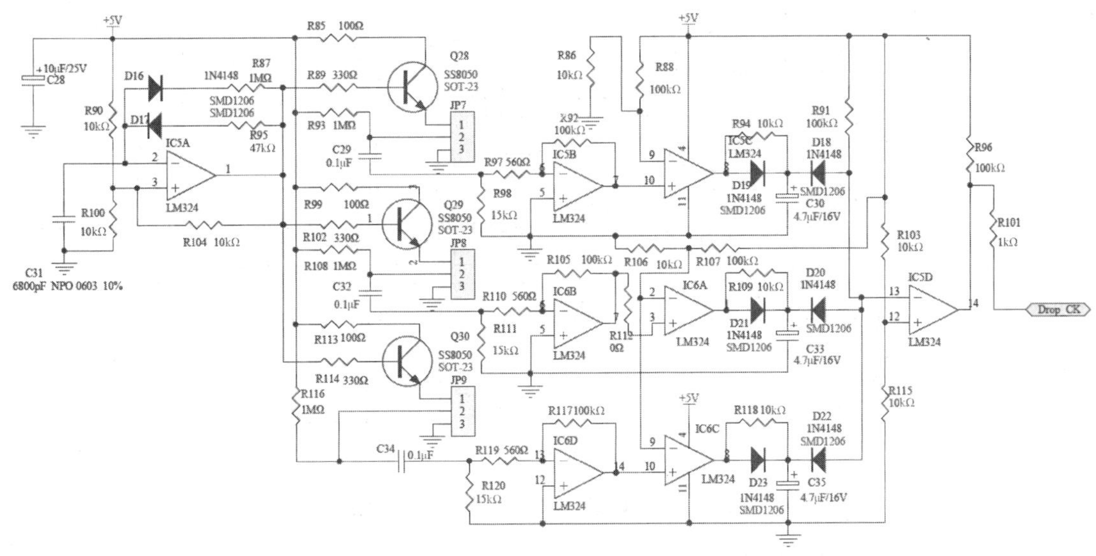

图 11-13　防跌落红外传感器模组信号处理电路

防跌落传感器的工作原理是，机器人在运行时，红外传感器发射红外信号，并被地面发射到接收端，接收端接收到信号(Drop_CK 端)后，LM324 输出高电平，在 Drop_CK 端高电平的作用下，三极管 Q24 导通，MCU 跌落检测端(Drop)输入低电平，说明机器人在地面上运动；如果机器人运动到台阶面或其他悬空面(超过一定距离)时，则传感器接收端无法接收到红外发射端发射的信号(或者接收的信号微弱，小于软件系统设定的阈值)，则控制系统软件认为机器人行走到了台阶面，需要停止继续沿该方向运动，并改变运动方向，以避免跌落。

5)　语音及放大模块

语音播报功能是该机器人的特色之一，温度传感器检测开机时的环境温度后，可以通过语音的方式播报出来。另外，机器人出现常见故障后，也可以通过语音的方式提醒使用者做出相应的处理。语音输出控制模块原理电路如图 11-14 所示。

在图 11-14 所示的语音电路中，又分为语音存储模块(25P20)与采用 WT588D 的语音处理两部分，并通过 SPI 端口连接。25P20 用于 2 MB 的存储空间，工作电压范围为 2.7～3.6 V，具体的参数可查阅相关产品说明。使用该模块前，需要先准备好要存储的语音文件，在录制语音时，需要使用 22 kHz 的采样率，录音完成后需要将文件转换成.wav 或者.mp3 格式，再通过专用的烧录器将语音文件烧入芯片中，然后进行 SMT 贴片量产。

WT588D 语音芯片根据控制系统的需要，读取 25P20 对应的存储内容，经过处理后，形成 PWM 差动输出，经功率放大处理后(如图 11-15 所示)，通过 Speaker 播报。该语音电路采用中断工作模式，设置 IO 端口 P01、P02、P03 为触发控制端口。在 SPI-FLASH 存储器上烧录语音文件时，需要把端口定义为可触发播放的触发方式后即可进行工作。P17 端 SPK_DET 可作为 BUSY 忙信号输出端，可同时并联播放状态 LED 指示灯，控制其亮或灭，同时接 MCU 的第 48 脚进行使能控制。机器人在语音播报期间，运动控制无效。

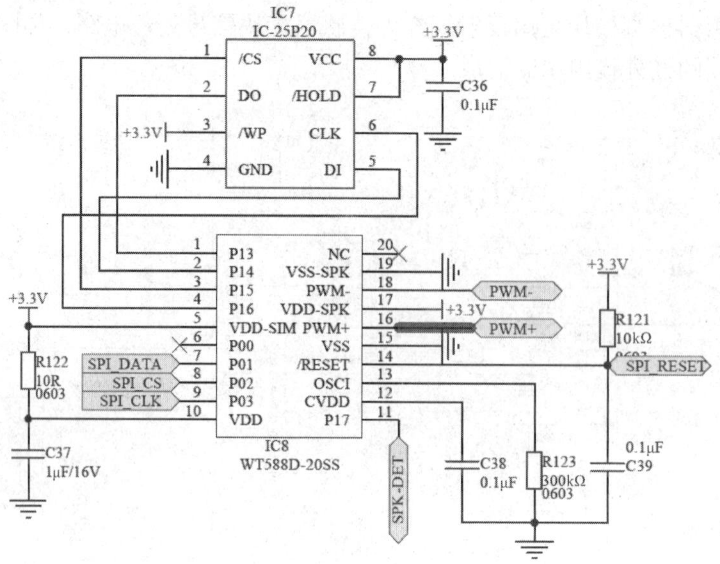

图 11-14　语音输出控制模块原理电路

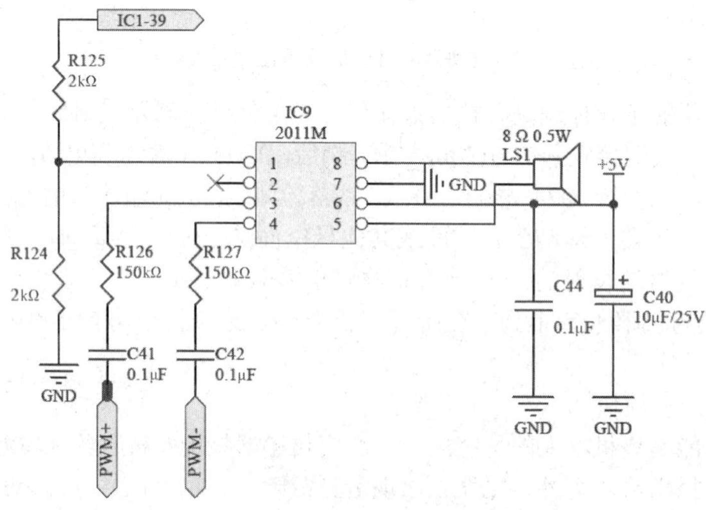

图 11-15　语音功率放大处理模块电路

语音功率放大模块电路的 1 脚接主控 MCU 芯片 SWM1000S 的 39 脚，由主控芯片计数器对语音播报状态进行计数，以鉴别某条语音是否播放完毕。当主控 MCU 检测到高电平后，即判断该段语音播放完毕，从而告诉控制系统可以执行其他指令，同时，主控 MCU 的 41 端口 SPI_RESET 输出语音信息重置信号，为读取下一个语音做好准备。

6)　其他功能模块

其他功能模块主要包括遥控、报警及指示模块等，其电路原理图分别如图 11-16～图 11-18 所示。

蜂鸣报警电路与三极管 8050 串联，通过三极管的通断实现蜂鸣开关控制，通过软件控制 MCU 的输出端信号，可以实现不同的蜂鸣类型(蜂鸣时间、蜂鸣间隔、蜂鸣次数等)，从而实现不同的报警信息指示。

遥控接收模块采用 FM-6038LM，协议及编码由软件制定，同时写入遥控模块的芯片。另外，设计时应考虑与家用常见遥控器发生干扰。对于遥控模块的按键功能，需要根据功能规划制定，同时预留扩展功能，便于其他升级机型的使用。

指示灯电路设计为低电平有效，通过控制指示灯的亮、灭时间长短、颜色，以及亮、灭(闪烁)次数等来实现机器人不同状态指示。

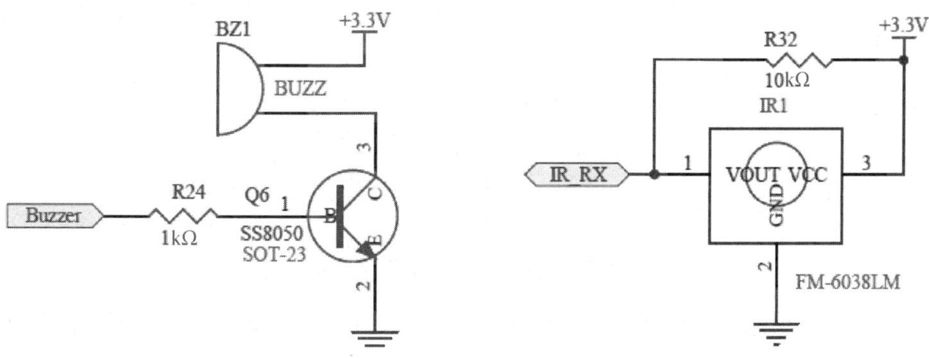

图 11-16　蜂鸣报警电路　　　　图 11-17　红外遥控接收电路

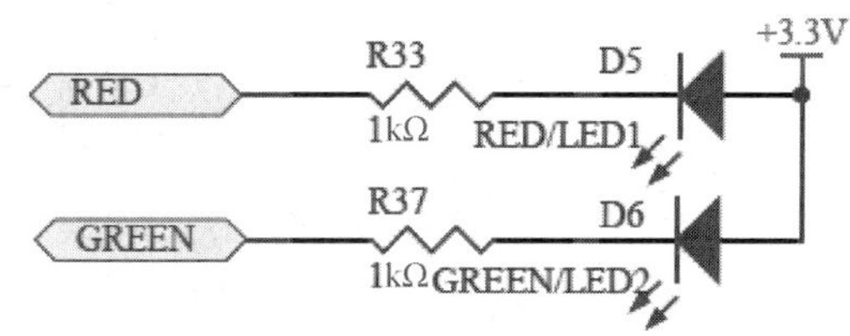

图 11-18　指示灯电路

11.1.2　机器人(T271)软件开发

机器人软件是一个庞大的系统工程，往往一个应用项目、一个产品的软件需要由多个人合作开发，而每个人的思维、编程习惯等不同，这就需要在开发前进行协调，规划好产品功能(规格)、协议等，然后再根据规划，设计硬件、软件。

1. 软件功能规划

T271 的软件功能主要包括清扫行走(路径)模式设计、语音播报及指示设计、指示灯状态设计、遥控协议设计、电源(安全)管理设计，分别介绍如下。

1)　行走功能规划

机器人行走、清扫路径规划如图 11-19 所示。机器人开机启动后，先进行自检，并完成相应预备动作(如播报开机环境温度)后，开始按照“随机行走”的模式(直线运动)执行清扫作业任务，然后计时一段时间后，再分别按照顺序执行“螺旋行走”、沿墙行走、Z 字形行走……不断循环的模式。机器人在行走过程中，当遇到障碍物或计时条件满足时，会自动切换到相应的运动行走模式。

2)　状态指示规划

机器人工作运行过程中及充电、故障等状态时，需要有各种不同的指示，以提醒使用

者各种状态，这主要包括指示灯、蜂鸣器以及语言系统的功能规划。相应的规划如下。

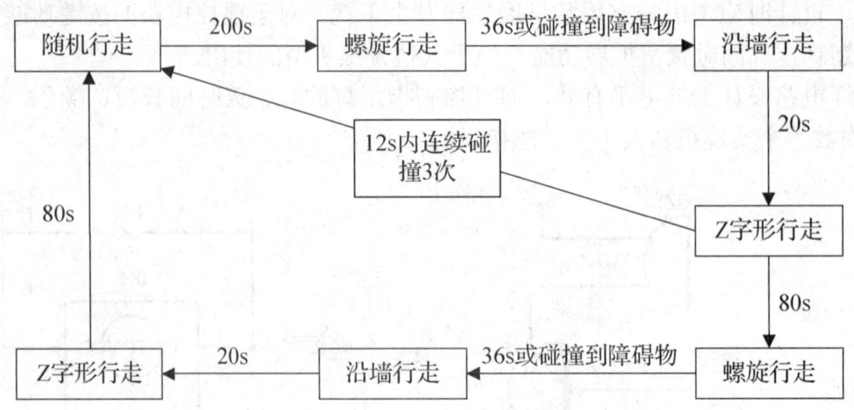

图 11-19　机器人行走(清扫)路径规划

(1)　在非充电状态打开电源开关。LED 灯绿灯直亮，语音播报开始，语音播报内容：“主人，很高兴为您服务！当前温度×××摄氏度”　。

(2)　机器运行。机器发出“现在我开始自动清扫喽”的语句，语音播报结束， 机器开始工作，LED 灯绿灯直亮。

(3)　机器离地 5s。LED 灯红绿灯直亮，语音播报 1 次“请放我下来”。若中途放下，播报随时停止。

(4)　机器大轮卡死。LED 灯红灯闪烁，语音播报一次“我被卡住了”　。

(5)　低电压。刷子、轮子、风扇停转，机器停机，LED 灯红灯直亮，语音播报 1 次“主人，我饿了，给我充电吧”　。

(6)　机器充电。LED 灯绿灯闪烁，满电后 LED 灯绿灯直亮。

(7)　关机状态下插入电源适配器。LED 灯绿灯闪烁，语音播报开始，语音播报内容：“主人，很高兴为您服务！当前温度×××摄氏度”。

3)　遥控器功能规划

机器人遥控器如图 11-20 所示。

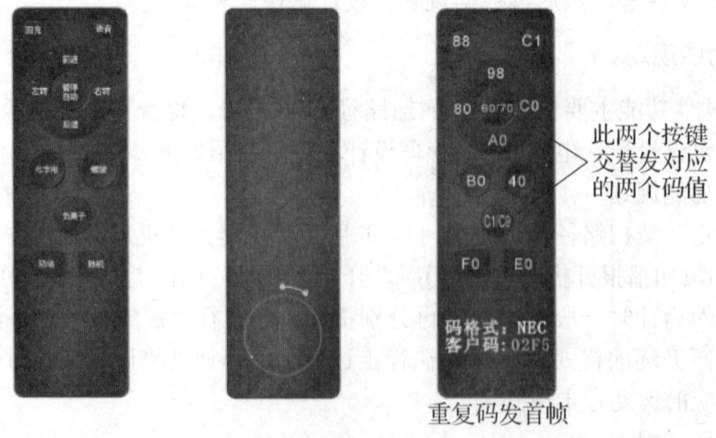

图 11-20　机器人遥控器

机器人遥控器的各项功能规划，如表 11-2 所示。

表 11-2　遥控器功能规划

按键功能规划	主机对应动作
前进	按一次，机器前进，碰到障碍物时转入自动工作模式，长按效果相同
后退	按一次，机器后退大约 10 cm，长按后退 10 cm 后不再后退
左转	按一次，左转，长按则持续左转
右转	按一次，右转，长按则持续右转
停止	按一次，机器停止，长按效果相同
自动	按一次，依照行走流程图的设定进行清扫，长按效果相同
螺纹清扫	按一次，机器转入螺旋行走模式，同时语音提示 1 次“螺旋清扫”，长按效果相同
沿墙清扫	按一次，机器转入沿墙行走模式，同时语音提示 1 次“沿墙清扫”。长按效果相同
随机自走式	按一次，机器转入随机行走模式，同时语音提示 1 次“随机清扫”，长按效果相同
Z 字形行走	按一次，机器转入 Z 字形行走模式，同时语音提示 1 次“Z 字形清扫”，长按效果相同
拖地	按一次，机器刷子组、风扇组停转，同时语音提示 1 次“拖地”，长按效果相同

正常运行条件下，对于遥控器所有操作，主机 LED 灯显示状态皆为 LED 灯绿灯直亮，主机上对应的语音提示说明如表 11-3 所示。

表 11-3　语音提示说明

语音提示	动作或遇到的问题
主人，很高兴为您服务！	打开机器电源开关时会有此语音提示
当前温度×××摄氏度	机器启动时会提示当前温度
现在我开始自动清扫喽	机器开始工作时会有此语音提示
随机清扫	按下遥控器的随机清扫键
螺旋清扫	按下遥控器的螺旋清扫键
沿墙清扫	按下遥控器的沿墙清扫键
Z 字形清扫	按下遥控器的 Z 字形清扫键
拖地	按下遥控器的拖地键
请放我下来	机器对地感应异常，或主机被提起离开地面
我被卡住了	轮子被缠住
电池温度太高了	电池温度异常
主人，我饿了，给我充电吧	电池电量不足，请及时充电

2. 软件功能模块

任何一个大型的工程应用程序，都是由一些小的应用功能程序组合实现的。T271 的软件功能还包括温度检测、电机驱动、充放电管理、避障算法等。软件开发前，需要与硬件设计人员沟通，完成相应的端口配置及参数配置，电池参数配置如下，完整的端口配置及参数配置请参考前面章节端口配置的相关内容及本机器人完整的控制程序(根据附件地址下载)。

```
#define BAT_NORMAL       0   //蓄电池正常
#define BAT_FULL         1   //蓄电池充满
#define BAT_OVERVOL      2   //蓄电池超压
#define BAT_UDRV         3   //蓄电池欠压
#define BAT_FALL         4
#define BAT_CLOSE        5   //需关机电池
#define NO_V               0  //小于 0V 说明蓄电池没电压坏了或者没插电池
#define V_CLOSE         10200 //蓄电池关机电压
#define V_UDRV          11300 //蓄电池欠压电压
#define V_FULL          17000    //蓄电池充满电压
#define V_OVERVOL       17500 //蓄电池超压电压
```

1) 温度处理软件模块

机器人开机完成初始化后，首先会采集环境温度，考虑到机器人所使用的环境温度的通常状态，可将温度范围设定在 0～50 ℃，其软件程序如下。

```
uint32_t SingleFlow(int8_t celcius)
{
    switch(celcius)
    {
        case 0:
            count=VOL_C_CELCIUS;
            break;
        case 1:
        …
        case 9:
            count=VOL_C_ZERO+celcius;
            break;
    }
    return count;
}

uint32_t TempFlow(int16_t celcius,int16_t* pCelcius)
{
    count=celcius-celcius%10;
    celcius=celcius%10;
    if(count>0)
    {
        switch(count)
        {
            case 10:
                count=VOL_C_TEN;
                break;
            case 20:
                count=VOL_C_TWOTEN;
                break;
```

```
        …
         case 50:
             count=VOL_C_FIVETEN;
             break;
      }
    }
    else if(count==0)
    {
        count=SingleFlow(celcius);
    }
    *pCelcius=celcius;
    return count;
}
```

以上程序的作用是将热敏电阻检测到的温度转化成个位及十位，便于后续的语音播放处理。热敏电阻阻值与温度的对应关系如表 11-4 所示。

表 11-4　阻值温度对照表

阻值	温度	阻值	温度	阻值	温度	阻值	温度	阻值	温度
106	-10	111	-9	117	-8	124	-7	130	-6
137	-5	145	-4	152	-3	160	-2	169	-1
178	0	187	1	196	2	206	3	216	4
227	5	238	6	250	7	262	8	275	9
289	10	303	11	318	12	333	13	349	14
366	15	383	16	401	17	420	18	440	19
460	20	482	21	504	22	527	23	551	24
576	25	602	26	629	27	657	28	686	29
716	30	747	31	779	32	813	33	848	34
884	35	922	36	961	37	1001	38	1042	39
1086	40	1130	41	1176	42	1249	43	1299	44

温度采集相应的程序模块及说明分别如下。

```
//初始化
uint16_t TEMP_PWM_Count;
uint16_t TEMP_PWM_time;
uint8_t TEMP_DET_Flag;
uint16_t Centigrade_PWM;
int16_t Centigrade=0xff;
uint32_t TEMP_PWM_Count_Total;
uint8_t TEMP_PWM_Num;

void TEMP_DET_CaptureInit( void )   //
{
    PORT->PORTA_SEL.PA13=0x00;  //A13 开中断
        GPIOA->DIR.DIR_13=0x00;
```

```
    EXTIA->INTMODE.INTMODE13=1;
        EXTIA->INTLEVEL.INTLEVEL13=0;
        EXTIA->INTEN.INTEN13= 0x01;
        EXTIA->INTMSK.INTMSK13= 0x00;
    NVIC_EnableIRQ(GPIO13_IRQn);
    TEMP_DET_Flag=1;
}
void Start_TEMP_DET(void)
{
    TEMP_PWM_time = 0;
    TEMP_PWM_Num=0;
    TEMP_DET_Flag=0;
    Centigrade_PWM=0;
    Centigrade=0xff;
    TEMP_PWM_Count=0;
    TEMP_PWM_Count_Total=0;
    EXTIA->INTEN.INTEN13= 0x01;
    EXTIA->INTMSK.INTMSK13= 0x00;
    NVIC_EnableIRQ(GPIO13_IRQn);
    TEMP_DET_Flag=1;
}
void Close_TEMP_DET(void)
{
    EXTIA->INTEN.INTEN13= 0x00;
    TEMP_DET_Flag=0;
    Centigrade=0xff;
}
void GPIO13_Handler(void)
{
    if(TEMP_DET_Flag==1)
            TEMP_PWM_Count++;
    EXTIA->INTCLR.INTCLR13= 0x01;
}
void TEMP_Get_PWM(void)
{
    uint8_t i;
    if(TEMP_DET_Flag==0)
        return;
    if(TEMP_PWM_time<500)// 必须要设置为 1 秒钟来一次
            TEMP_PWM_time++;
        else
        {
            TEMP_PWM_Count_Total+=TEMP_PWM_Count;
            if(TEMP_PWM_Num<TEMP_DET_SECOND)
            {
                TEMP_PWM_Num++;
            }
            else
            {
```

```
            Centigrade_PWM=TEMP_PWM_Count_Total/(TEMP_DET_SECOND+1);
        if(Centigrade_PWM<TEMP_TABLE[0])
            {
                Centigrade = TEMP_DET_MIN;
            }
        else if(Centigrade_PWM>TEMP_TABLE[TEMP_TABLE_MAX-1])
            {
                Centigrade = TEMP_DET_MAX;
            }
        else
        {
            …
        }
        TEMP_PWM_Count_Total=0;
        TEMP_PWM_Num=0;
    }
    //Centigrade = TEMP_PWM_Count/20;
    TEMP_PWM_time=0;
    TEMP_PWM_Count=0;
    }
}
int16_t Get_TEMP_Value(void)
{
    return Centigrade;
}
```

2)　行走电机驱动软件模块

根据硬件原理图，机器人行走电机驱动软件模块包括电机的方向控制、速度控制等，采用 PWM 实现行走电机控制，其软件程序如下。

```
void Pwm_init()
{
    //PWM0 的 IO 初始化，即 PD5
    PORT->u32PORTD_SEL &= ~(0x03 << (2*5));    //端口 B 功能配置寄存器，先清零
    PORT->u32PORTD_SEL |= (1 << (2*5));        //00: GPIO; 01: 数字外设;
                                               10/11:模拟外设

    //PWM1 的 IO 初始化，即 PD4
    PORT->u32PORTD_SEL &= ~(0x03 << (2*4));    //端口 A 功能配置寄存器，先清零
    PORT->u32PORTD_SEL |= (1 << (2*4));        //00: GPIO; 01: 数字外设;
                                               10/11:模拟外设

    //PWM2 的 IO 初始化，即 PD3
    PORT->u32PORTD_SEL &= ~(0x03 << (2*3));    //端口 A 功能配置寄存器，先清零
    PORT->u32PORTD_SEL |= (1 << (2*3));        //00: GPIO; 01: 数字外设;
                                               10/11:模拟外设

    //PWM3 的 IO 初始化，即 PD2
    PORT->u32PORTD_SEL &= ~(0x03 << (2*2));    //端口 A 功能配置寄存器，先清零
    PORT->u32PORTD_SEL |= (1 << (2*2));        //00: GPIO; 01: 数字外设;
                                               10/11:模拟外设

    SYS->CLK_CFG.PWM_CLK_DIV = 4;              //F_PWM = F_XTAL/clk_div,
                                               这里为 22.1184M
```

```
    //PWM4 的 IO 初始化，即 PD1
    PORT->u32PORTD_SEL &= ~(0x03 << (2*1));     //端口 A 功能配置寄存器，先清零
    PORT->u32PORTD_SEL |= (1 << (2*1));         //00：GPIO；01：数字外设；
                                                  10/11:模拟外设
    //PWM0 设置
    PWM0->MODE.COMPL = 0;                       //0：普通输出；1：互补输出
    PWM0->MODE.ALIGN = 1;                       //0：左对齐输出；1：中心对称
    PWM0->CycleA = PWM_CLOCK_CYCLE;//A 通道的周期时长
    PWM0->HDutyA = 0;                           //A 通道的高电平时长
    PWM0->DeadZoneA = 0;                        //上升沿死区
    PWM0->CycleB = PWM_CLOCK_CYCLE;             //B 通道的周期时长
    PWM0->HDutyB = 0;                           //B 通道的高电平时长
    PWM0->DeadZoneB = 0;                        //下降沿死区
    PWMG->IDIS.PWM0A_H = 1;                     //A 路高电平结束中断，0：开启；1：禁止
    PWMG->IDIS.PWM0A_C = 1;                     //A 路新周期开始中断，0：开启；1：禁止
    PWMG->IDIS.PWM0B_H = 1;                     //B 路高电平结束中断，0：开启；1：禁止
    PWMG->IDIS.PWM0B_C = 1;                     //B 路新周期开始中断，0：开启；1：禁止
    //PWM1 设置
    PWM1->MODE.COMPL = 0;                       //0：普通输出；1：互补输出
    PWM1->MODE.ALIGN = 1;                       //0：左对齐输出；1：中心对称
    PWM1->CycleA = PWM_CLOCK_CYCLE;             //A 通道的周期时长
    PWM1->HDutyA = 0;                           //A 通道的高电平时长
    PWM1->DeadZoneA = 0;                        //上升沿死区
    PWM1->CycleB = PWM_CLOCK_CYCLE;             //B 通道的周期时长
    PWM1->HDutyB = 0;                           //B 通道的高电平时长
    PWM1->DeadZoneB = 0;                        //下降沿死区

    PWMG->IDIS.PWM1A_H = 1;                     //A 路高电平结束中断，0：开启；1：禁止
    PWMG->IDIS.PWM1A_C = 1;                     //A 路新周期开始中断，0：开启；1：禁止
    PWMG->IDIS.PWM1B_H = 1;                     //B 路高电平结束中断，0：开启；1：禁止
    PWMG->IDIS.PWM1B_C = 1;                     //B 路新周期开始中断，0：开启；1：禁止
    //PWM2 设置
    PWM2->MODE.COMPL = 0;                       //0：普通输出；1：互补输出
    PWM2->MODE.ALIGN = 1;                       //0：左对齐输出；1：中心对称
    PWM2->CycleA = PWM_CLOCK_CYCLE;             //A 通道的周期时长
    PWM2->HDutyA = PWM_CLOCK_CYCLE;             //A 通道的高电平时长
    PWMG->IDIS.PWM2A_H = 1;                     //A 路高电平结束中断，0：开启；1：禁止
    PWMG->IDIS.PWM2A_C = 1;                     //A 路新周期开始中断，0：开启；1：禁止
    PWMG->IDIS.PWM2B_H = 1;                     //B 路高电平结束中断，0：开启；1：禁止
    PWMG->IDIS.PWM2B_C = 1;                     //B 路新周期开始中断，0：开启；1：禁止
    NVIC_EnableIRQ(PWM_IRQn);                   //设置中断向量表，使能 PWM 中断
    SYS->PCLK_EN.PWM_CLK = 1;                   //开启 PWM 时钟
    PWMG->CHEN.PWM0A_EN=1;                      //使能 4 路 PWM 输出
    PWMG->CHEN.PWM0B_EN=1;
    PWMG->CHEN.PWM1A_EN=1;
    PWMG->CHEN.PWM1B_EN=1;
    PWMG->CHEN.PWM2A_EN=1;
}
```

3)　机器人行走模式软件模块

为实现图 11-19 所示的机器人运动行走规划，设计机器人的运动路径子程序如下。

```
机器人前进运动
void Wheel_Foward( uint32_t FowardSpeed1 , uint32_t FowardSpeed2 ,uint32_t
FowardTime )
{
  PWM0->HDutyA =   FowardSpeed1;
  PWM0->HDutyB =   0;
    PWM1->HDutyA =   FowardSpeed2;
    PWM1->HDutyB =   0;
    Delayms(FowardTime);
}
机器人左转运动
void Wheel_Left( uint32_t Left_speed,uint32_t right_speed,uint32_t
FortyFiveDegreeTime)
{
  PWM0->HDutyA = Left_speed;
  PWM0->HDutyB =  0;
    PWM1->HDutyA =   0;
    PWM1->HDutyB = right_speed;
    Delayms(FortyFiveDegreeTime);
}
    机器人随机清扫运动
void RandomClearing(void)
{
    Wheel_Foward(FOWARD_SPEED_Full,FOWARD_SPEED_Full,0);
}
    机器人螺旋清扫
void  SpiralClearing(void)
{
    uint32_t addspeed= FOWARD_SPEED_Full;
   //addspeed= grade*FOWARD_SPEED_Full/300000;
    addspeed=1500.0+grade/75.0;
    addspeed=addspeed>FOWARD_SPEED_Full?FOWARD_SPEED_Full:addspeed;
  Wheel_Foward(FOWARD_SPEED_Full, addspeed,0);
}
```

螺旋清扫运动的曲率半径由运动算法实现，开发者可以根据自己的喜好来进行设计。其他部分程序请参考详细的机器人软件源程序代码。

11.2　扫地机器人(610D)开发

格兰博公司的 610D 智能扫地吸尘机器人是一款中高档产品，分为普通版和高级网络版。机器人采用一键式开机启动，具有红外遥控、自动回充电、定时预约、网络控制(高级版)清扫等功能(详细的功能介绍请参考相关的产品介绍)。610D 产品如图 11-21 所示。

图 11-21　智能扫地机器人 610D

11.2.1　机器人(610D)硬件设计

610D 智能扫地机器人与 T271 智能扫地吸尘机器人相比，增加了 5 组前挡红外传感器，用于免碰撞避障，增加了自动充电站，增加了垃圾检测电路，用于垃圾比较多时开展重点清扫，开机采用自锁式电子开关启动键，高级版还增加了 Wi-Fi 模块，可以实现远程网络控制，取消了热敏电阻及环境温度检测，具体规划如表 11-5 所示。

表 11-5　机器人 610D 主要硬件功能规划

功能分类		功能描述
电机驱动控制	行走控制	需要对 2 个电机进行 PWM 调速控制、正反转控制
	扫刷控制	需要对 2 个电机进行开关控制
	风扇控制	需要对 1 个电机进行开关控制
传感器信号采集	碰撞检测	机器人前挡(免)碰撞检测，采用红外反射式光电传感器
	碰撞检测	机器人前挡碰撞检测，采用遮断式光电传感器(机械式)
	跌落检测	防止机器人从台阶等跌落检测，采用反射式光电传感器
	垃圾检测	采用对射式光电传感器，用于重点清扫及尘盒是否满
	电压检测	充、放电检测，利用 MCU 的 AD 转换及比较器
输入	红外遥控	接收遥控器信号(遥控器键盘)，主机接收头可视为传感器模块
	回充红外	接收回充站的红外信号，检测充电站位置及位置对准
	Wi-Fi	Wi-Fi，移动 APP 远程控制(高级版)
报警指示	故障报警	各种故障的蜂鸣器报警
	状态指示	工作状态及故障状态的指示灯

根据表 11-5 中的硬件功能规划，即可开展控制系统硬件电路设计。机器人的硬件控制原理框图如图 11-22 所示。

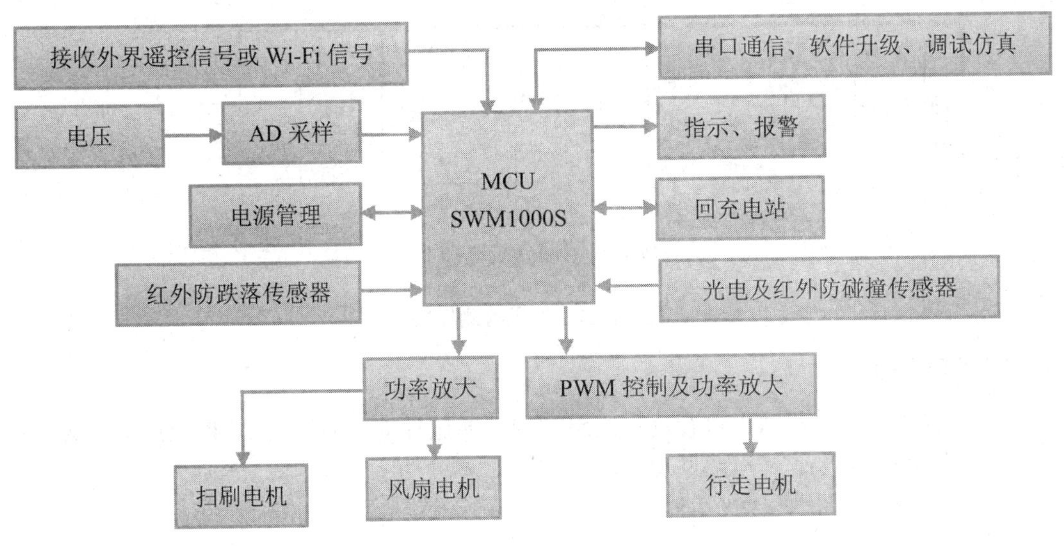

图 11-22　机器人控制系统框图

610D 智能扫地机器人的硬件模块除了上述 T271 中的电机驱动、电源管理、防跌落等模块外，还增加了红外防碰撞传感器模块、垃圾检测模块、Wi-Fi 模块、回充站模块等，分别介绍如下。

1. 红外防碰撞传感器模块

610D 智能扫地机器人在前挡内设置了 5 组红外传感器，用于检测机器人运动时前方的障碍物，并控制机器人的转向，以达到减少(免)与家具等的碰撞次数，降低对家具等的损坏，其电路原理如图 11-23 所示。

2. 垃圾检测模块

垃圾检测模块用于检测地面是否较脏及尘盒是否已满，当传感器检测到地面较脏时，则控制机器人启动重点清扫模式，对检测区域进行重点清扫；当检测到尘盒已经装满垃圾时，则停止机器人工作，并发出相应的提示报警。其电路原理如图 11-24 所示。

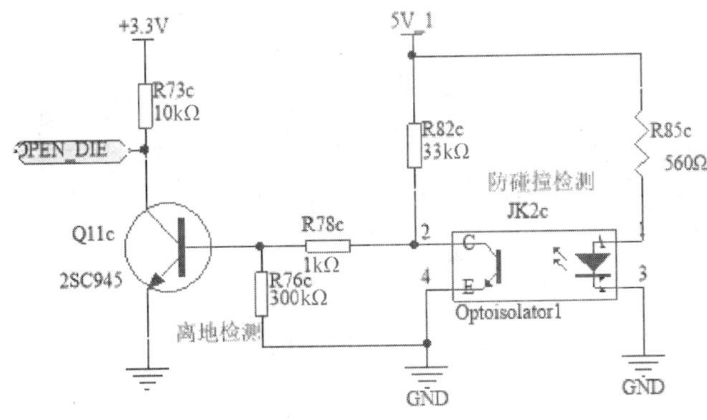

图 11-23　前挡红外防(免)碰撞检测模块电路

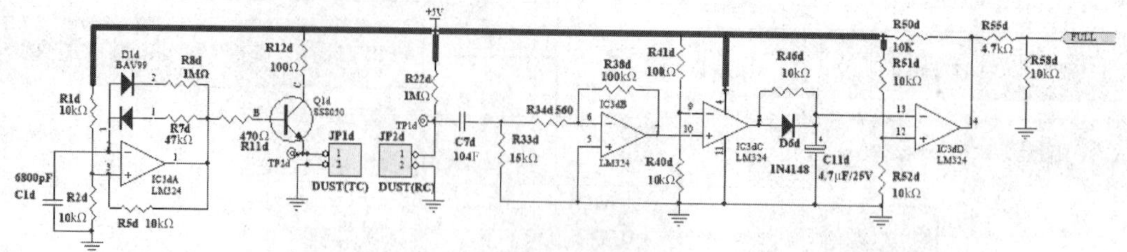

图 11-24　垃圾检测模块

3. Wi-Fi 模块

Wi-Fi 模块用于对机器人进行远程网络控制，通过移动客服端的 APP 应用软件来实现(分为 IOS 版和安卓版)。其电路原理如图 11-25 所示。

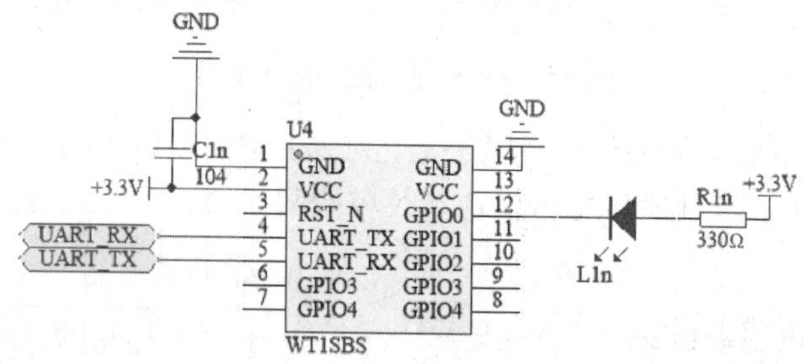

图 11-25　Wi-Fi 模块电路

4. 回充站模块

回充站用于机器人自动回电站充电，以及定时启动清扫作业任务，部分电路原理如图 11-26 所示。其中，LED1、LED2 为左右红外发射管，发射远距离红外信号(～5 m)。当机器人启动回充算法后，检测到此两个发射管的红外信号时，则判断找到回充站，并向回充站附近移动。LED3 发射的红外信号(～0.3 m)为位置对准信号，通过该信号，使机器人上的充电极片与充电站上的充电极片对准，实现机器人的自动充电。

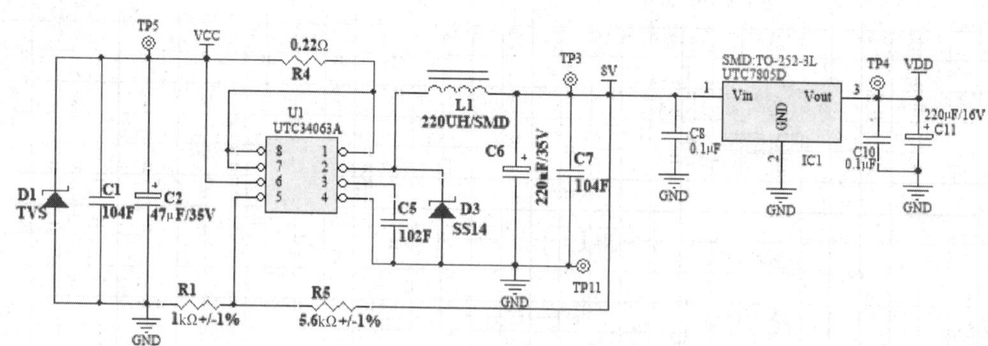

图 11-26　回充站部分电路原理图

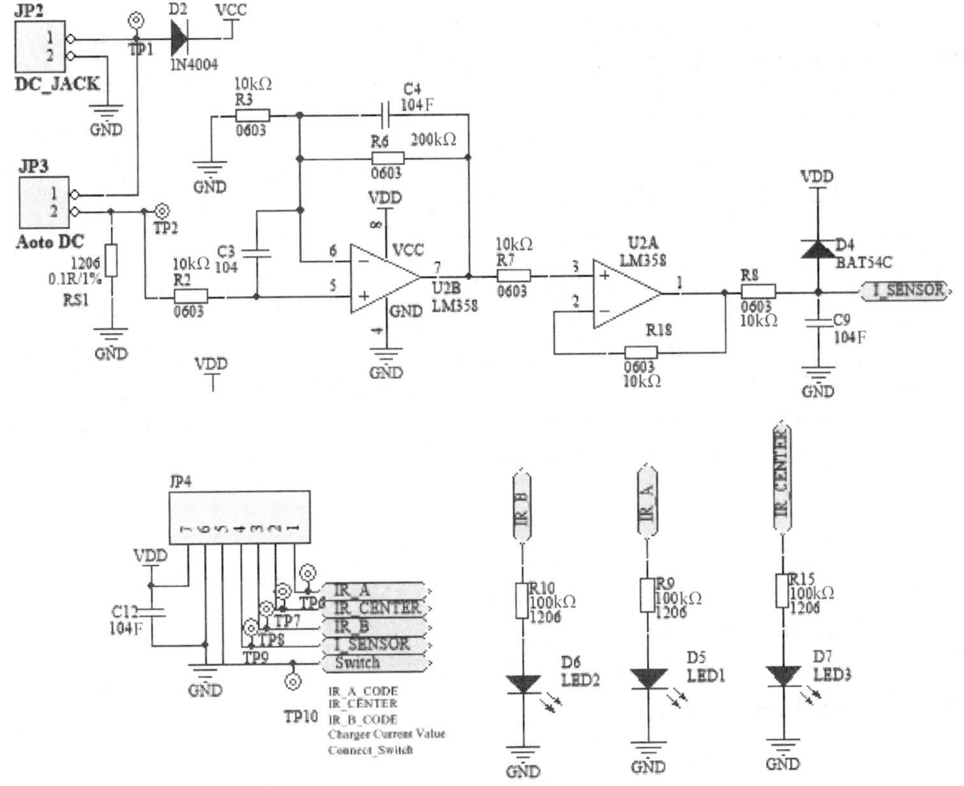

图 11-26　回充站部分电路原理图(续)

11.2.2　机器人(610D)软件开发

610D 的软件功能规划除了 T271 具有的清扫行走(路径)模式设计、指示灯状态设计、遥控协议设计、电源(安全)管理设计等外，还包括自动回充电管理、Wi-Fi 远程控制、APP 开发等(因篇幅所限，安卓 APP 应用开发在此不再介绍，有兴趣的读者可以到技术交流 QQ 中下载源代码)，各功能的软件代码分别如下。

1. 回充电软件开发

当机器人电压低到设定值时，机器人主控制程序将调用自动回充电子程序，并停止清扫作业程序，执行寻找充电站任务，找到充电站后，自动开始充电，其程序如下。

1)　主程序中的状态条件检测

```
if ((Task_flag&Seek_charger_mode)==Seek_charger_mode) //寻找充电站
              {
                  deal_Seek_charger_mode();
              }
if ( (Task_flag&low_voltage)==low_voltage)//低电压处理
              {
                  deal_low_voltage();
                 //Task_flag^=wheel_lock;
                         continue;
```

```
            }
```

2) 充电站寻找子程序

```
void   deal_Seek_charger_mode(void)
{
    if ((Task_flag&charger_find)!=charger_find)//找到充电站与否
    {

            if ((sys_timer-Task_time)>(10*1000))
                {
    Wheel_Right(FORWARD_SPEED_Full,FORWARD_SPEED_Full,((DEGREETIME<<1)-
800));//((DEGREETIME<<1)-800));//顺时针旋转寻找充电站,
           Wheel_Stop();
           Task_time=sys_timer;
            }
         Seek_charger_Walk();
  }
  else
    TIMR3->CTRL.EN = 1;
}
```

3) 充电站寻找运动子程序

```
void Seek_charger_Walk(void)
{
      timer_buff=(60*1000);
      if ((sys_timer-mode_time)<(timer_buff))
           {
         if ((Task_flag&Random_mode)!=Random_mode)
          {
              Task_flag&=~0x1E0;        //清空所有模式
              Task_flag|=Random_mode;
               }
           }

    else if (((sys_timer-mode_time)>(timer_buff))&&     ((sys_timer-
mode_time)<(timer_buff<<2)))
           {
          if ((Task_flag&with_wall)!=with_wall)
          {
              Task_flag&=~0x1E0;        //清空所有模式
              Task_flag|=with_wall;

          }
           }

    if ((sys_timer-mode_time)>(timer_buff<<2))
           {
          mode_time=sys_timer;
```

```
            }
    }
```

2. Wi-Fi 通信子程序开发

高级版 610D 扫地机器人具有手机等移动客服端 APP 控制功能(包括 IOS 及安卓版)，机器人主机上的 Wi-Fi 模块将接收到的来自移动端的控制信号进行串口转换后传给主控程序，然后对机器人做出相应的控制。Wi-Fi 通信协议及控制端口在主控程序中定义完成。APP 则根据定义的好的通信协议进行单独开发。

1)　Wi-Fi 通信程序

Wi-Fi 通信程序如下。

```
void UART_Handler(void)
{
  char rdata;
    if(UART->LSR.OE | UART->LSR.PE | UART->LSR.FE)
    {
    rdata = UART->RBR;                //读取清中断

    }
        if(UART->LSR.DR)
    {
        rdata = UART->RBR;
            if(rdata == 'S') RxIdx = 0;
            RxBuff[RxIdx++] = rdata;
            if(RxIdx == RXMAX_BUFFNUM) RxIdx = 0;

            if(rdata == 'K' &&  (RxBuff[1]== 0x07) && (RxBuff[2]== 0x01))
            {
            if(RxBuff[4]== 0x01)
                    {
                  Wifi_Key_Flag =  TRUE;
                  switch (RxBuff[5])
                   {
                          case  0x00: Wifi_Key_Value = K_BELL;
                        break;
                     case  0x01: Wifi_Key_Value = K_FRONT;
                             break;
                          case  0x02: Wifi_Key_Value = K_BACK;
                             break;
                      …
                          case  0x15: Wifi_Key_Value = K_BELL;
                        break;
                          default:
                             break;
                   }
            }
                  else if(RxBuff[4]== 0x03)
```

```
                    {
                      Wifi_Key_Send_Flag = SEND_CLEANER_STATE;
                    }
                }


        }
}
```

2) Wi-Fi 控制程序

Wi-Fi 控制程序如下。

```
void Wifi_IR_Control(void)
{
    if(Wifi_IR_flag==TRUE)
    {
        Wifi_IR();
    }
        Wifi_Send();
}
```

3) Wi-Fi 发送程序

Wi-Fi 发送程序如下。

```
void Wifi_Send(void)
{
/******************发送扫地机器人状态*********************/
  switch (RunMode)
    {
        case RANDOM_MODE:       if(ModeStartTime==TRUE)
VacuumCleanerSendData[10]= 0x06; else VacuumCleanerSendData[10]= 0x08;
            break;
...
        case RECHARGE_MODE:     VacuumCleanerSendData[10]= 0x0B;
            break;
        case STOP_MODE:         VacuumCleanerSendData[10]= 0x05;
            break;
...
case CHARGE_MODE:     VacuumCleanerSendData[10]= 0x0E;
            break;
        default:
            break;
    }
```

本 章 小 结

本章重点介绍了 SWM1000S 芯片在 T271 及 610D 两款智能扫地机器人方面的工程应用设计实例，重点介绍了扫地机器人基本的硬件电路模块及软件功能。详细的设计开发资料(包括硬件原理图、开发版软件源代码、IOS 及安卓 APP 源代码、扫地机器人开发版样机等)，请参考内容简介中的联系方式，或扫描二维码下载。

习　题

(1) 结合教材配套的机器人综合实验平台(需要单独购买)，完成机器人速度与运动距离控制程序的优化与完善及实验上机操作。

(2) 结合教材配套的机器人综合实验平台(需要单独购买)，完成机器人弓字形行走路径的程序的优化与完善及实验上机操作。

(3) 结合教材配套的机器人综合实验平台(需要单独购买)，完成机器人自动避障控制程序的优化与完善及实验上机操作。

(4) 结合教材配套的机器人综合实验平台(需要单独购买)，完成机器人分区域行走控制程序的优化与完善及实验上机操作。

(5) 试利用机器人综合实验平台(需要单独购买)，结合 AI 智能控制方法，建立虚拟地图，实现机器人在虚拟地图空间内的自主导航运动控制。

(6) 参考 T271 的介绍，自行设计开发一个智能灭火机器人，设计出电路原理图，并开发出相应的软件程序。要求利用超声传感器来进行避障，搭载气味传感器检测气体浓度并报警，搭载光电传感器检测光源，当到达光源附近时，启动风扇，实现自动灭火(可作为课程设计)。

附录 A　SWM1000S 电气特性

为便于更好地设计基于 SWM1000S 系列 ARM 芯片的控制系统，计算系统功耗，输出电流、电压特性等，解决系统设计过程中的各种干扰等问题，附录 A 详细地介绍了 SWM1000S 系列 ARM 芯片的电气参数，主要包括额定值、DC 参数及 AC 参数，详情参见表 A-1～表 A-5。

表 A-1　额定值

参　数	最 大 值	典 型 值	最 小 值	单　位
直流电源电压	3.6	3.3	2	V
晶振频率	36	22	4	MHz
工作温度	85	—	0	℃
贮存温度	150	—	-50	℃

表 A-2　DC 电气特性(Vdd-Vss = 3.3 V, Tw =25 ℃)

参　数	明　细				符　号	测试条件
	最大值	典型值	最小值	单　位		
工作电压	3.6	3.3	2.0	V	Vdd	—
电源地	0.8	—	0	V	Vss	—
模拟工作电压	Vdd	—	0	Tw	AVdd	—
模拟参考电压	AVdd	—	0	V	Vref	—
PortA 输入低电压(TTL)	0.8	—		Vpal	V	Vdd = 3.3 V
PortA 输入高电压(TTL)	5.5	—	2.0	Vpah	V	Vdd = 3.3 V
PortA 输入漏电流	1	—	-1	Ipalk	μA	Vdd = 3.3 V 0<Vin<Vdd
PortA 上拉模式阻值	89	57	39	Rpau	kΩ	—
PortA 下拉模式阻值	107	57	35	Rpad	kΩ	—
PortA 源电流	120	70	35	Ipaoh	mA	Vdd = 3.3 V
PortA 灌电流	55	44	—	Ipaol	mA	Vdd = 3.3 V
PortB, PortC 输入低电压(TTL)	0.8	—		Vpxl	V	Vdd = 3.3 V
PortB, PortC 输入高电压(TTL)	3.6	—	2.0	Vpxh	V	Vdd = 3.3 V
PortB, PortC 输入漏电流	1	—	-1	Ipxlk	μA	Vdd = 3.3 V 0<Vin<Vdd

续表

参　数	明　细				符号	测试条件
	最大值	典型值	最小值	单位		
PortB, PortC 上拉模式阻值	74	45	33	Rpxu	kΩ	—
PortB, PortC 下拉模式阻值	85	43	26	Rpxd	kΩ	—
PortB, PortC 源电流	120	70	35	Ipxoh	mA	Vdd = 3.3 V
PortB, PortC 灌电流	40	32	—	Ipxol	mA	Vdd = 3.3 V
BODR=00b 时欠压电压	1.61	1.70	1.72	BODR0	V	Vdd = 3.3 V
BODR=01b 时欠压电压	2.05	2.10	2.16	BODR1	V	Vdd = 3.3 V
BODR=10b 时欠压电压	2.33	2.40	2.44	BODR2	V	Vdd = 3.3 V
BODR=11b 时欠压电压	2.61	2.70	2.73	BODR3	V	Vdd = 3.3 V
BODI=00b 时欠压电压	1.80	1.85	1.91	BODI0	V	Vdd = 3.3 V
BODI=01b 时欠压电压	2.23	2.30	2.34	BODI1	V	Vdd = 3.3 V
BODI=10b 时欠压电压	2.53	2.60	2.64	BODI2	V	Vdd = 3.3 V
BODI=11b 时欠压电压	2.78	2.80	2.89	BODI3	V	Vdd = 3.3 V

表 A-3　内部 22.1184 MHz 振荡器特征值

参　数	最 大 值	典 型 值	最 小 值	单　位	条　件
电压	3.6	3.3	2.0	V	—
中心频率	—	22.1184	—	MHz	—
工作电流	—	540	—	μA	Vdd = 3.3 V

表 A-4　ADC 特征值

参　数	最 大 值	典 型 值	最 小 值	符　号	单　位
分辨率	12	—	—	—	Bit
参考电压	3.6	3.3	3	AVdd	V
工作电流(平均)	700	600	—	Idda	μA
	150	125	—	Iddd	μA

续表

参　数	最 大 值	典 型 值	最 小 值	符　号	单　位
关断电流	—	<20	—	Ipd	μA
非线性差分误差	2	—	-2	DNL	LSB
非线性积分误差	4.5	—	-4.5	INL	LSB
补偿错误	—	150	—	EO	mV
采样速率	—	1	0.05	FS	MHz
工作时钟频率	—	13	0.65	FCLK	MHz
采样延时	—	13	—	TADC	s
参考电压	—	AVDD	—	VREF	V
电阻值(每通道)	—	—	20	—	kΩ
电容值(每通道)	5	—	—	—	pF
工作电压	0.2	—	Vdd-0.2	Vdd	V

表 A-5　比较器/放大器特性表格(Vdd = 3.3V)

参　数	最 大 值	典 型 值	最 小 值	单　位	条　件
输入电压偏移	5	2	—	mV	无负载
输出电压范围	Vdd-0.15	—	0.15	V	RL = 10 kΩ CL = 100 pF
增益带宽	1.2	1	0.9	MHz	RL = 10 kΩ CL = 100 pF
共模抑制比	73	70	66	dB	无负载(1 kHz)
电源抑制比	73	70	66	dB	无负载(1 kHz)
单位增益压摆率	1.1	1	0.85	V/μs	RL = 10 kΩ CL = 100 pF
最大负载		>15		kΩ	RL = 10 kΩ CL = 100 pF
迟滞	60	40	20	mV	无负载

附录 B　SWM1000S 的封装特性

为定义各个引脚功能，便于利用 SWM1000S 系列 ARM 芯片开展电路设计，附录 B 描述了 SWM1000S48 脚(LQFP48)的引脚封装，具体如图 B-1 所示。

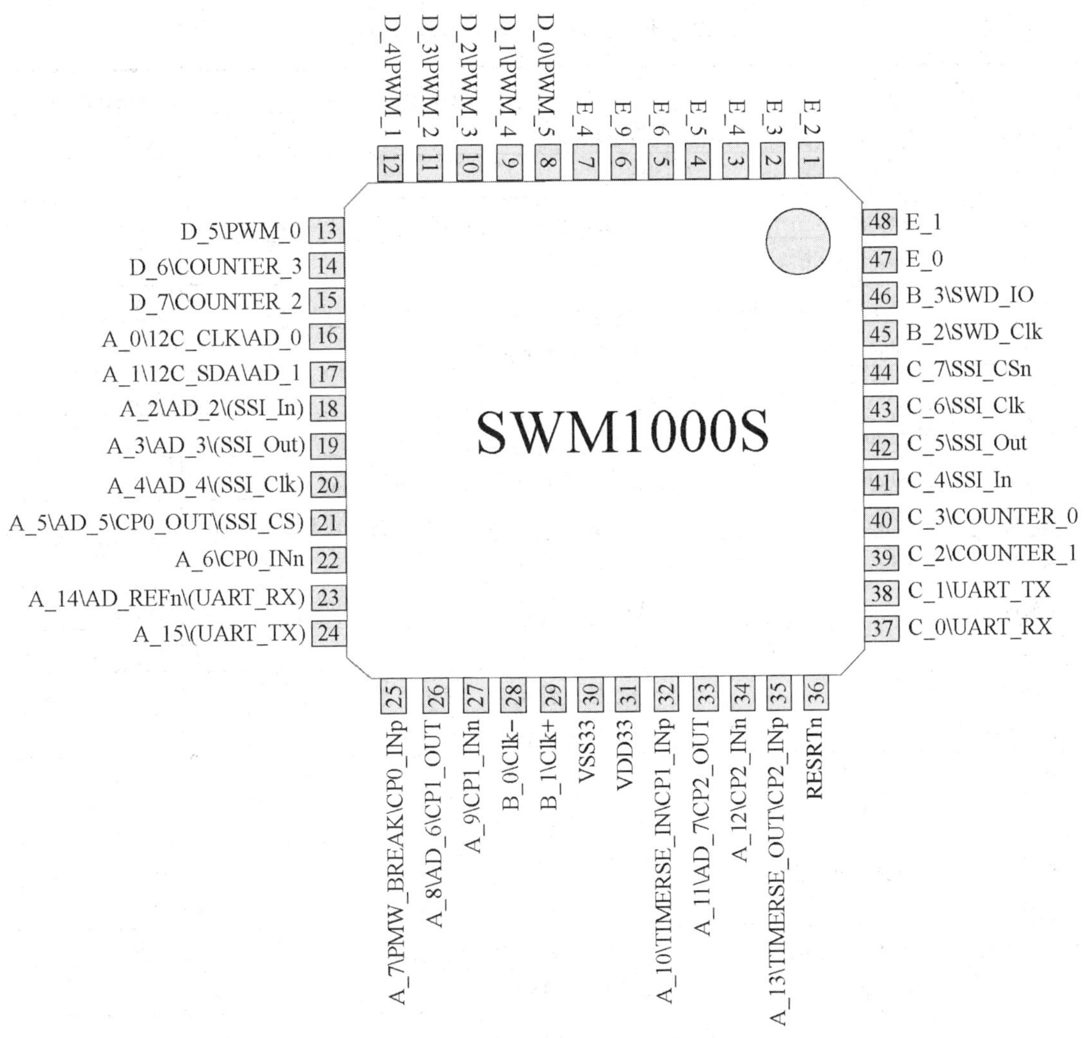

表 B-1　SWM1000S48(LQFP48)的引脚封装

附录 C　Cortex-M0 处理器指令集

SWM1000S 系列 ARM 采用 Cortex-M0 内核，完全兼容 M0 内核编程指令，为方便使用者、学习者更好地掌握 SWM1000S 编程方式，将 Cortex-M0 处理器指令集制作成表 C-1。

表 C-1　Cortex-M0 处理器指令集

<table>
<tr><th>助 记 符</th><th>操 作 数</th><th>描　述</th><th>影响标志位</th></tr>
<tr><td>ADCS</td><td>{Rd,} Rn, Rm</td><td>带进位加</td><td>N,Z,C,V</td></tr>
<tr><td>ADD{S}</td><td>{Rd,}Rn,<Rm|#imm></td><td>加</td><td>N,Z,C,V</td></tr>
<tr><td>ADR</td><td>Rd, label</td><td>取 lable 地址到寄存器</td><td>—</td></tr>
<tr><td>ANDS</td><td>{Rd,} Rn, Rm</td><td>位“与”运算</td><td>N,Z</td></tr>
<tr><td>ASRS</td><td>{Rd,} Rm,<Rs|#imm></td><td>算数右移</td><td>N,Z,C</td></tr>
<tr><td>B{cc}</td><td>label</td><td>(条件)分支跳转到 lable 处</td><td>—</td></tr>
<tr><td>BICS</td><td>{Rd,} Rn, Rm</td><td>位清除</td><td>N,Z</td></tr>
<tr><td>BKPT</td><td>#imm</td><td>断点</td><td>—</td></tr>
<tr><td>BL</td><td>label</td><td>带链接的分支跳转，跳转到 label 处</td><td>—</td></tr>
<tr><td>BLX</td><td>Rm</td><td>带链接的直接分支跳转，跳转到 Rm 所指处</td><td>—</td></tr>
<tr><td>BX</td><td>Rm</td><td>直接分支跳转</td><td>—</td></tr>
<tr><td>CMN</td><td>Rn, Rm</td><td>Rm 取反比较</td><td>N,Z,C,V</td></tr>
<tr><td>CMP</td><td>Rn, <Rm|#imm></td><td>比较</td><td>N,Z,C,V</td></tr>
<tr><td>CPSID</td><td>i</td><td>修改处理器状态，禁止中断</td><td>—</td></tr>
<tr><td>CPSIE</td><td>i</td><td>修改处理器状态，允许中断</td><td>—</td></tr>
<tr><td>DMB</td><td>—</td><td>数据存储隔离</td><td>—</td></tr>
<tr><td>DSB</td><td>—</td><td>数据同步隔离</td><td>—</td></tr>
<tr><td>EORS</td><td>{Rd,} Rn, Rm</td><td>异或</td><td>N,Z</td></tr>
<tr><td>ISB</td><td>—</td><td>指令同步隔离</td><td>—</td></tr>
<tr><td>LDM</td><td>Rn{!}, reglist</td><td>批量加载寄存器，Rn 递增</td><td>—</td></tr>
<tr><td>LDR</td><td>Rt, label</td><td>将 lable 所指单元内容加载到 Rt 中</td><td>—</td></tr>
<tr><td>LDR</td><td>Rt, [Rn, <Rm|#imm>]</td><td>按字加载寄存器 Rt</td><td>—</td></tr>
<tr><td>LDRB</td><td>Rt, [Rn, <Rm|#imm>]</td><td>按字节加载寄存器，不足 32 位则 0 扩展</td><td>—</td></tr>
<tr><td>LDRH</td><td>Rt, [Rn, <Rm|#imm>]</td><td>按半字加载寄存器，不足 32 位则 0 扩展</td><td>—</td></tr>
<tr><td>LDRSB</td><td>Rt, [Rn, <Rm|#imm>]</td><td>按字节加载寄存器，不足 32 位则符号扩展</td><td>—</td></tr>
<tr><td>LDRSH</td><td>Rt, [Rn, <Rm|#imm>]</td><td>按半字加载寄存器，不足 32 位则符号扩展</td><td>—</td></tr>
<tr><td>LSLS</td><td>{Rd,} Rn, <Rs|#imm></td><td>逻辑左移</td><td>N,Z,C</td></tr>
<tr><td>LSRS</td><td>{Rd,} Rn, <Rs|#imm></td><td>逻辑右移</td><td>N,Z,C</td></tr>
</table>

续表

<table>
<tr><th>助 记 符</th><th>操 作 数</th><th>描　述</th><th>影响标志位</th></tr>
<tr><td>MOV{S}</td><td>Rd, Rm</td><td>传送 Rd 数据到 Rm</td><td>N,Z</td></tr>
<tr><td>MRS</td><td>Rd, spec_reg</td><td>传送特殊功能寄存器内容到通用寄存器中</td><td>—</td></tr>
<tr><td>MSR</td><td>spec_reg, Rm</td><td>传送通用寄存器内容到特殊功能寄存器中</td><td>N,Z,C,V</td></tr>
<tr><td>MULS</td><td>Rd, Rn, Rm</td><td>乘法，结果为 32 位</td><td>N,Z</td></tr>
<tr><td>MVNS</td><td>Rd, Rm</td><td>Rm 按位求反之后传送到 Rd</td><td>N,Z</td></tr>
<tr><td>NOP</td><td>—</td><td>空操作</td><td>—</td></tr>
<tr><td>ORRS</td><td>{Rd,} Rn, Rm</td><td>逻辑或</td><td>—</td></tr>
<tr><td>POP</td><td>reglist</td><td>寄存器出栈</td><td>—</td></tr>
<tr><td>PUSH</td><td>reglist</td><td>寄存器入栈</td><td>—</td></tr>
<tr><td>REV</td><td>Rd, Rm</td><td>按字节反转(32 位大小端数据转换)</td><td>—</td></tr>
<tr><td>REV16</td><td>Rd, Rm</td><td>按半字反转(2 个 16 位大小端数据转换)</td><td>—</td></tr>
<tr><td>REVSH</td><td>Rd, Rm</td><td>按有符号半字反转</td><td>—</td></tr>
<tr><td>RORS</td><td>{Rd,} Rn, Rs</td><td>循环右移</td><td>N,Z,C</td></tr>
<tr><td>RSBS</td><td>{Rd,} Rn, #0</td><td>逆向减法</td><td>N,Z,C,V</td></tr>
<tr><td>SBCS</td><td>{Rd,} Rn, Rm</td><td>带符号减</td><td>N,Z,C,V</td></tr>
<tr><td>SEV</td><td>—</td><td>发送事件</td><td>—</td></tr>
<tr><td>STM</td><td>Rn!, reglist</td><td>批量存储寄存器，Rn 递增</td><td>—</td></tr>
<tr><td>STR</td><td>Rt, [Rn, <Rm|#imm>]</td><td>按字存储寄存器</td><td>—</td></tr>
<tr><td>STRB</td><td>Rt, [Rn, <Rm|#imm>]</td><td>按字节存储寄存器</td><td>—</td></tr>
<tr><td>STRH</td><td>Rt, [Rn, <Rm|#imm>]</td><td>按半字存储寄存器</td><td>—</td></tr>
<tr><td>SUB{S}</td><td>{Rd,}Rn,<Rm|#imm></td><td>减法</td><td>—</td></tr>
<tr><td>SVC</td><td>#imm</td><td>管理调用</td><td>—</td></tr>
<tr><td>SXTB</td><td>Rd, Rm</td><td>字节符号扩展到 32 位</td><td>—</td></tr>
<tr><td>SXTH</td><td>Rd, Rm</td><td>半字符号扩展到 32 位</td><td>—</td></tr>
<tr><td>TST</td><td>Rn, Rm</td><td>逻辑与测试</td><td>N,Z</td></tr>
<tr><td>UXTB</td><td>Rd, Rm</td><td>字节零扩展到 32 位</td><td>—</td></tr>
<tr><td>UXTH</td><td>Rd, Rm</td><td>半字零扩展到 32 位</td><td>—</td></tr>
<tr><td>WFE</td><td>—</td><td>等待事件</td><td>—</td></tr>
<tr><td>WFI</td><td>—</td><td>等待中断</td><td>—</td></tr>
</table>

附录 D　T271 机器人吸尘器功能规划与电路原理

为便于开发者在项目设计开发时根据设计需求来更好地规划项目或产品功能，本附录详细地介绍了 T271 机器人吸尘器的设计功能及参数规划，并根据功能及参数规划，设计了通用电路原理图，在量产时，只需要根据不同客户订单需求，选择是否进行语音功能部分器件贴片即可。

D.1　无语音 T271 机器人吸尘器功能要求与目标规格

详细地从基本功能、电气规定、安全特性、使用部品、外观等各方面介绍了无语音 T271 机器人吸尘器的功能设计及参数设计目标(见表 D-1)，便于开发者在新开发项目时进行产品功能规划及参数设计参考。

D.2　中文语音 T271 机器人吸尘器要求功能与目标规格

详细地从基本功能、电气规定、安全特性、使用部品、外观等各方面介绍了中文语音 T271 机器人吸尘器的功能设计及参数设计目标(见表 D-2)，便于开发者在新开发项目时进行产品功能规划及参数设计参考。

D.3　T271 机器人吸尘器电路原理图

给出了详细的中文语音版 T271 机器人吸尘器的电路原理图(分别为语音及放大模块电路、防跌落模块电路以及 MCU 主电路，见图 D-1)，供读者学习常见的电路模块，特别是经典的 H 桥电机控制电路、开关控制电路、DC-DC 电路等。

表 D-1　无语音 T271 机器人吸尘器功能要求与目标规格

湖南格兰博智能科技有限责任公司				核准	审核	作成
无语音 T271 机器人吸尘器功能要求与目标规格						
产品名称	机器人吸尘器	型号	T271		Ver. A/0	P:1/1
产品设定要求规格				规格：通过 CCC 对象市场：中国国内 用途：家庭用清洁		

NO.	基本功能	NO.	二次功能	目标功能要求													
				启动方式	LED	声音	转向	电压	电流	时间	CDS	风扇状态	轮子状态	刷子状态	碰撞障碍物	清扫效果	备注
1	运转	1.1	开机状态	一键启动	交替闪	蜂鸣1声	直走	×	×	按时辰键后 2s 运转	×	OFF	OFF	OFF	×	×	
		1.2	随机清扫	×	交替闪	×	右转	×	×	100s 后转螺旋清扫	×	ON	ON	ON	转 45°或 135°	*	
		1.3	螺旋清扫	×	交替闪	×	右转	×	×	未碰墙 150s 转沿壁	×	ON	ON	ON	转沿壁清扫	*	
		1.4	沿壁清扫	×	交替闪	×	左转	×	×	150s 转Z 字形行走	×	ON	ON	ON	×	*	3s 碰壁
		1.5	Z 字形行走	×	交替闪	×	左-右转	×	×	100s 后转螺旋或随机	×	ON	ON	ON	转向 160°	*	
		1.6	工作周期	×	交替闪	×	×	×	×	总运行时间 90～100min	×	×	×	×	×	×	
		1.7	模式循环	×	交替闪	×	×	×	×	(随机→螺旋→沿壁→Z 字形行走→螺旋→沿壁→Z 字形行走→随机)							
2	充电	2.1	低电位(电量不足)	×	红灯直亮	蜂鸣3声	×	<11 V	先小、再大、再小	检测 5s	×	OFF	OFF	OFF	×	×	
		2.2	超低电位	×	两灯灭	×	×	<10 V		检测 5s	×	OFF	OFF	OFF	×	×	机器关机
		2.3	电池充电	×	绿灯闪	×	×	×		4h	×	OFF	OFF	OFF	×	×	
		2.4	充电完成	×	绿灯直亮	×	×	×		×	×	OFF	OFF	OFF	×	×	关闭充电开关
		2.5	插拔 DC 头	×	×	蜂鸣1声	×	×		4h	×	×	×	×	×	×	
		2.6	插入高压充电座	×	两灯快闪	间断蜂鸣	×	20.5 V		×	×	OFF	OFF	OFF	×	×	关闭充电开关

续表

NO.	基本功能	NO.	二次功能	目标功能要求													备注
				启动方式	LED	声音	转向	电压	电流	时间	CDS	风扇状态	轮子状态	刷子状态	碰撞障碍物	清扫效果	
3	安全	3.1	离地	×	红灯直亮	蜂鸣2声	×	×	×	检测 5s	×	OFF	OFF	OFF	×	×	
		3.2	大轮卡死	×	红灯闪	蜂鸣4声	×	×	×	检测 5s	×	OFF	OFF	OFF	×	×	
4	使用部品	4.1	毛刷	A. 毛刷长度要求伸出本体 3 cm B. 六束毛刷 C. 毛刷材质为软毛						充电电压与电流							
		4.2	滤网棉	*						0～0.75 V	25 mA 左右						
		4.3	除尘纸	*						0.75～1.5 V	50 mA 左右						
		4.4	电源适配器	A. 100～240V 开关电源 B. 输出 DC19V.600mA													
		4.5	电池	A. 镍氢 B. 1200mA													
		4.6	风扇	依 T270 式样*													
		4.7	轮子驱动	依 T270 式样*													
		4.8	刷子驱动	依 T270 式样*													
5	外观	5.1	本体表面处理	对标地贝外观处理* 喷漆*													
6	结构	6.1	形状	圆形，一体式成形(对标地贝)													
		6.2	吸入方式	*													
		6.3	吸尘盒构造	*													
7	尺寸	7.1	尺寸	*													
8	噪声	8.1	运转噪声	65 dB 以下*													
9	包装	9.1		*													

注：“×”表示不需要；“△”表示新增功能；“*”表示未确定事项(或为后期功能升级规划预留)。

表 D-2　无语音 T271 机器人吸尘器功能要求与目标规格

湖南格兰博智能科技有限责任公司				核准	审核	作成
中文语音 T271 机器人吸尘器功能要求与目标规格						
产品名称	机器人吸尘器	型号	T271		Ver. A/0	P:1/1
产品设定要求规格				规格：通过 CCC 对象市场：　中国国内 用途：　家庭用清洁		

NO.	基本功能	NO.	二次功能	目标功能要求													
				启动方式	LED	声音	转向	电压	电流	时间	CDS	风扇状态	轮子状态	刷子状态	碰撞障碍物	清扫效果	备注
1	运转	1.1	开机状态	一键启动	绿灯直亮	欢迎语音	直走	×	×	开机播完语音后运转	×	OFF	OFF	OFF	×	×	
		1.2	随机清扫	×	绿灯直亮	随机语音	右转	×	×	100s 后转螺旋清扫	×	ON	ON	ON	转 45°或 135°	*	
		1.3	螺旋清扫	×	绿灯直亮	螺旋语音	右转	×	×	未碰墙 150s 转沿壁	×	ON	ON	ON	转沿壁清扫	*	
		1.4	沿壁清扫	×	绿灯直亮	沿壁语音	左转	×	×	150s 转 Z 字形行走	×	ON	ON	ON	×	*	3s 碰壁
		1.5	Z 字形行走	×	绿灯直亮	Z 字语音	左-右转	×	×	100s 后转螺旋或随机	×	ON	ON	ON	转向 160°	*	
		1.6	工作周期	×	绿灯直亮	×	×	×	×	总运行时间 90～100min	×	×	×	×	后退 0.5s 后停止	×	按(向前)键
		1.7	模式循环	×	绿灯直亮	×	×	×	×	(随机→螺旋→沿壁→Z 字形行走→螺旋→沿壁→Z 字形行走→随机)							
2	充电	2.1	低电位	×	红灯直亮	低电语音	×	<11 V	先小、再大、再小	检测 5s	×	OFF	OFF	OFF	×	×	
		2.2	超低电位	×	两灯灭	×	×	<10 V		检测 5s	×	OFF	OFF	OFF	×	×	机器关机
		2.3	电池充电	×	绿灯闪	充电语音	×	×		4h	×	OFF	OFF	OFF	×	×	
		2.4	充电完成	×	绿灯直亮	×	×	×		×	×	OFF	OFF	OFF	×	×	关闭充电开关
		2.5	充电周期	×	×	×	×	×		4h	×	×	×	×	×	×	
		2.6	插入高压充电	×	两灯闪	×	×	20.5 V		×	×	OFF	OFF	OFF	×	×	关闭充电开关

续表

NO.	基本功能	NO.	二次功能	目标功能要求													
				启动方式	LED	声音	转向	电压	电流	时间	CDS	风扇状态	轮子状态	刷子状态	碰撞障碍物	清扫效果	备注
3	安全	3.1	离地	×	两灯直亮	离地语音	×	×	×	检测 5s	×	OFF	OFF	OFF	×	×	
		3.2	大轮卡死	×	红灯闪	卡死语音	×	×	×	检测 5s	×	OFF	OFF	OFF	×	×	
4	使用部品	4.1	毛刷	A. 毛刷长度要求伸出本体 3cm B. 六束毛刷 C. 毛刷材质为软毛													
		4.2	滤网棉	*						中文语音							
		4.3	除尘纸	*						主人，您好！很高兴为您服务		当前温度：××摄氏度					
		4.4	电源适配器	A. 100～240 V 开关电源 B. 输出 DC19V.600 mA						现在我开始自动清扫了		螺旋清扫					
		4.5	电池	A. 镍氢 B. 1200 mA						沿墙清扫		Z 字形清扫					
		4.6	风扇	依 T270 式样*						随机清扫		拖地					
		4.7	轮子驱动	依 T270 式样*						请放我下来		我被卡住了					
		4.8	刷子驱动	依 T270 式样*						主人，我饿了，给我充电吧							
5	外观	5.1	本体表面处理	对标地贝外观处理* 喷漆*													
6	结构	6.1	形状	圆形，一体式成形(对标地贝)													
		6.2	吸入方式	*													
		6.3	吸尘盒构造	*													
7	尺寸	7.1	尺寸	*													
8	噪声	8.1	运转噪声	65dB 以下*													
9	包装	9.1		*													

注：“×”表示不需要；“△”表示新增功能；“*”表示未确定事项(或为后期功能升级规划预留)。

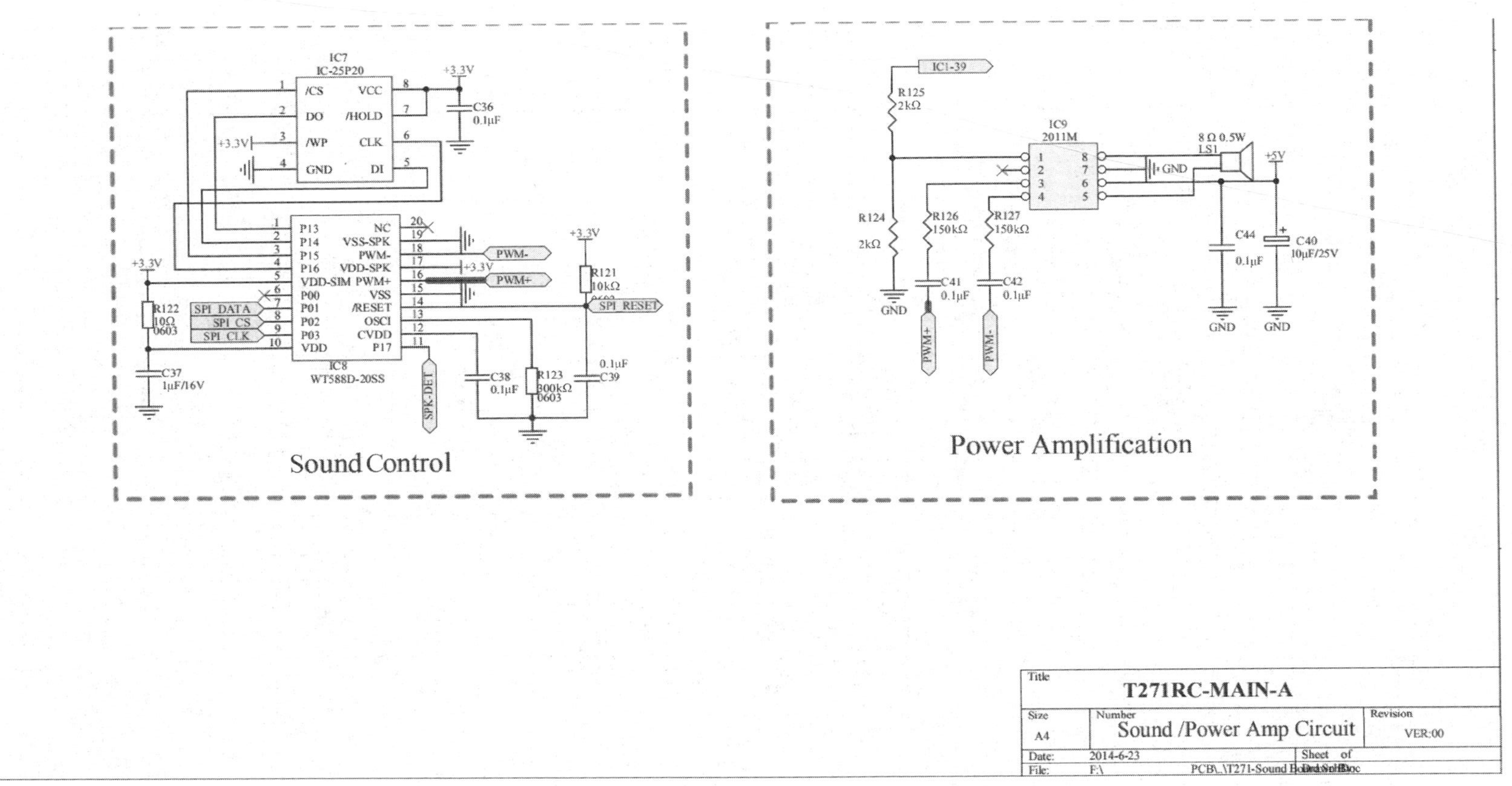

图 D-1　语音控制及功率放大电路与防跌落模块电路原理图

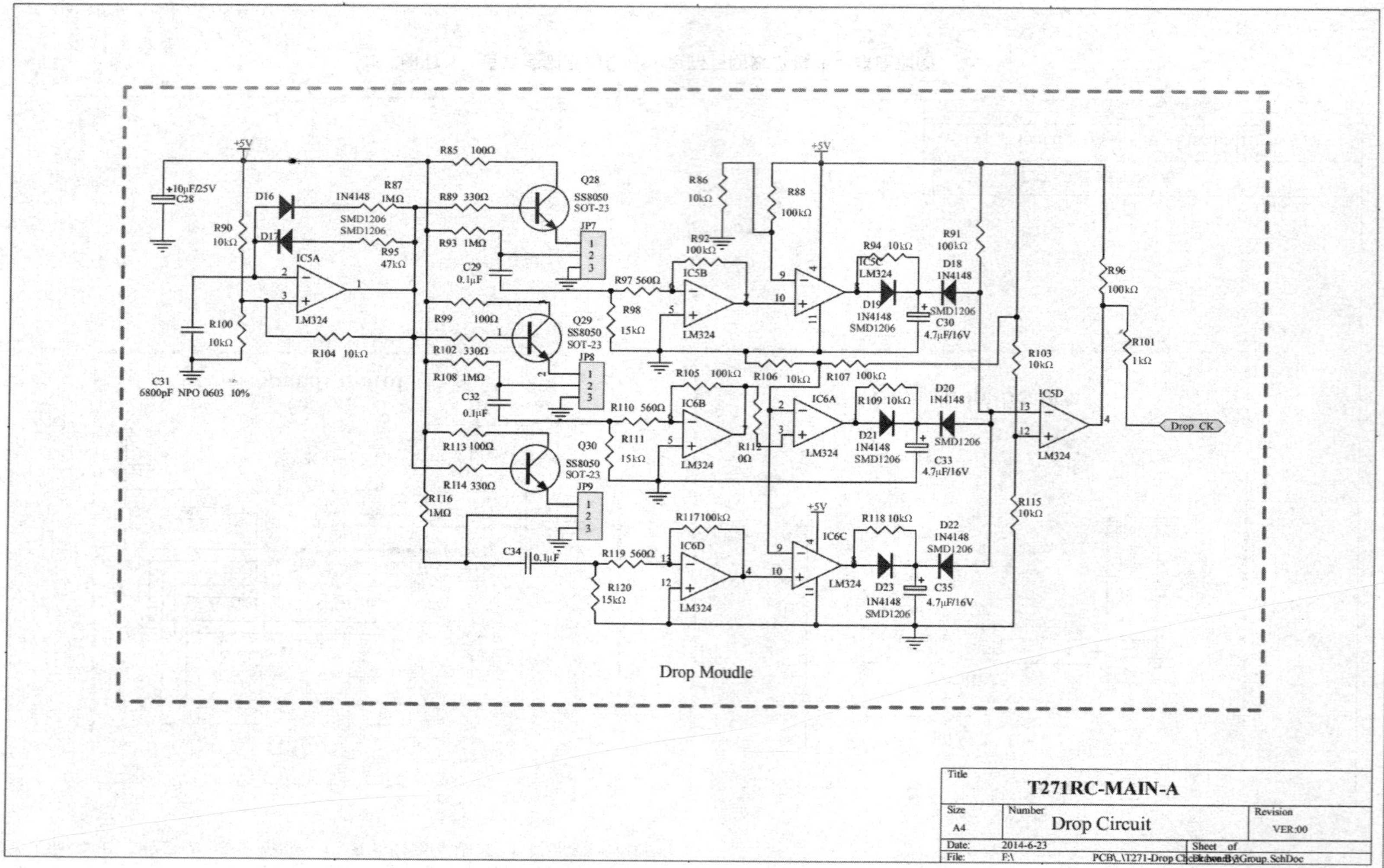

图 D-1　语音控制及功率放大电路与防跌落模块电路原理图(续)